主应力轴旋转下黄土的力学特性及本构模型

钟祖良　王　睢　刘新荣　著

科学出版社

北　京

内 容 简 介

主应力轴旋转条件下土体的力学变形机制具有广泛的应用领域。本书系统阐述了高速交通荷载作用下结构性黄土的物理和力学性质及本构模型等相关的研究成果，内容包括黄土的基本特征及物理和力学性质，空心圆柱仪应力路径实现能力，主应力轴定向剪切下黄土的强度、变形及非共轴特性，主应力轴连续旋转下黄土的变形及非共轴特性，交通荷载作用下考虑主应力轴连续旋转的黄土动力特性试验，考虑主应力方向的黄土各向异性强度准则，考虑主应力轴旋转的黄土各向异性本构模型等。

本书可供土木、建筑、交通、铁路、海洋等部门从事科研、设计和施工的工作人员参考，也可作为高等院校土木工程相关专业本科生和研究生的参考书。

图书在版编目（CIP）数据

主应力轴旋转下黄土的力学特性及本构模型 / 钟祖良，王雎，刘新荣著. —北京：科学出版社，2021.8

ISBN 978-7-03-069515-4

Ⅰ. ①主…　Ⅱ. ①钟…②王…③刘…　Ⅲ. ①黄土-岩土力学-研究　Ⅳ. ①TU444

中国版本图书馆 CIP 数据核字（2021）第 159266 号

责任编辑：周　炜 / 责任校对：任苗苗

责任印制：吴兆东 / 封面设计：陈　敬

科学出版社 出版

北京东黄城根北街 16 号

邮政编码：100717

http://www.sciencep.com

北京中石油彩色印刷有限责任公司 印刷

科学出版社发行　各地新华书店经销

*

2021 年 8 月第　一　版　开本：720 × 1000 B5

2022 年 2 月第二次印刷　印张：14 1/4

字数：288 000

定价：108.00 元

（如有印装质量问题，我社负责调换）

前　言

随着西部大开发战略和"一带一路"倡议的贯彻实施，为满足西部经济发展和加强东西部交流合作的需要，西部地区交通网建设得到前所未有的重视。而在我国西部，尤其是西北地区，结构性黄土的覆盖面积达 60 多万 km^2，横跨甘肃、宁夏、陕西、山西、青海、内蒙古和河南等省(自治区)。由于黄土是一种具有较强的结构性、欠压密性和显著各向异性的特殊土，且黄土地区交通基础设施服役环境恶劣，超载现象严重，超设计流量现象普遍，荷载强度大、频次高，黄土路基在交通荷载作用下，其应力路径十分复杂。高速交通荷载引起的振动荷载是一种特殊的荷载，既不同于静荷载，也不同于短期的地震荷载，而是长时间往复施加的循环荷载，循环频次高。此外，交通荷载的作用方式十分复杂，不是简单的竖向循环加载，而是表现为三个主应力幅值循环变化，并伴随着主应力轴连续旋转。而土体主应力轴的连续旋转会引起黄土地基土体的应变累积，强度降低，进而发生过大变形和失稳等灾变，造成巨大的经济损失和不良的社会影响，甚至威胁人民的生命财产安全。

本书针对高速交通荷载引发黄土地基累积变形问题，采用理论分析和室内试验等方法,对主应力轴旋转下黄土的力学特性和本构模型进行了系统深入的研究。具体内容如下：第 1 章，绪论；第 2 章，黄土的基本特征；第 3 章，空心圆柱仪应力路径实现能力；第 4 章，主应力轴定向剪切下黄土的强度、变形及非共轴特性；第 5 章，主应力轴连续旋转下黄土的变形及非共轴特性；第 6 章，交通荷载作用下考虑主应力轴连续旋转的黄土动力特性试验；第 7 章，考虑主应力方向的黄土各向异性强度准则；第 8 章，考虑主应力轴旋转的黄土各向异性本构模型。

本书研究成果是在国家自然科学基金(51108485)、国家重点研发计划(2018YFC1504802)、中央高校基本科研业务费(2019CDXYTM0032)、宁波市自然科学基金(2019A610394)等项目资助下完成的，在此表示衷心的感谢。特别感谢陆军勤务学院刘元雪教授在试验过程中给予的帮助和悉心指导，以及陆军勤务学院研究生董彤、张裕、宋林波、李晶鑫，双杰特公司郭建青，中国科学院武汉岩土力学研究所黄珏皓给予的帮助。

限于作者水平，书中难免存在疏漏和不足之处，敬请读者批评指正。

作　者

2020 年 10 月

目　　录

前言
第 1 章　绪论 …… 1
1.1　研究背景 …… 1
1.2　国内外研究现状及分析 …… 3
1.2.1　主应力轴旋转试验研究现状 …… 3
1.2.2　各向异性强度准则研究现状 …… 5
1.2.3　各向异性本构关系研究现状 …… 7
1.3　主应力轴旋转涉及的工程领域 …… 9
第 2 章　黄土的基本特征 …… 11
2.1　黄土的地质特征 …… 11
2.1.1　黄土的分布及物理特征 …… 11
2.1.2　黄土的地层划分 …… 12
2.2　黄土的微结构特征 …… 13
2.2.1　黄土的微结构特征及骨架颗粒形态 …… 13
2.2.2　黄土骨架颗粒的连接形式 …… 14
2.2.3　黄土骨架颗粒的排列方式和孔隙 …… 15
2.2.4　黄土的微结构分类 …… 15
2.2.5　黄土的胶结物质和胶结类型 …… 16
2.3　黄土的物理性质 …… 17
2.4　黄土的力学性质 …… 19
2.4.1　黄土的压缩变形特性 …… 19
2.4.2　黄土的抗剪强度特性 …… 23
2.4.3　黄土的抗拉特性 …… 26
2.4.4　黄土的渗透特性 …… 27
2.5　黄土的强度指标及其变化规律 …… 29
2.5.1　黄土强度指标的变化规律 …… 29
2.5.2　黄土抗剪强度指标的变化范围 …… 32
2.5.3　黄土的残余强度 …… 32
2.5.4　黄土强度指标的选用问题 …… 34
2.6　离石黄土力学性质试验 …… 35

2.6.1 依托工程地质条件分析 …… 35
2.6.2 试样的选取与制作 …… 36
2.6.3 离石黄土的物理性质试验 …… 37
2.6.4 离石黄土的力学性质试验 …… 37
2.6.5 离石黄土的应力-应变关系分析 …… 39
2.6.6 离石黄土强度特性分析 …… 46
2.7 本章小结 …… 46
第 3 章 空心圆柱仪应力路径实现能力 …… 48
3.1 概述 …… 48
3.2 基本应力与各加载参数的关系 …… 49
3.3 主应力轴固定不变的应力路径实现 …… 52
3.4 主应力轴连续旋转的应力路径实现 …… 54
3.5 主应力轴连续心形旋转的应力路径实现 …… 57
3.6 本章小结 …… 60
第 4 章 主应力轴定向剪切下黄土的强度、变形及非共轴特性 …… 61
4.1 概述 …… 61
4.2 试验仪器与试验方案 …… 61
4.2.1 试验仪器 …… 61
4.2.2 试样应力状态及试验参数 …… 62
4.2.3 试样选取 …… 65
4.2.4 制样仪器及制样方法 …… 66
4.2.5 试样饱和固结 …… 70
4.2.6 试验方案 …… 71
4.3 重塑黄土定向剪切试验结果分析 …… 72
4.3.1 应力路径实现 …… 72
4.3.2 应力-应变发展规律 …… 75
4.3.3 孔压发展规律 …… 84
4.3.4 非共轴特性 …… 87
4.4 原状黄土定向剪切试验结果分析 …… 90
4.4.1 应力路径实现 …… 90
4.4.2 应力-应变发展规律 …… 92
4.4.3 孔压发展规律 …… 94
4.4.4 非共轴特性 …… 97
4.5 本章小结 …… 98

第5章　主应力轴连续旋转下黄土的变形及非共轴特性……100
5.1　概述……100
5.2　主应力轴连续旋转应力路径和试验方案……100
5.2.1　应力路径……100
5.2.2　试验方案……101
5.3　饱和重塑黄土主应力轴连续旋转……102
5.3.1　应力路径实现……102
5.3.2　孔压发展规律……105
5.3.3　应变发展规律……108
5.3.4　应力-应变发展规律……112
5.3.5　非共轴特性……114
5.4　常含水率重塑黄土主应力轴连续旋转……118
5.4.1　应力路径实现……118
5.4.2　应变发展规律……120
5.4.3　应力-应变发展规律……127
5.4.4　非共轴特性……131
5.5　本章小结……136
第6章　交通荷载作用下考虑主应力轴连续旋转的黄土动力特性试验……137
6.1　概述……137
6.2　交通荷载引发土体单元应力路径分析……137
6.3　考虑主应力轴连续旋转试验方案……139
6.3.1　试验方案……139
6.3.2　加载路径曲线……140
6.4　考虑主应力轴连续旋转饱和重塑黄土应变、孔压发展规律……141
6.4.1　应力-应变滞回曲线……141
6.4.2　应变发展规律……142
6.4.3　孔压发展规律……145
6.5　考虑主应力轴连续旋转不同含水率重塑 黄土应变发展规律……149
6.6　考虑主应力轴连续旋转重塑黄土应变累积经验方程……154
6.7　本章小结……158
第7章　考虑主应力方向的黄土各向异性强度准则……160
7.1　概述……160
7.2　各向同性强度准则……160
7.2.1　各向同性线性强度准则……160
7.2.2　各向同性非线性强度准则……165

7.2.3 试验验证 …… 167
7.3 各向异性 SMP 准则 …… 168
7.3.1 组构张量 …… 168
7.3.2 各向异性参数 …… 168
7.3.3 各向异性函数 …… 171
7.3.4 各向异性 SMP 准则的形式 …… 172
7.3.5 参数确定 …… 172
7.3.6 ASMP 在各向异性土材料中的应用 …… 173
7.4 各向异性非线性统一强度准则 …… 175
7.4.1 各向异性非线性统一强度准则的形式 …… 175
7.4.2 η_1、η_2对 AUNS 准则的影响 …… 175
7.4.3 空心扭剪试验 AUNS 准则强度预测 …… 177
7.4.4 AUNS 准则参数确定 …… 178
7.4.5 AUNS 准则验证 …… 180
7.5 本章小结 …… 183
第 8 章 考虑主应力轴旋转的黄土各向异性本构模型 …… 184
8.1 概述 …… 184
8.2 各向同性三维本构模型 …… 184
8.2.1 屈服面 …… 184
8.2.2 硬化规律 …… 187
8.2.3 剪胀规律及流动法则 …… 187
8.2.4 本构方程 …… 187
8.2.5 模型参数及确定 …… 189
8.2.6 模型验证 …… 190
8.3 各向异性三维本构模型 …… 194
8.3.1 屈服面 …… 194
8.3.2 硬化规律 …… 195
8.3.3 剪胀规律及流动法则 …… 195
8.3.4 本构方程 …… 196
8.3.5 模型参数及确定 …… 198
8.3.6 模型验证 …… 199
8.4 饱和黄土剪切试验验证 …… 201
8.5 本章小结 …… 207
参考文献 …… 208

第1章 绪　论

1.1 研究背景

随着西部大开发战略和“一带一路”倡议的实施，为满足西部经济发展和加强东西部交流合作的需要，西部地区交通网建设得到前所未有的重视。而在我国西部地区，尤其是西北地区，结构性黄土的覆盖面积超过$60\times10^4km^2$，横跨甘肃、宁夏、陕西、山西、青海、内蒙古和河南等省(自治区)。黄土分布区域能源、矿产资源丰富，承担着向东部输送资源的重任，修建有众多的交通要道。西部地区广泛分布的黄土主要为早更新世和中更新世黄土，是一种具有较强的结构性、欠压密性和显著各向异性的特殊土，且黄土地区交通基础设施服役环境恶劣，超载现象严重，超设计流量现象普遍，同时荷载强度大、频次高，从而导致在长期的高速交通荷载循环作用下，黄土地基产生较大的累计沉降。例如，包兰铁路K915+980～K916+150区段黄土路基在运营近60年后累计下沉1.5m，给线路维修和养护带来很大困难，同时对行车安全和铁路正常运营也产生了一定影响[1]；兰新客专线路采用无砟轨道，横跨甘肃、青海、新疆3个省(自治区)，全长1776km，开通后，军马场—张掖西K2029+000～K2078+000段黄土路基多处产生不均匀沉降，最大沉降量达47.84mm，现仍以3～5mm/a的速度沉降，给铁路运输带来很大的安全隐患[2]；此外，宝兰高速铁路、天定高速公路、兰海高速公路、临离高速公路等在运营的过程中黄土路基段均出现了路基下陷、沉降较大等工程病害，严重威胁正常的运营[3]。对高速交通荷载下黄土动力特性认识不足是导致地基沉降过大的主要原因之一。

目前，国内外学者对交通荷载作用下黄土动力特性和沉降进行了大量的室内试验及理论研究，但仍存在诸多不足。黄土路基在交通荷载作用下，其应力路径是十分复杂的。交通荷载引起的振动荷载是一种特殊的荷载，既不同于静荷载，也不同于短期的地震荷载，而是长时间往复施加的循环荷载，尤其是高速交通荷载，循环频次更高。由于交通荷载作用强度远低于黄土的静力剪切强度，结构性黄土经过几十万次甚至上百万次循环荷载作用后，可能产生的工程问题是沉降过大而非突然破坏。此外，交通荷载的作用方式十分复杂，不是简单的竖向循环加载，表现为三个主应力幅值循环变化并伴随着主应力轴连续旋转，如图1.1所示。部分学者使用常规恒定围压振动三轴仪进行试验，该类研究只能对轴力进行循环变化加载，中小主应力需保持恒定，并且在加载过程中无法改变主应力轴方向；部分学者则使用变围压振动三轴仪进行试验，该类研究可以同时改变大主应力和中小主应力，且变化幅值和相位差均可以人为控制，可以实现较为复杂的应力路径，但仍无法实现主应力轴旋转；部分学者使用动真三轴仪进行试验，该类研究可以同时独立改变大、中、小主应力的幅值，但这三个主应力的方向只能进行突变式正交换位，无法实现主应力方向角的连续变化。

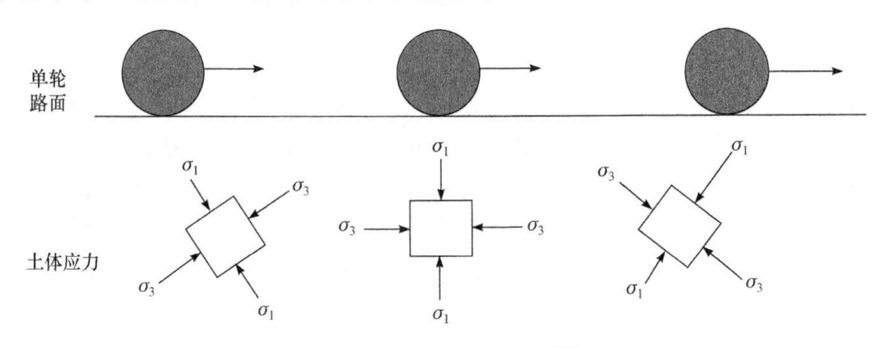

(a) 移动荷载作用下土体单元应力方向变化[4,5]

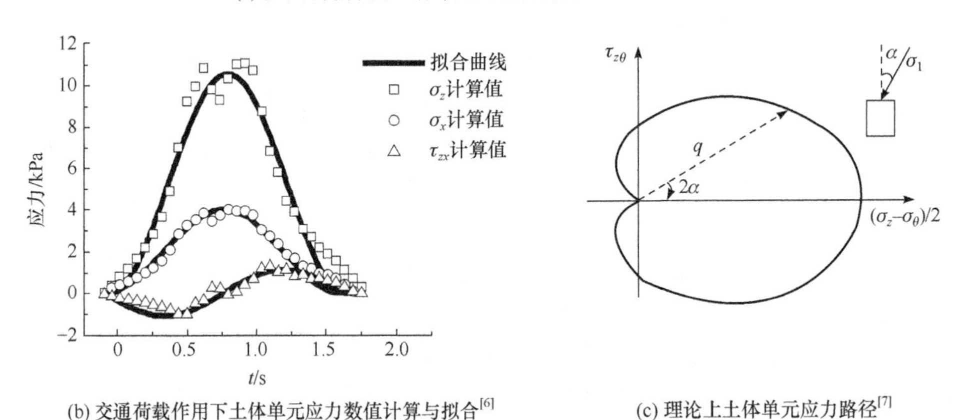

(b) 交通荷载作用下土体单元应力数值计算与拟合[6]

(c) 理论上土体单元应力路径[7]

图 1.1　交通荷载作用下土体单元受力图

由此可见，传统试验方法无法准确模拟黄土地基在交通荷载作用下土体单元所受到的真实应力路径，无法反映主应力轴旋转、中主应力比变化和循环球应力等复杂应力条件对土体的影响。

交通荷载长期循环作用造成的土体主应力轴连续旋转会引起黄土地基土体应变累积，强度降低，进而引起交通设施发生过大变形和失稳等灾变，造成巨大的经济损失和极坏的社会影响，威胁车辆运行及人民生命财产安全。因此，为了提升我国西部地区交通基础设施的长期服役性能，迫切需要发展有效的黄土地基工后沉降预测及灾变控制技术。开展基于交通荷载复杂应力路径的结构性黄土力学特性研究是解决这一问题的关键所在。

目前对复杂应力路径下土体变形和破坏的研究对象主要集中在砂土、粉土和软黏土，对西部地区黄土在交通荷载引发的主应力轴旋转的应力路径下的变形和破坏的试验与理论研究极少。与砂土、粉土和软黏土相比，西部地区黄土具有较强的结构性、欠压密性及较强的各向异性。随着“十四五”期间西部地区高速交通网的兴建，我国高速交通基础设施工程将面临大量黄土路基在高速交通荷载长期循环作用下发生过大变形和失稳等灾变问题。因此，深入认识交通荷载引发主应力轴旋转路径下黄土地基土应力状态和应力路径，揭示高速交通荷载引发主应力轴旋转的结构性黄土的变形机理，建立其本构模型，对我国西部及“一带一路”倡仪中“丝绸之路经济带”沿线国家的结构性黄土路基在高速交通荷载长期循环作用下变形评价及安全性控制等方面具有重要的工程意义和应用前景。

1.2　国内外研究现状及分析

1.2.1　主应力轴旋转试验研究现状

交通路基工程是具有复杂边界条件的多维问题，在交通荷载循环作用下会引起地基土体内单元体上主应力轴的循环连续旋转。因此，在进行土体基本力学性质试验时需要考虑主应力轴方向的变化对土体强度和变形的影响。在过去的三十多年内，随着可以实现主应力轴连续旋转的空心圆柱扭剪仪(hollow cylinder apparatus，HCA)等试验仪器的不断开发和改进[7-16]，国内外研究者广泛开展了主应力轴旋转对土体强度和变形特性影响的试验研究。

在砂土研究方面，通过主应力轴定向剪切试验发现，主应力轴的单向旋转对原生各向异性土体材料的强度具有重要影响，Lade 等[17]指出，承受主应力轴旋转的不排水黏土试样仍然可以保持原生各向异性的总体强度特征，即垂直于沉积面方向(α=0°)的剪切强度最大。Yoshimine 等[18]利用空心圆柱扭剪仪对不同密度、不同平均应力下的砂土进行固定角度的单调剪切试验，试验中主要考虑主应力方向角(α)、中主应力比(b)和相对密度对砂土强度和变形的影响。试验结果发现较大的中主应力和主应力方向角都可以产生较大的超孔隙水压力，同时指出，相对于三轴压缩应力路径，三轴拉伸条件下的砂土试样会产生较明显的应变软化特征。Uthayakumar 等[19]利用空心圆柱扭剪仪对不同砂土开展了一系列不同主应力方向角的单调剪切试验，试验表明主应力方向角对砂土强度和变形产生较大影响，并且不同种类的砂土其硬化和软化程度不同。Symes 等[20]对重塑 Ham River 砂进行了不排水条件下的扭剪试验，研究发现，在保持剪应力不变的情况下，主应力轴正向旋转与逆向旋转下产生孔压的特征有显著区别。Ishihara 等[21]采用日本 Toyoura

砂进行了不排水条件下剪应力值保持不变的主应力轴循环旋转试验，结果也表明与三轴循环剪切试验相比，主应力轴旋转下孔压的产生速率明显加快。Wong 等[22]则指出主应力轴循环旋转加剧了孔压的产生，使得土体的回弹模量有所降低。熊焕等[23]利用空心圆柱扭剪仪对饱和砂土进行了一系列定轴剪切试验、主应力轴旋转试验以及组合加载试验，指出不同应力路径下应力-应变非共轴都会引起剪胀曲线偏离 Rowe 直线，通过 Gutiereez 提出的考虑非共轴因子的修正剪胀方程可以修正非共轴引起的偏差，从而使 Rowe 剪胀方程适用于主应力轴旋转等更加复杂的加载条件。Yang 等[24]利用空心扭剪系统实现了中主应力比保持不变的主应力轴旋转试验，发现即使广义剪应力保持不变，主应力轴旋转也会造成孔压的累积和应变的发展，甚至会导致液化的产生。Tong 等[25]开展了与 Yang 等类似的试验，对主应力轴旋转下试样的应变分量和体积应变随循环次数的演化进行了研究。蔡燕燕等[26]采用空心圆柱扭剪仪进行了一系列排水试验，发现砂土的变形随着主应力轴的旋转而累加，并表现出显著的非共轴特性。

在黏土研究方面，沈扬等[27]采用空心圆柱系统对主应力轴连续旋转条件下杭州典型原状黏土进行研究，发现主应力轴旋转会引起土中孔压累积，累积程度受主应力轴转幅及旋转时剪应力幅值支配。邓鹏等[28]进行了原状软黏土平均主应力和中主应力比不变时的固结不排水主应力轴旋转试验，探讨了剪应力变化、初始剪应力水平高低及主应力轴正向和逆向旋转对孔压发展的影响。姚兆明等[29]通过对饱和软黏土进行恒定主应力轴偏转角动态空心圆柱循环加载及静力剪切试验，探讨了恒定主应力轴偏转角下饱和软黏土循环累积变形规律，在考虑主应力轴偏转角对饱和软黏土不排水抗剪强度影响的前提下验证了显式模型的合理性。钱建固等[30]、杨彦豪等[31]和柳艳华等[32]采用空心圆柱扭剪仪对原状饱和软黏土进行了主应力轴旋转应力路径的循环不排水试验，探讨了中主应力比及广义剪应力对变形刚度以及非共轴特性的影响规律。严佳佳等[33]采用空心圆柱扭剪仪对原状(重塑)软黏土进行了不排水条件下的主应力轴旋转试验，研究了中主应力比对原状软黏土在主应力轴旋转条件下的孔压和变形特性的影响，基于试验结果对主应力轴旋转的影响机理进行了分析。

以上两部分均从静力试验的角度研究主应力旋转对土体基本性质的影响，在实际工程中大部分荷载以循环动荷载形式出现，尤其是交通荷载，因此讨论试样在循环扭剪荷载下的性质更加接近于工程实际条件，主应力轴循环旋转试验的开展是非常有必要的，一些学者已经开展了此类试验[34-46]，得到了有益的试验成果。Grabe 等[38]开展了偏应力空间中主应力轴心形线旋转、圆形旋转与定向剪切等三类主应力方向变化路径试验，研究了饱和软黏土在交通荷载下的长期动力特性。周正龙等[47]、肖军华等[48]也指出主应力轴旋转对土体的动力特性有着显著影响。Zhou 等[49]对主应力轴旋转条件下黏土塑性应变增量方向的规律和内在机理及影响因素进行分析。严佳佳等[50]采用空心圆柱扭剪仪对原状软黏土进行了不排水条件下的主应力轴旋转试验，重点研究了中主应力比对原状软黏土在主应力轴旋转条件下的孔压和变形特性的影响，基于试验结果对主应力轴旋转的影响机理进行了分析。聂影等[51]利用土工静力-动力液压三轴-扭转多功能剪切仪进行了耦合循环剪切试验，得到的竖向分量动弹性模量和扭转分量动剪切模量的发展趋势与常规动力特性试验的动模量发展趋势基本一致。而 Grabe[52]、Ishikawa 等[53]和 Cai 等[54]研究发现，交通荷载应力路径涉及的主应力旋转会加速横向应变累积并减弱竖向回弹模量。王鑫等[55]以南京河西典型重塑软黏土为对象开展了数组不同振动频率 f 和动应力比 η 的不排水空心扭剪试验。根据不同动应力比条件下土体变形随振动频率的变化规律，提出一种适用于列车荷载下考虑振动频率影响的重塑软黏土破坏评价方法。熊焕等[56]利用动态空心圆柱仪对 K_0 固结下饱和砂土进行了一系列“苹果型”动力循环应力路径及普通动力循环应力路径试验，指出交通荷载应力路径引起的主应力轴连续旋转会加速竖向永久变形的累积，并对竖向回弹模量具有软化作用，而且随着循环应力比的增大，两种应力路径下的变形差异更加明显。

综上所述，目前主应力轴旋转的问题已经引起岩土工程研究领域国内外学者的广泛关注，尤其是对我国东部沿海地区的砂土及软黏土进行了大量的主应力轴旋转应力路径下的试验研究，获得了较为丰富的研究成果，为交通工程的建设提供了重要的理论支撑。但对我国西部黄土高原区特殊的黄土在交通荷载引发的主应力轴旋转应力路径下的试验研究几乎未涉及。目前，我国西部地区黄土力学特性的研究成果主要集中于静力特性试验及相关理论，部分学者采用动三轴试验模拟交通荷载的作用[57]获得一些研究成果，但没有考虑主应力轴的旋转。随着“十四五”期间西部地区高速交通网的兴建，我国高速交通工程将面临大量黄土地基在高速交通荷载作用下的变形控制等问题，迫切需要开展基于高速交通荷载引发主应力轴旋转的结构性黄土变形特性及其计算理论研究。

1.2.2 各向异性强度准则研究现状

强度准则(理论)是岩土工程中一个重要的研究课题[58-61]，它描述的是岩土体的破坏条件，即岩土体对外力的承受能力。强度准则研究的目的首先是用来校核岩土体材料在各种复杂应力条件下是否破坏；其次，强度准则(或屈服准则)是弹塑性本构模型的基础,运用不同的屈服函数将会给计算结果造成较大的计算误差。因此，必须根据材料的特定属性确定其适用的强度准则。

1. 各向同性强度准则

在过去的几十年中,学者[62-70]提出了大量强度准则来描述岩土体的破坏特性，这些强度准则在数学形式上大致可分为两类：一类为线性强度准则，即数学形式上为一次函数形式，如 Tresca 屈服准则、Mohr-Coulomb 强度准则和双剪强度准则[70]等，由于该类强度准则形式简单，应用较为方便，因此得到广泛应用；另一类为非线性强度准则，该类强度准则在π平面内的形状为光滑曲线，但是在子午面内仍为线性，例如，用于土体材料的空间滑动面(spatially mobilized plane，SMP)准则[61,62]、Lade 准则[63,64]等，该类准则考虑了中主应力的影响，并能很好地反映土体材料的三维强度特性，因此应用也较为广泛。除此之外，一些学者在上述强度准则基础上进行修正，从而得到新的适用于某些材料的强度准则，例如，Liu 等[71]基于广义 Mohr-Coulomb 准则提出一个新的强度准则，用来描述峰值强度和临界状态强度，并将其运用到砂土、黏土、胶结砂和岩石中。

但是，这些强度准则在π平面内的形状都是单一的，不能反映材料强度随内在因素的改变而变化的特性。因此，学者提出了线性统一强度准则[67-69,72,73]和非线性统一强度准则[74-79]，通过引入参数来改变形函数大小，最终改变强度准则在π平面内的形状。Yao 等[69]基于 SMP 准则和 von Mises 准则进行线性组合，得到新的非线性统一强度准则，该准则在π平面内是在 SMP 准则和 von Mises 准则之间的一系列光滑曲线，因此是一系列强度准则的组合，该准则可以应用于砂土、黏土和岩石中，还可以描述材料强度的非线性。Lade 等[67]基于 Drucker-Prager 准则和变换应力空间的方法，提出新的非线性统一强度准则，并与其他准则进行对比，验证该准则的优越性。Xiao 等[68]通过改变形函数得到新的非线性统一强度准则，通过比较可以发现，该形函数是 SMP 准则和 von Mises 准则形函数的线性组合，因此该准则在π平面内也是一系列的光滑曲线，可以将强度准则进行统一。

2. 各向异性强度准则

上述准则都为各向同性强度准则，不能描述岩土材料强度的各向异性，Oda 等[80]的研究表明，岩土材料由于沉积作用而表现出横观各向同性，即在沉积面内材料的强度相同，不同沉积面方向强度不同。大量的砂土或黏土材料的定向剪切试验也表明，岩土材料在不同主应力方向角下表现出一定的强度各向异性。这种材料的横观各向同性通常通过真三轴试验[81-83]或空心圆柱试验[84,85]来进行研究，材料强度的各向异性与材料本身的颗粒排列、层理和裂缝形态等有很大关系。同样，材料的初始各向异性与沉积面、颗粒组合、层理和裂缝等有关[86]。除此之外，Lade 等[87]指出压力不同也可以导致砂土强度的各向异性。因此，材料强度的各向异性与材料微观组构息息相关，在研究各向异性材料时，需要考虑其组构分布。Pietruszczak 等[88,89]将各向同性强度准则和材料的组构进行组合得到新的各向异性强度准则来描述材料强度的各向异性。Lade[90]基于 Pietruszczak 等建议的研究方法，对 Lade 准则进行修正得到了各向异性强度准则，并验证了准则的正确性。

Kong 等[91]用相同的方法得到了基于 SMP 准则的各向异性准则。Gao 等[92, 93]基于 Dafalias 等[94]提出的各向异性参数的定义方法，得到各向异性函数，分别与 Yao 等和 Lade 的各向同性强度准则进行组合得到新的各向异性强度准则。

在实际工程中，岩土体的沉积特性导致其强度会表现出一定的各向异性，各向同性强度准则无法准确地预测其强度，而现有的各向异性强度准则还较少，且部分准则参数较多，难以实际应用。因此，需要建立考虑岩土材料沉积特性或初始各向异性的统一强度准则。此外，本书所研究的路基工程中的黄土具有较明显的横观各向同性，需要建立该类黄土的强度准则。

1.2.3 各向异性本构关系研究现状

土体的本构关系是反映土体力学性状的数学表达式，一般表现形式为应力-应变关系，岩土材料的本构模型总体上可以分为两类，即弹性本构模型和弹塑性本构模型。其中，弹性本构模型以 Duncan-Chang 模型[95]为代表，是一种非线性本构模型，因为其形式简单，参数较容易确定，且都具有特定的物理意义，获得了工程界的认可，从而得到广泛应用，但由于其物理表达式的限制，无法反映土体的应力路径相关性、剪胀性等基本性质。土体变形大部分为塑性变形，因此可以利用塑性理论并结合土体的变形来建立本构模型，弹塑性本构模型通常以连续介质力学为基础，利用弹塑性基本理论来建立土体的本构关系。

1. 三维各向同性本构模型

土体在复杂应力路径下的本构关系一直是土力学及其应用领域研究的重要课题，土体在复杂应力路径下，描述其应力-应变关系应采用三维本构模型，即考虑中主应力的影响，而传统本构模型的屈服面为 von Mises 圆，不同中主应力下的强度和应力峰值是相同的，与实际条件不符。具有代表性的传统本构模型为剑桥模型[96]。Roscoe 等基于正常固结黏土的常规压缩试验提出了适用于正常固结黏土的弹塑性本构模型，即剑桥模型，后来又相继提出了通过改变屈服面方程和剪胀方程得到的修正剑桥模型等[97]。该模型能够很好地反映黏土的剪胀性和压硬性，模型参数较少，且较容易确定，因此得到了广泛应用。但是该模型没有考虑中主应力的影响，无法反映砂土的剪胀性，也不能合理反映土体的应力路径相关性。后续很多模型都是在剑桥模型和修正剑桥模型的基础上进行修正，从而得到适用性更广的本构模型。尽管剑桥模型具有上述不足，但是它是描述土体应力-应变关系最经典的弹塑性模型之一[98]，一直被岩土工程界所应用。

由于剑桥模型不能合理描述三维应力条件下的应力-应变关系，针对上述不足，Nakai 等[99]基于 SMP 准则提出用一组新的应力张量替换剑桥模型中的应力参量，分别得到了可以适用于黏土[100]和砂土[101]的三维本构模型，该模型可以反映中主应力对应力-应变关系的影响，同时可以较好地反映应力路径的相关性。姚仰平等基于变换应力张量思想，分别将SMP准则[102-104]和Lade准则[105,106]合理运用于剑桥模型中，使剑桥模型实现三维化，并能合理描述砂土材料的剪胀性。Ma等[107]基于变换应力的思想，将其提出的非线性统一强度准则[67]引入剑桥模型，使其能够考虑中主应力和剪胀性，并验证了模型的正确性。Lade和Duncan基于Lade准则，采用非关联流动法则，结合能量原理提出了三维Lade模型[108]，该模型可以很好地模拟砂土的剪胀性及应力-应变关系，但是该模型有9个参数，且不能较好地反映体积变形以及等向压缩体积变形，随后Kim等提出了封闭型单屈服面模型[109]，该模型同样采用非关联流动法则，但是模型参数有14个，且这些参数没有明确的物理意义。此外，国内比较著名的本构模型还有殷宗泽等提出的椭圆-抛物线双屈服模型[110-112]，沈珠江提出的南水模型[113]，李广信提出的清华弹塑性模型[114]及其改进模型[115]等。

2. 三维各向异性本构模型

土体中存在的横观组构对其强度和变形特性有着重要影响，大量试验[116-122]表明，材料的各向异性组构会导致土体强度、剪胀以及刚度的变化。因此，在过去几十年有大量的学者致力于对土体组构各向异性的研究，用各种方法来描述土体的各向异性，如采用屈服面的旋转等[123-125]。然而，屈服面的旋转无法考虑砂土由于晶粒方向所导致的天然各向异性，因为屈服面的大小和方向与土体的初始应力状态有较大关系[126]，同时，从颗粒材料的微观结构中所提出的组构张量被证明是研究其各向异性的有效方法[127-132]。简而言之，上述研究没有考虑材料在变形过程中的组构演化规律，虽然这种简化方法在某种程度上是有效的，但在试验和数值观测方面也有一定程度的偏差。Li等[133]研究指出，如果不考虑组构的演化规律，将会导致临界状态线的不一致。土体微观结构通常采用离散元法进行研究，结果表明，土体在承受荷载的过程中，其组构的大小和方向将会发生变化。基于离散元的研究成果，Li等[133]建立了考虑组构的临界状态理论，丰富了关于土体各向异性的研究理论。Gao等[92]在Dafalias理论的基础上，运用统一非线性各向异性屈服面，建立了各向异性本构模型来描述砂土材料的各向异性。基于这种研究方法，Gao等也提出了其他类似的本构模型[134-136]。Gao等[137,138]基于组构各向异性和组构演化规律，提出了考虑主应力轴旋转的本构模型，该本构模型可以在一定程度上考虑材料的非共轴性。文献[139]从交叉各向异性角度对土的非共轴性进行建模，并引入各向异性变换应力方法，在变换的应力空间中采用正态流动法则，将非同轴度简单地反映在传统弹塑性本构理论内。

除此之外，董彤等[140]通过分析主应力大小与方向的变化所引起的剪正应力比，结合剪正应力比-剪应变分量的双曲线关系，提出了一种能考虑主应力方向的土体非线性弹性本构模型。刘元雪等[141-148]引入广义塑性势函数，提出广义的土体增量弹塑性应力-应变关系。童朝霞[149]基于边界面理论建立了考虑主应力轴旋转的砂土本构模型。Yang等[150]构建了一个考虑主应力轴旋转的移动硬化土弹塑性本构模型。扈萍等[151]在已有的本构模型中引入非共轴塑性流动理论来描述这种非共轴现象，并对形状函数进行了修正。熊保林等[152]基于非线性连续介质力学的基本原理，提出了考虑主应力轴旋转改进的Gudehus-Bauer亚塑性模型。温勇等[153]基于广义位势理论提出了拟弹性弹塑性本构模型。李学丰等[154]等为克服传统塑性位势理论的局限性，引入非共轴塑性理论建立了砂土的三维非共轴临界状态各向异性本构模型。从上述模型的研究结果可以发现，合理地考虑土体的各向异性和非共轴特性对正确模拟主应力轴旋转条件下土体变形特性非常关键。

1.3 主应力轴旋转涉及的工程领域

随着改革开放的不断深化，高速铁路、城市地下空间、大型水利工程以及航空航天基地得到了长足的发展，这些工程体量大、造价高，社会性强，对大体量的工程提出了更严格、更精确的要求。但是，天然状态下土体均具有明显的各向异性，在经典的弹塑性理论中，这种沿各个方向的差异往往被忽略。大体量的工程诱发了更为复杂的应力状态，使得忽略材料的方向性和应力的方向性所建立的传统力学模型无法描述岩土材料变形与强度的应力方向依赖性，以下从两个方面说明存在主应力轴旋转等复杂应力路径的工程领域。

在海洋工程建设方面，国家开发了大量的油气田、海洋平台、海底管线，然而由于海洋环境极端恶劣，地质条件复杂，不可避免地会遇到大量的软黏土覆盖层，并且厚度往往很大，范围也非常广泛，加大了工程建设的难度，增加了工程投资和风险。在港口与海洋工程设施建设与使用中，海床与地基失稳往往会造成巨大的生命和财产损失。例如，我国渤海地区由于波浪荷载长期作用导致钻井平台发生滑移和倾斜，使渤海湾某石油管道的沉降位移超标。再如，在长江口深水航道治理二期工程建设中，威马逊台风的袭击造成了试验段大圆筒防波堤结构的整体倾覆。因此如何合理评估波浪荷载对饱和黏土性状的影响成为上述重大工程项目设计和施工所需要解决的关键问题。海床地基受力情况非常复杂，例如，在半无限的水平地基中，土体处于无侧向变形状态，初始水平面上没有剪应力的作用，竖直方向即为大主应力方向。当在水平场地上构建海洋建筑物时，建筑物底部附近主应力方向基本没有变化，而在建筑物下面的地基内由于剪应力的作用，大主应力方向将偏离竖轴，其偏离的程度随着与建筑物中心轴距离的增大而增大，这导致初始大主应力方向角会在0°～90°变化。海床地基除了承受建筑物自重的长期作用以外，还经常遭受暴风波浪、冰荷载、水流、风与地震荷载的瞬时或循环作用，风浪将激起建筑物地基产生水平振动、竖向振动以及摆动等多种耦合的复杂合成振动。海洋环境与动力环境条件极端恶劣，与陆地上情况相比，这些海洋工程结构与地基的动力响应及变形存在显著差别。

在交通工程中，土体地基既承受着路堤荷载的静荷载作用，又承受着交通荷载的动荷载作用，其应力路径十分复杂。交通荷载引起的振动荷载是一种特殊荷载，既不同于静荷载，也不同于短期的地震荷载，而是长时间往复施加的循环荷载。交通荷载作用强度远低于饱和土体的静力剪切强度，软黏土经过几十万次甚至上百万次循环荷载作用，可能产生的工程问题是沉降过大而非突然破坏。此外，交通荷载的作用方式十分复杂，不是简单的竖向循环加载，随着车轮荷载由远处驶来，到位于测试单元体的正上方，再到远离该单元体，单元体上所受应力的大小和方向不断发生变化。在一次交通荷载作用下，土单元体上竖向应力、水平应力和剪应力循环变化，竖向应力和水平应力随着轮载的移动表现出由 0 到峰值再降到 0 的模式，而竖向应力和水平应力始终为正(压应力)；剪应力则随着轮载的移动数值会发生反转，导致主应力轴连续旋转。

第2章　黄土的基本特征

2.1　黄土的地质特征

2.1.1　黄土的分布及物理特征

黄土古称“黄壤”，本源于土地之色，是一种第四纪沉积物，有一系列内部物质成分和外部形态的特征，不同于同期的其他沉积物，在地理分布上也有一定的规律性。世界上许多国家，如美国的中西部、俄罗斯的南部和澳大利亚等均有黄土分布，全世界各洲黄土和黄土状土分布的总面积约 1300 万 km^2，占陆地面积的 9.3%。我国的黄土和黄土状土的分布较广，面积约为 64 万 km^2。

黄土的沉积具有沉积分选作用，因此根据黄土沉积的特点，我国黄土分布自西而东有：①西北干旱内陆盆地区；②中部黄土高原区；③东部山前丘陵及平原区。这三个大区在地理分布和时间演化上各有不同的特点。

1. 西北干旱内陆盆地区

西北干旱内陆盆地区包括新疆的准噶尔盆地、塔里木盆地，青海的柴达木盆地和甘肃的河西走廊。这些盆地及走廊的四周有近东西走向的山脉，自然环境的特点是高山终年积雪，盆地中心是无限沙漠，黄土覆盖于山前地带，气候异常干旱，雨量稀少，地面辐射强烈，温差大，风力强烈，黄土基本上处于风扬带内，受风力、冰川再搬运的作用很大，形成各种类型的黄土状土，原生黄土很少见。

2. 中部黄土高原区

由龙羊峡至三门峡的黄河中游区，这是我国黄土分布的中心，四周山脉环绕，西有贺兰山，北有阴山，东有太行山，南为秦岭。该区黄土厚度大，地层完整，除少数山口高出黄土线外，黄土基本上连续覆盖于第三系或其他古老岩层之上，形成特殊的塬、梁、峁等黄土地貌，黄土分布面积占全国黄土面积的 72% 以上，区内若干近似南北走向的山脉把黄土分割成三个不同的亚区。

(1) 乌鞘岭与六盘山之间为西部亚区，黄土下伏的基底层主要是第三纪的甘肃群，黄土分布于山地斜坡、山间盆地及河谷高阶地上，黄土堆积仍基本反映出基底地形的起伏。

(2) 六盘山与吕梁山之间为中部亚区，黄土基本成为一个连续盖层，上覆于第三系或古老岩层上，还填平了一些原始河谷与湖沼盆地，在深切河谷底部，基岩出露。黄土层厚度达百余米，地层完整。高原区不同时代黄土平行接触，古土壤与黄土交替叠覆，是此亚区的主要特征。

(3) 吕梁山与太行山之间为东部亚区，黄土分布于盆地边缘及河流阶地之上，下伏上新世地层。

上述三个亚区的自然景观各具特征，但黄土层结构却十分相似，它们都保留有从早更新世到晚更新世的黄土堆积，部分地区在晚更新世上还覆盖有薄层的全新世黄土。

3. 东部山前丘陵及平原区

东部山前丘陵及平原区占主要面积，我国华北平原和松辽平原都分布于这一地区。自第四纪以来，平原区经受了很厚的黄土状堆积，并与河湖相砂砾石和黏土构成间互层，典型黄土仅分布于该区边缘山前和丘陵地带等。

我国黄土主要分布在北纬 33°～47°，在这个区域内，一般气候干燥，降水量小，蒸发量大，属于干旱、半干旱气候类型。黄土分布地区年平均降水量为 250～600mm。该区以北，年平均降水量小于 250mm，黄土很少出现，主要为沙漠和戈壁。年平均降水量大于 750mm 的地区也基本上没有黄土。黄土的分布具有明显的地带性特点，说明黄土是在特定的地理位置和气候环境下的堆积。黄土形成时期的古气候较干燥，因此可以说黄土剖面是干、冷、湿、热气候频繁交替的记录。黄土堆积之后，随着气候寒暖更替和气候带的移动，黄土又受到了环境变迁过程的改造，从而使不同地区的黄土其构造形态、可溶盐含量和矿物后生改造作用均表现出区域性特点。这些特点在理论和实践中(如黄土的工程特性和水土保持工作等方面)均有重要意义。

黄土在我国的分布相当广泛，而各地的地理、地质和气候条件不同，所以黄土在沉降厚度、地层特征和物理力学性质上都表现出明显的差异和变化，一般具有以下特征：

(1) 颜色以黄色、褐黄色为主，有时呈灰黄色。

(2) 颗粒组成以粉粒(粒径 0.05～0.005mm)为主，质量分数一般在 60% 以上，粒径大于 0.25mm 的较少。

(3) 有肉眼可见的大孔隙、较大孔隙，宽度一般在 1.0mm 左右。

(4) 富含碳酸盐类，垂直节理发育。

2.1.2 黄土的地层划分

我国黄土的形成经历了整个地质年代的第四纪时期。按形成的年代可分为老黄土和新黄土。老黄土有午城黄土，其标准剖面在山西省隰县午城镇，所以称为午城黄土；离石黄土，其标准剖面在山西省吕梁市离石区，所以称为离石黄土。新黄土有马兰黄土，其标准剖面在北京西北马兰山谷，所以称为马兰黄土；新堆积黄土形成年代较晚，距今约 5000 年，一般土质疏松。马兰黄土和新堆积黄土均具有浸水湿陷性，故又称为湿陷性黄土。各层黄土形成年代和成因见表 2.1。

表 2.1　黄土地层划分和特性

<table>
<tr><th colspan="2">地质时代</th><th colspan="3">黄土名称</th><th colspan="2">成因</th><th>备注</th></tr>
<tr><td rowspan="2">全新世(Q_4)</td><td>近期</td><td>新堆积黄土</td><td rowspan="3">新黄土</td><td>新近堆积</td><td rowspan="2">次生黄土</td><td>水成为主</td><td>杂乱无章，具有不均匀性、高压缩性、强湿陷性</td></tr>
<tr><td>早期</td><td rowspan="2">马兰黄土</td><td rowspan="2">一般湿陷性黄土</td><td rowspan="4">风成为主</td><td rowspan="2">浅黄，一般具有湿陷性</td></tr>
<tr><td colspan="2">晚更新世(Q_3)</td><td rowspan="3">原生黄土</td></tr>
<tr><td colspan="2">中更新世(Q_2)</td><td>离石黄土</td><td rowspan="2">老黄土</td><td rowspan="2">非湿陷性黄土</td><td rowspan="2">褐红，一般不具有湿陷性；在高压下具有轻微湿陷性</td></tr>
<tr><td colspan="2">早更新世(Q_1)</td><td>午城黄土</td></tr>
</table>

(1) 全新世(Q_4)黄土为新近堆积，多分布在塬、梁、峁表层及河谷阶地上，坡脚及阶地上和地层的顶部，受各种自然营力的影响，其物理力学性质的差异较大。质地较疏松，成岩性差，具有湿陷性，甚至强烈的湿陷性。

(2) 晚更新世(Q_3)马兰黄土构成黄土层的上部，为典型黄土。其质地疏松，无层理，大孔结构发育，有垂直节理裂隙，有较强的湿陷性或自重湿陷性，若处理不善常会发生较大的湿陷事故，威胁建筑物的安全。

(3) 中更新世(Q_2)离石黄土为马兰黄土下面的埋藏黄土层，其间夹有多层古土壤层和钙质结核层，构成黄土塬的主体。质地较密实，一般无湿陷性，但在高压下仍具有一定的湿陷性。

(4) 早更新世(Q_1)午城黄土为老黄土的下部，颜色呈淡红色，部分为棕红色，埋藏于古土壤层。其质地密实、强度大、压缩性小、厚度较薄，几乎不透水，无湿陷性。

2.2　黄土的微结构特征

2.2.1　黄土的微结构特征及骨架颗粒形态

黄土的现存结构形态是其整个历史形成过程中的综合产物，它决定着黄土结构本身在新条件下的变化倾向。例如，湿陷性黄土是低含水率、高孔隙率和高碳酸盐含量的粉质壤土，因此遇水有崩解湿陷的特性。

双目镜下观察发现，黄土有其特殊的显微结构，由结构单元(单矿物、集合体和凝块)、胶结物(黏粒、有机质、$CaCO_3$)和孔隙(大孔隙、架空孔隙和粒间孔隙等)三部分组成。黄土以粗粉粒(0.05～0.01mm)为主体，较大砂颗粒(>0.05mm)含量较小。粗粉粒构成黄土的骨架，而细粉砂、黏土和腐殖质等胶结物附在砂颗粒的表面，特别集中地聚集在大颗粒的接触点，它们与易溶盐形成的溶液和沉积在该处的碳酸钙和硫酸钙一起形成了胶结性的联结，构成黄土的微结构特征。

从显微图像中发现，黄土的显微结构有明显的区域性变化规律，这种区域性变化规律和工程地质界所发现的湿陷性由西北向东南逐渐减弱的趋势相吻合。

黄土微结构的特征表明，从空间结构体系的力学强度和稳定性角度分析，构成黄土结构体系的支柱是骨架颗粒。骨架颗粒形态决定了黄土的传力性能和变形性质；骨架颗粒的连接形式直接影响黄土结构体系的胶结强度；骨架颗粒的排列方式决定结构体系的稳定性。此外，胶结粒的赋存状态和碳酸钙的存在形式也对黄土的结构特征有着重要影响。

骨架颗粒的形状可分为粒状和凝块状两类，粒状又分为单粒和全由黏胶微细碎屑碳酸盐胶结成的集粒。观察表明，碎屑矿物传力刚度好，集粒形态在西北地区一般具有较大的刚性，在东南地区外形柔软刚性不足，集粒形态的这种地区性变化无疑与气候条件有关。气候干燥，集粒中的碳酸钙就可以保存得较好，集粒刚性较大；气候潮湿，集粒中的碳酸钙被淋失，集粒变软。上述集粒的性质正好说明西北地区(兰州)黄土具有强烈湿陷性和自重湿陷性，而东南地区(洛阳)的黄土则表现出轻微湿陷性或不湿陷的特性。

2.2.2 黄土骨架颗粒的连接形式

黄土骨架颗粒间的相互连接是黄土结构体系中的重要环节。微结构图像显示出黄土骨架颗粒间的连接形式有点接触和面胶结两种。

点接触一般是颗粒直接接触，接触面小，颗粒之间包裹着集粒的黏土膜、盐晶膜。这种连接多出现在气候干燥的西北地区(兰州)。连接强度主要由接触造成的原始凝聚力和盐晶胶膜造成的加固凝聚力所组成。由于接触面积小，且在水浸入情况下，部分盐晶溶解，水膜楔入削弱了连接强度，残余强度不大，在极小的压力作用下便会通过这些接触点的断裂或错动，使结构连接遭到破坏，所以容易发生湿陷和自重湿陷，湿陷的速度也较快。

面接触的接触面积较大，接触处有较厚的黏土膜或黏土片和盐晶膜，形成这种连接形式的原因可能是集粒或外包黏土颗粒表面刚度不足，在外力作用下颗粒间接触面积增大。这种接触一般发生在中部地区和东南地区。当浸水时，面接触残余强度比点接触高，不会发生自重湿陷，湿陷的速度也较慢。

2.2.3　黄土骨架颗粒的排列方式和孔隙

据观察黄土中有与骨架颗粒排列方式有关的大孔隙、架空孔隙和粒间孔隙等(图 2.1)。大孔隙孔壁的颗粒多为碳酸钙胶结，呈筒壁状，结构稳定。架空孔隙是由一定数量的骨架颗粒堆积而成的，孔径远比构成孔隙的颗粒大。当水湿后会削弱颗粒间的连接强度，在一定压力下失去稳定，孔隙周围颗粒落入孔内，形成湿陷。粒间孔隙是指颗粒在平面上呈犬牙交错排列，在空间上呈镶嵌排列所形成的粒间隙缝，结构比较稳定。架空孔隙和粒间孔隙在黄土中并存。由于气候干燥，盐晶胶结形成的加固凝聚力阻碍了土体的有效压密，架空排列占优势，易于受水浸湿而湿陷。在一定压力条件下，被水浸湿后的黄土中镶嵌排列占优势，一般不具有湿陷性。

我国黄土的微结构特征有明显的区域性变化规律，即由西北地区的粒状架空接触结构逐渐过渡到东南地区的凝块镶嵌胶结结构。

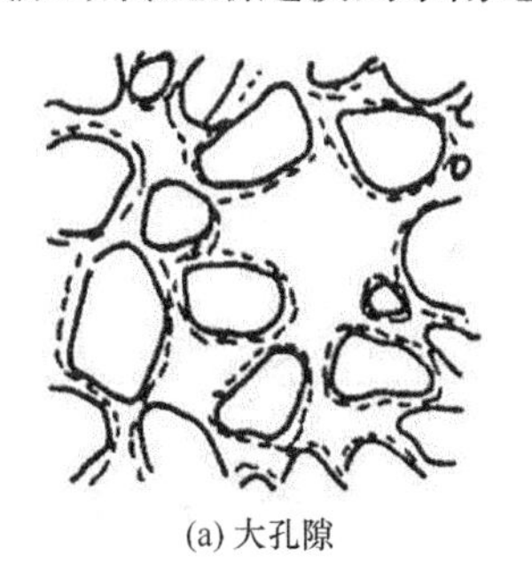

(a) 大孔隙　(b) 架空孔隙　(c) 粒间孔隙

图 2.1　黄土孔隙类型与胶结

2.2.4　黄土的微结构分类

关于黄土的微结构分类，国内外学者提出过多种分类方式，高国瑞通过对我国各地黄土微结构的分析，将其划分为 12 种类型。王永焱等认为黄土中矿物颗粒接触、孔隙和胶结程度是微结构的明显特征，据此将黄土的微结构划分为 3 种结构组合和 6 种结构类型。上述两种分类都比较复杂，可参考有关专著。雷祥义通过对我国各地区黄土微结构的分析，将其划分为 6 种类型，见表 2.2。按照反映湿陷性强弱程度和风化成土作用程度，由强到弱、自上而下排列，比较简单明确。

表 2.2　黄土的微结构类型

湿陷性	风化成土	微结构类型			地质时代	区域
		扫描镜下	结构组合	偏光镜下		
由强减弱以至消失↓	作用程度由弱增强↓	支架大孔微胶结结构 镶嵌微孔微胶结结构	微胶结结构组合	细砂质接触胶结结构	由新到老↓	由西北向东南↓

续表

<table>
<tr><th rowspan="2">湿陷性</th><th rowspan="2">风化成土</th><th colspan="3">微结构类型</th><th rowspan="2">地质时代</th><th rowspan="2">区域</th></tr>
<tr><th>扫描镜下</th><th>结构组合</th><th>偏光镜下</th></tr>
<tr><td rowspan="2">由强减弱以至消失↓</td><td rowspan="2">作用程度由弱增强↓</td><td>支架大孔半胶结结构
镶嵌微孔半胶结结构</td><td>半胶结结构组合</td><td>细砂-粗粉砂质接触孔隙胶结结构
粗粉砂-细砂质接触孔隙胶结结构</td><td rowspan="2">由新到老↓</td><td rowspan="2">由西北向东南↓</td></tr>
<tr><td>絮凝状胶结结构
凝块状胶结结构</td><td>胶结结构组合</td><td>粗粉砂质孔隙胶结结构
粗粉砂质基底孔隙胶结结构
粗细粉砂质基底孔隙胶结结构
细粉砂质基底胶结结构</td></tr>
</table>

2.2.5　黄土的胶结物质和胶结类型

黄土的强度主要取决于颗粒胶结物质的成分和性质。黄土中的胶结物质主要是黏土矿物和碳酸钙，其次是其他水溶盐和腐殖质等。黄河中游地区黏土矿物中：伊利石占 62%、高岭石占 10%、绿泥石占 12%、蒙脱石占 16%；易溶盐<2%、中溶盐极少、难溶盐高达 2%～7%；有机质<2%。

细分散黏粒具有高活动性，比表面积相当大，能聚集和吸附在较大颗粒表面上，有助于集粒的形成或在碎屑颗粒表面上形成一定厚度的黏土薄膜。黏粒能形成一种随土的含水量变化而具有不同强度的结构。黏土矿物成分在一定程度上体现着黄土的湿陷性，它们以不同的方式同孔隙中的水溶液相互起作用，例如，高岭石能促成黄土湿陷的发生和发展，而蒙脱石具有特殊的膨胀性质，能阻止湿陷过程的发展。西北地区黄土的大部分黏胶粒被碳酸钙胶结成集粒或胶结在碎屑颗粒的周围，作为一个整体成为骨架。东南地区的黄土随着碳酸钙的淋失，部分黏粒分布在孔隙中，使颗粒间由接触连接变为胶结连接，黏粒赋存状态的改变发挥了黏粒表面活性作用。

碳酸钙($CaCO_3$)在黄土中含量最大，质量分数为 10.75%～15.80%，对黄土强度的形成起很大作用，其可溶性很低，能够在黄土中长期保留下来。但是，随着孔隙水溶液中溶解二氧化碳的增加，溶于水中的碳酸钙也会增加。如前所述，碳酸钙的赋存状态不同，对黄土强度的影响也不同。

石膏($CaSO_4 \cdot 2H_2O$)作为矿物颗粒间的胶结物质，能赋予黄土强度和稳定性，黄土中其质量分数为 0.01%～1.44%，平均值为 0.3%。它的溶解会引起凝聚性的破坏，由于石膏在水中的可溶性较弱，所以对初期的湿陷过程几乎没有影响，随着长期的溶解和淋出，对以后黄土的软化将产生重大影响。湿陷性黄土中水溶液含量一般比非湿陷性黄土中略多。

由腐殖质胶结颗粒黏合在一起形成的一部分集粒能在水作用下保持稳定。此外由三氧化二铁、二氧化硅化合物等胶结物构成的集粒，其抗水性能较好。

2.3　黄土的物理性质

黄土的物理力学性质常随着其成岩时代和成岩地区表现出一定的差异。一般全新世(Q_4)黄土的干重度较小，孔隙比较大，压缩变形大，渗透性强，干燥状态具有一定结构强度、浸水饱和后结构破坏，黏聚力迅速减小，且变化幅度大，呈现较强的湿陷性；晚更新世(Q_3)黄土的物理力学性质相似于全新世黄土，它们的结构强度均偏低易变，受水湿影响大，滑坡、冲蚀、土粒流失屡见不鲜，是黄河中游地区控制水土流失的主要土类，是湿陷性黄土的主要埋藏地层；中更新世(Q_2)黄土是黄土地层的主体，由黄土、古土壤层和钙质结核层相间组成，质地比较密实，重度大、压缩性和渗透性均较弱，无湿陷性或在高压强下具有较弱湿陷性，是良好的地基持力层；早更新世(Q_1)黄土地层较薄，为黄褐色，较之中更新世黄土更密实，强度高，压缩性小，无湿陷性，透水性也小。不同地质时代黄土的物理力学性质的变化趋势见表 2.3，从表中可以看出，其性质随生成时间的不同而表现出一定的规律性。

表 2.3　不同地质时代黄土的物理力学性质

地质时代	物理性质		力学性质			
	干重度	孔隙比	压缩性	渗透性	抗剪强度	湿陷性
Q_4	小	大	大	强	低	强
Q_3	较小	较大	较大	较强	较低	较强
Q_2	较大	较小	较大	较弱	较高	弱
Q_1	大	小	小	弱	高	无

从方位上看，无论高原或阶地，由西北向东南，黄土的重度(γ)、含水率(ω)和强度都是由小变大，而渗透性(K_{10})、压缩性($\alpha_{1\text{-}2}$)和湿陷性(δ_s)都是由大变小，颗粒组成也是由粗变细，黏粒含量由少变多，易溶盐由多变少。

黄河中游 7 省(自治区)干支流水利水保工程中的黄土，按照土的颗粒组成分类，多数属粉质壤土，其粉粒质量分数多为 40%～70%，其中陕北、晋南、甘肃中部及青海、宁夏、内蒙古南部，多属轻、中粉质壤土或沙壤土，而陇东、关中、豫西等地，大部分属中、重粉质壤土，甚至粉质黏土。

黄土的不均匀系数 C_u 的平均值变化范围为 6～12，黄土的相对密度变化不大，一般为 2.68～2.73。黄土的湿化崩解性质与其颗粒组成和天然状态的干重度及含水率有较大关系。黏粒含量低，含水率低，干重度小，崩解速度快，反之则慢。其分布趋势与土的黏粒含量分布相似，北部黄土较南部黄土易于崩解。陕北清涧上刘家川黄土属粉质壤土，崩解历时仅 1.8min；而陕西关中凤翔页沟黄土属重粉质壤土或粉质黏土，崩解历时达 5～30min。轻粉质壤土的特征是：砂粒含量高，天然含水率低于塑限，颗粒之间凝聚力小，湿陷性和湿陷敏感性强，位于其上的建筑物湿陷事故多；重粉质壤土的特征是：黏粒含量高，砂粒含量少，天然含水率大于塑限，颗粒的凝聚力强，湿陷性或湿陷敏感性弱，湿陷事故少；中粉质壤土组成介于砂黄土和黏黄土之间，湿陷性和敏感性居中。

黄土主要造岩矿物约有 15 种，各种黄土的矿物成分比较单一，不同黄土的主要区别不在于矿物组成不同，而在于各种矿物成分的数量比例和抗风化矿物成分的含量不同。

黄土的黏粒部分(<0.005mm)基本上由黏土矿物组成，如蒙脱石、高岭石、绿高岭石和水云母。根据黏土矿物的含量，可将黄土分为蒙脱石黄土、蒙脱石-高岭石黄土和蒙脱石-水云母黄土。黏土矿物成分和比例在某种程度上体现着黄土的湿陷性，因为各种黏土矿物的亲水性不同。例如，高岭石和水云母等能促使黄土湿陷的发生与发展，而蒙脱石、绿高岭石和水云母等具有特殊的膨胀性，可以阻止湿陷过程的发展。

黄土粉细砂粒部分(0.1～0.05mm)，其矿物同水不起作用，不影响湿陷过程。在粗粒造岩矿物中，石英、长石和碳酸盐含量较大，对湿陷性无重大影响，而细散黏粒对湿陷过程起重大积极作用，因其具有大的比表面积，会使黄土膨胀、收缩或湿陷，具有不同的力学性质，如压缩性、强度等。黄河中游地区黄土的物理力学性质见表 2.4。

表 2.4　黄河中游地区黄土的物理力学性质指标变化范围

物理力学性质指标	变化范围	平均值
孔隙比 e	0.67～1.13	0.92
孔隙率 n/%	40.1～53.1	47.8
含水率 ω/%	10.7～23.4	18.0
重度 γ /(kN/m^3)	11.0～16.8	14.5
液限 ω_L /%	25.4～32.1	28.7
塑限 ω_p /%	15.4~20.5	18.5
塑性指数 I_p /%	8.2～14.0	11.7

续表

物理力学性质指标	变化范围	平均值
液性指数 I_L	<0.1	—
压缩系数 α_{1-2} /MPa^{-1}	0.02～0.90	0.43
渗透系数 K_{10} /(cm/s)	4.8×10^{-4}～5.8×10^{-5}	1.5×10^{-4}
黏聚力 c/kPa	21～76	45.0
内摩擦角 φ/(°)	2.06～33.6	27.0

粉粒在黄土颗粒组成中占绝对优势，而粒径为 0.01～0.05mm 的粗粉粒含量最大，质量分数一般为 50%～60%，其浸水活动性也最强。因此有人认为粉粒质量分数>70%为重粉质黄土，50%～70%则为粉质黄土，<50%为轻粉质黄土。应该注意到，黄土中细粉粒和黏粒所构成的团粒能赋予黄土不同的湿陷特性。随着浸水，其团粒破坏特征不同，所表现的湿陷性也不同。

2.4　黄土的力学性质

2.4.1　黄土的压缩变形特性

根据天然荷重对黏性土(软黏土和黄土等)压密作用的有效性，欠压密土可分为两类：一般欠压密土和有结构强度的欠压密土。饱和黏土在上覆荷重 σ_h 作用下，渗透固结尚未完成。孔隙中的超静水压力还未完全消散，上覆重量由土骨架的有效应力 σ' 和孔隙水压力 u 共同承担，如图 2.2 所示，这种黏性土称为一般欠压密土，它的特性是压缩性大、强度低、流变性突出，如沿海的淤泥土，常给工程建筑造成危害；另一类是有结构强度的欠压密土，在上覆荷重作用下，其固结过程也未完成，但没有孔隙水压力，上覆荷重仅由土骨架的有效应力承担，它的结构强度是由于土在沉积过程中的物理化学因素促使颗粒相互接触处产生了固化联结键，这种固化联结键构成土骨架，从而提高了土的抗压能力，能支持比现有上覆土荷载更大的压力，孔隙率的变化也较小(图 2.3)。对于这种土，虽然固结过程已经中止，但固化联结键一旦遭到破坏，如湿陷性黄土被水浸湿后，固结(或压密)现象就会继续发展(湿陷)，土的力学性质会产生显著变化，如压缩性增大、产生湿陷性、承载力降低等。由于这种结构性土在一定压力范围内(结构强度范围内)表现出压缩性小、强度高等特性。在低压力下表现为欠压密状态，其力学性质与应力水平密切相关。

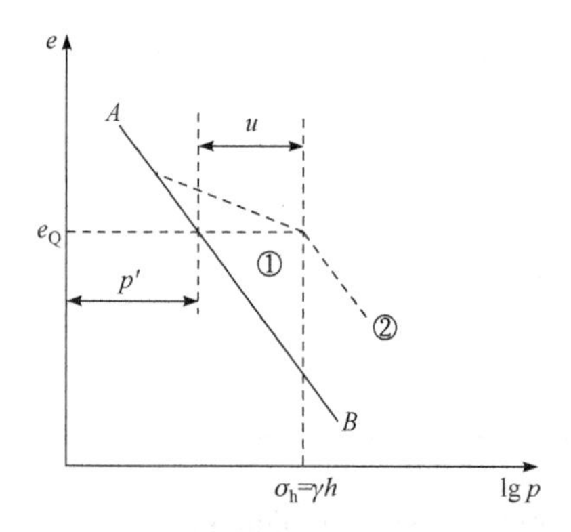

图 2.2　一般欠压密土的 e-lg$p$ 关系

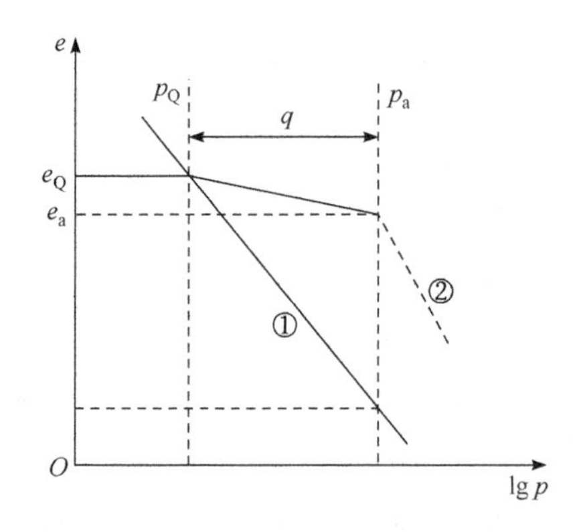

图 2.3　有结构强度的欠压密土的 e-lg$p$ 关系

1. 黄土欠压密特性的形成机理

这种土形成的地质条件一般是风成堆积或冲洪沉积过程中移动速率缓慢，时间长久，上覆压力的增长速率比颗粒间固化联结键的增长速率慢。这样移动片状颗粒之间可形成蜂窝、绒絮状、片架、絮凝之类的高孔隙率组构，粒状颗粒经常架空于细粒之中。由于颗粒接触点的原始抗压强度与固化联结键共同形成的抗压强度超过上覆荷重，因而不会使土在上覆荷重作用下压密，而处于欠压密状态。固化联结键的形成原因：①粒间接触点的变质作用；②盐基交换；③各种胶结剂的作用，如钙质胶结、铁质胶结、泥质胶结等。由于产生固化联结键的原因不同，其力学性质也不同。有些土的原生结构被破坏后，静置一段时间强度可以恢复，称为触变性，强度不能恢复的称为非触变性。有些土，如黄土，其结构强度在浸水后减少或丧失，称为非水稳性结构；有些土的胶结剂具有一定的抗水性，其强度遇水不会降低，称为水稳性结构。

2. 黄土的压密分类和压密状态

黏性土的压密分类是依据其有效固结压力 σ_c 与上覆荷重 $\sigma_h=\gamma h$ 的比值 R(超固结比)进行区分的。当 $R=\sigma_c/\sigma_h=\gamma h+\Delta\sigma/\gamma h>1.0$ 时，称为超压密土，表示现在所受压力小于先期固结压力，处于超压密状态 $e<e_0$；当 $R=\sigma_c/\sigma_h=1.0$ 时，称为正常压密土，表示现在所受压力等于固结压力，处于正常压密状态；当 $R=(\sigma_c-u)/\sigma_h<1.0$ 时，称为欠压密土，表示现在压力未充分发挥，未达到 3 种压密曲线的相对位置，如图 2.4 所示。有结构强度黄土的压密曲线如图 2.5 所示，其中①为浸水前的初压曲线；②为浸水饱和后的湿陷曲线；③为天然含水的欠压密曲线。p_c 为湿陷起始压力，p_k 为湿陷屈服压力，$q=p_k-p_c$ 为结构强度，即浸水衰减的强度。

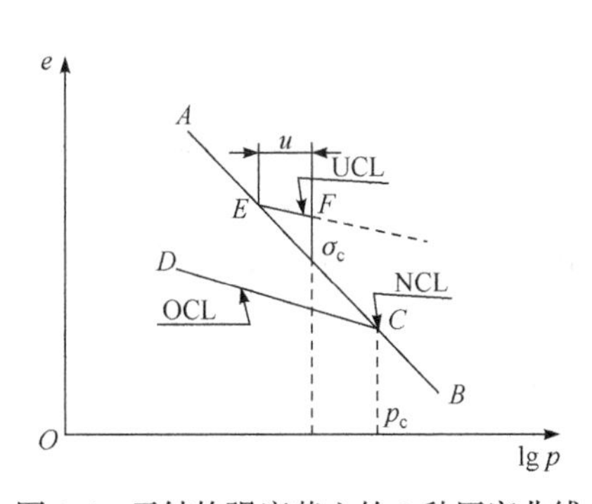

图 2.4　无结构强度黄土的 3 种压密曲线

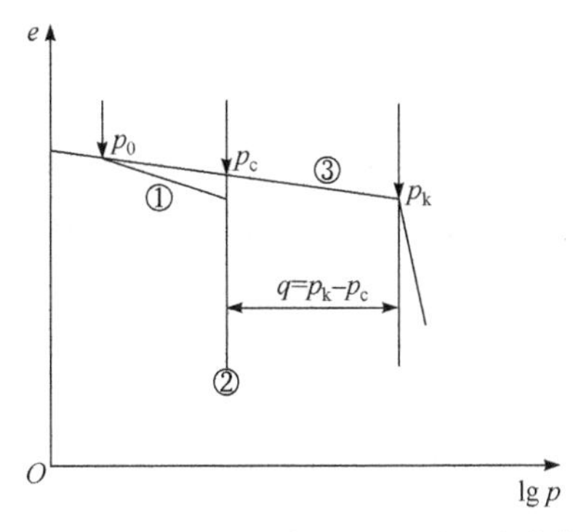

图 2.5　有结构强度黄土的 3 种压密曲线

3. 黄土的压密曲线和压缩指数

单轴 K_0 情况下的压缩曲线 e-p 和 e-lg p 如图 2.6 和图 2.7 所示。

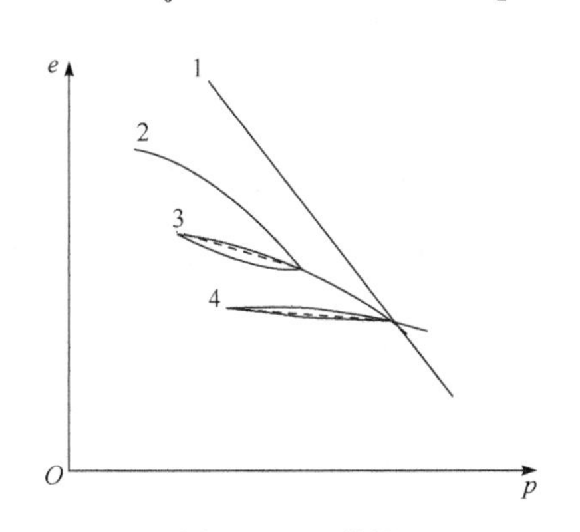

图 2.6　e-p 曲线

1.正常压缩曲线；2.初压缩曲线；3、4.回弹曲线(超固结曲线)

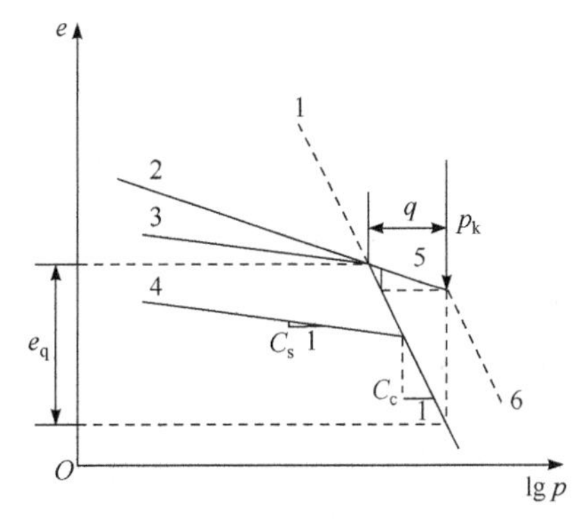

图 2.7　e-lg p 曲线

1.正常压缩曲线；2.初压缩曲线；3、4.回弹曲线(超固结曲线)；5.欠压密曲线；6.正常压缩曲线

λ、k 为三轴均压情况下压缩曲线的压缩指数和回弹指数。在土的弹塑性理论模型中均用λ、k 表示土的压缩和回弹特性，其值如图 2.8 和图 2.9 所示。

初压曲线为

$$V = N - \lambda \ln p, \quad \mathrm{d}V/\mathrm{d}p = -\lambda/p$$

则

$$\lambda = -p\mathrm{d}V/\mathrm{d}p$$

回弹曲线为

$$V = V_k - k\ln p, \quad \mathrm{d}V/\mathrm{d}p = -k/p$$

则

$$\lambda = -p\mathrm{d}V/\mathrm{d}p$$

式中，V 为比容，$V = 1 + e_0$；$\lambda = 0.434C_c$，C_c 为黄土单轴压缩的压缩曲线的压缩指数；k=0.434C_s，C_s 为黄土单轴压缩的回弹曲线的回弹指数；N、V_k 为压缩曲线和回弹曲线的上限压力；p 为 100kPa 时的试验常数，其值决定了两曲线的起点位置。

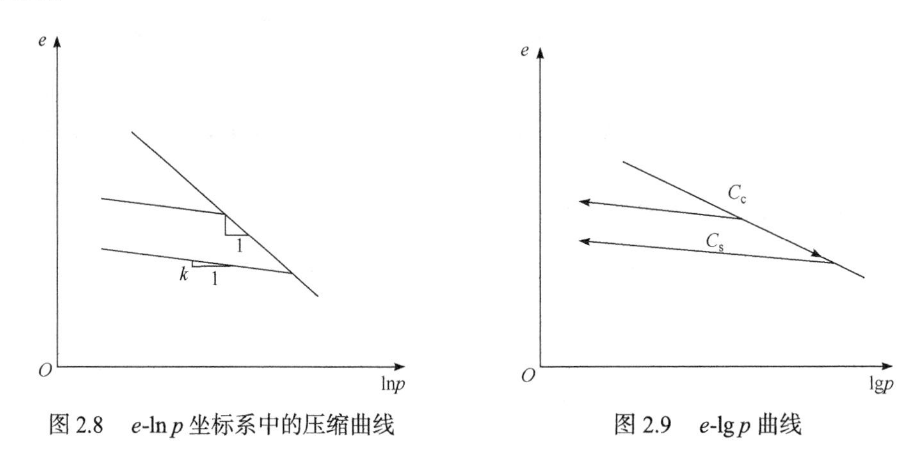

图 2.8　e-ln$p$ 坐标系中的压缩曲线　　图 2.9　e-lg$p$ 曲线

对比图 2.8 和图 2.10 可以看出，e-ln$p$和V-ln$p$ 坐标系中 λ、k 相同，这是因为 $\mathrm{d}V = \mathrm{d}e$。

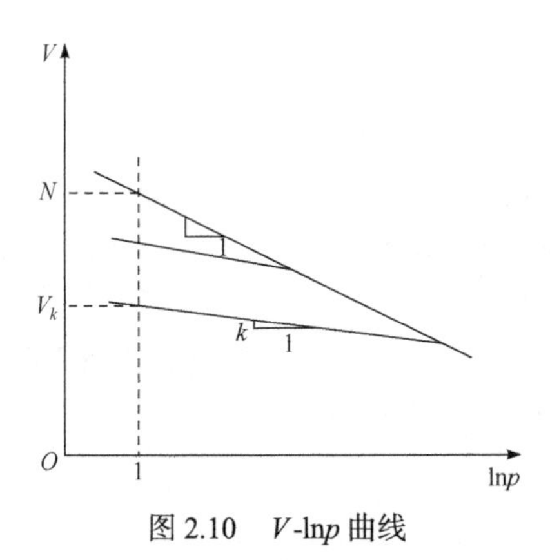

图 2.10　V-ln$p$ 曲线

以上简述了黄土单轴压缩的压缩曲线和回弹曲线的压缩指数 C_c、回弹指数 C_s，以及在均压固结(K_0=1)情况下的压缩指数 λ、回弹指数 k。C_c、C_s 的确定比较容易，在一般地基勘察报告中均提供了这些指标值，见表 2.5 和表 2.6。在土工建筑物的弹塑性本构模型中均采用如上所述的土性参数 λ、k 的关系。

表 2.5　黄土(Q_3)的 C_c 和 C_s 等指标

序号	取土深 /m	重度γ /(kN/m³)	含水率 ω/%	孔隙比 e	前期固结压力 σ_c /10kPa	压缩指数 C_c	回弹指数 C_s	C_c/C_s	C_s/C_c
1	1.7	15.7	17.0	0.766	25.0	0.325	0.008	—	—
2	1.7	14.7	17.6	0.842	18.4	0.407	0.009	—	—
3	2.2	13.5	27.8	1.008	13.5	0.373	0.009	—	—
4	2.6	13.2	33.8	1.096	4.0	0.407	0.011	—	—
5	2.6	12.8	34.0	1.131	6.1	0.326	0.013	—	—
6	2.6	12.9	34.5	1.095	8.4	0.442	0.011	—	—
7	4.0	13.9	33.3	0.960	12.2	0.794	0.010	—	—
8	5.0	13.0	33.7	1.092	7.6	0.372	0.012	—	—
9	2.5	14.1	21.7	0.917	20.5	0.373	0.010	—	—
10	6.7	14.4	30.4	0.897	11.5	0.265	0.013	—	—
11	8.0	14.7	30.2	0.851	15.0	0.237	0.008	—	—
12	2.2	14.8	23.4	0.844	19.0	0.336	0.009	—	—
13	3.0	14.9	25.7	0.822	8.4	0.199	0.015	—	—
平均值 X	—	14.0	27.9	0.948	13.0	0.374	0.011	34.00	0.029
其他工程	—	—	21.7	—	—	0.284	0.012	23.67	0.012

表 2.6　某工程黄土地基资料

层号	前期固结压力 σ_c/kPa	压缩指数 C_c	回弹指数 C_s	OCR	C_c/C_s	C_s/C_c
Ⅱ	230	0.245	0.012	2.38	—	—
Ⅲ	380	0.215	0.014	2.78	—	—
Ⅳ	490	0.176	0.010	2.53	—	—
Ⅴ	540	0.148	0.014	2.09	—	—
Ⅵ	570	0.169	0.017	1.84	—	—
平均值 X	442	0.191	0.013	2.32	14.69	0.068

2.4.2　黄土的抗剪强度特性

黄土的抗剪强度服从库仑定律，由摩擦力与黏结力组成。根据捷尼索夫的研究，黄土及黄土状土的黏聚力由土粒间分子引力形成的原始黏聚力和颗粒间的胶结物质形成的加固黏聚力组成。原始黏聚力与土的密实度相关，加固黏聚力与土粒的矿物成分、形成条件和胶结物质的性质有关。当土所处的环境与条件改变时，如压力或湿度增减和盐分溶滤时，其值将会减小或完全消失。黄土颗粒间的胶结物质一般为石膏、碳酸盐类等，其耐水性差，当湿度增加时黄土强度(黏聚力)显著降低，但在低湿度和不扰动结构的情况下仍有较高的强度，在饱水情况下其原始黏聚力和加固黏聚力显著降低，在最优含水情况下击实密度增大，使其摩擦力与黏聚力均有很大提高。

黄土工程中对黄土和黄土状土的强度指标 c' 、φ' 值或 c、φ 值的确定与一般黏性土的测试方法相同，根据工程的实际受力和排水情况，通过直剪仪或三轴仪进行原结构或击实情况的不固结不排水剪(UU)、固结不排水剪(CU)或固结排水剪(CD)以及非饱和黄土(原状黄土)的不固结不排水剪、固结不排水剪或固结排水剪试验确定。

1. 原状饱和黄土不固结不排水剪

原状饱和黄土不固结不排水剪简称不排水剪，试验时无论在固结阶段还是剪切阶段均将排水阀门关闭加压，不让土体压密固结，孔压不消散。在整个试验过程中，土样的孔隙比 e 和含水率 ω 均保持不变。不论试件上所加的围压力 σ_3 多大，破坏时土的抗剪强度和有效应力都相同，极限应力圆的直径 $(\sigma_1-\sigma_3)$ 相等。因此抗剪强度包线为公切于应力圆的水平线，$\varphi_{\mathrm{u}}=0$ 。黏结力 $c_{\mathrm{u}}=1/2(\sigma_1-\sigma_3)$ ，称为不排水强度，下标 u 表示不排水，如图 2.11 所示。c_{u} 值的大小决定于土样所受的先期固结压力，先期固结压力越高，土的孔隙比越小，不排水强度越大。应该指出 $\varphi_{\mathrm{u}}=0$ ，$c_{\mathrm{u}}=1/2(\sigma_1-\sigma_3)$ 并不意味着土不具有摩擦强度，而是因为摩擦强度隐含于黏结强度中，两者难以区分。

黄土在天然状态时常处于欠压密状态，有较大的结构强度 p_{s}(近似于一般黏性土的先期固结压力)，但 p_{s} 受浸水的影响较大，当饱和后不固结不排水剪的黏结力也很小。

非饱和黄土试样的不固结不排水剪的莫尔圆强度包线如图 2.12 所示，当饱和度 $S_{\mathrm{r}}<100\%$ 时，虽然不让试件排水，但在加载中，气体压缩或溶于水中，使土的密度提高，从而使强度增长，所以起始强度包线呈曲线。当饱和度 $S_{\mathrm{r}}=100\%$ 时，强度包线趋于水平，此后无论侧应力还是偏应力增大均不能改变试件的密度，强度也不会增大，所以莫尔圆的直径趋于常数。

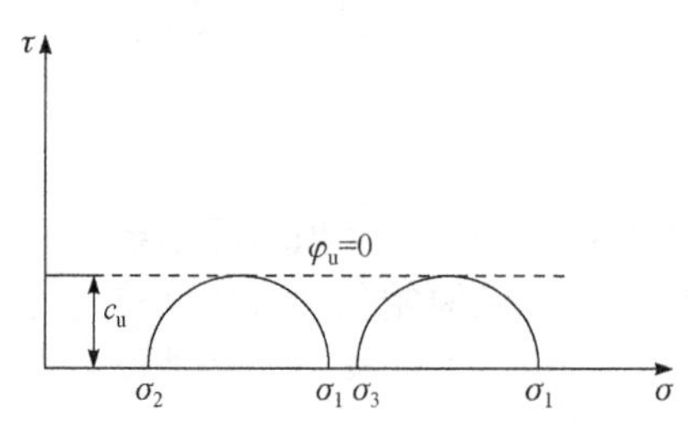

图 2.11　饱和黄土不固结不排水剪强度包线

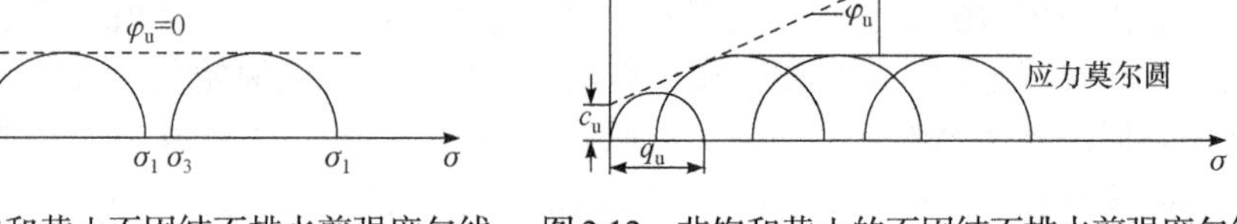

图 2.12　非饱和黄土的不固结不排水剪强度包线

非饱和部分的强度指标为 c_u 和 φ_u，其值随土样原含水率大小而异，饱和部分的 $\varphi_u = 0$。

不排水强度用于饱和黄土中时，因 $\varphi_u = 0$，所以称为 $\varphi = 0$ 法，常用于软土地基稳定分析和碾压黏性土坝施工期的边坡稳定分析。

天然土层的有效固结压力是随着深度变化的，所以不排水剪强度 τ_u 也是随着土层深度而变化的。均质正常固结黏土不排水强度一般是随着有效固结压力 σ_3' 线性增大的，即 $\tau_u/\sigma_3' =$ 常数，τ_u/σ_3' 值与土性和黏粒含量有关，τ_u/σ_3' 与塑性指数的关系如图 2.13 所示。

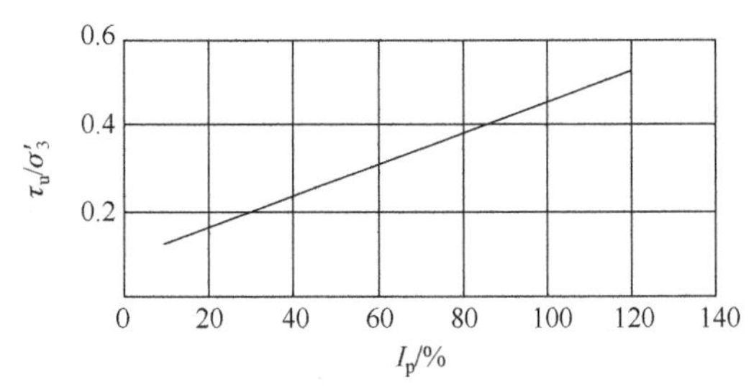

图 2.13　τ_u/σ_3' 与 I_p 的关系

饱和超固结黏土的不排水剪的莫尔包线也是一条水平线，即 $\varphi_u = 0$，但 τ_u/σ_3' 的数值比较大。

2. 正常压密黄土的固结不排水剪

正常压密黄土是将黄土原结构破坏，在流限状态压密排水固结，在一定均压固结完成后，再在不排水条件下增加偏应力 $(\sigma_1 - \sigma_3)$，其莫尔圆强度包线和应力路径如图 2.14(a)所示。从图中可以看出，正常压密黄土的总应力强度包线和有效应力强度包线均为通过原点的直线，C_{cu} 约等于 0，而且有效应力圆位于总应力圆左方，$\varphi' > \varphi_{cu}$。图 2.14(b)中，OA 为均压固结应力 σ_3 的应力路径，AC 为排水剪的总应力路径，两路径间的水平间距表示不同剪应力间的孔隙压力 u。

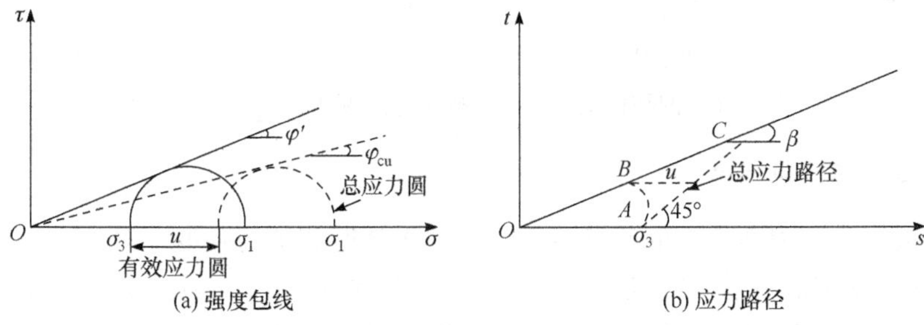

图 2.14　正常压密黄土的固结不排水剪强度包线和应力路径

$$\tan\beta = \sin\varphi, \quad \tau = \frac{1}{2}(\sigma_1 + \sigma_3), \quad s = \frac{1}{2}(\sigma_1 - \sigma_3)$$

3. 原状黄土的固结排水剪

原状黄土在天然状态下处于欠压密状态，具有较高的结构强度(p_s)。当固结围岩压力$\sigma_3 < p_s$时，其强度特性近似超压密土，应力路径为AB；当固结围岩压力$\sigma_3 > p_s$时，在固结阶段，结构强度遭部分或完全破坏，其强度特性近似正常压密土，其强度包线由两段组合，即超压密段和正常压密段，超压密段受结构强度制约，正常压密段为通过原点的直线，应力路径为CD，如图2.15所示。$\varphi_{oc} < \varphi_0$，c_{oc}和φ_0值均受黄土的结构强度p_s和湿度制约，其函数关系详见强度指标分析部分。

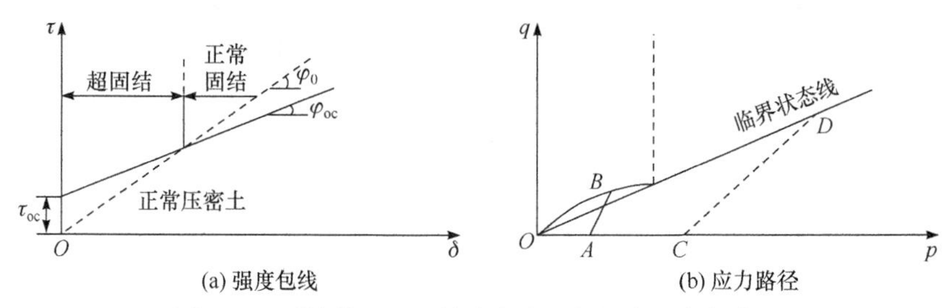

(a) 强度包线　　(b) 应力路径

图2.15　原状黄土的固结排水剪强度包线和应力路径

4. 饱和黄土的固结不排水剪

黄土经浸水饱和后，其结构强度软化，黏聚力c有较大降低，强度包线近似曲线，如图2.16所示，总应力和有效应力路径分别为AB和AC，剪切过程中的孔隙压力为u。

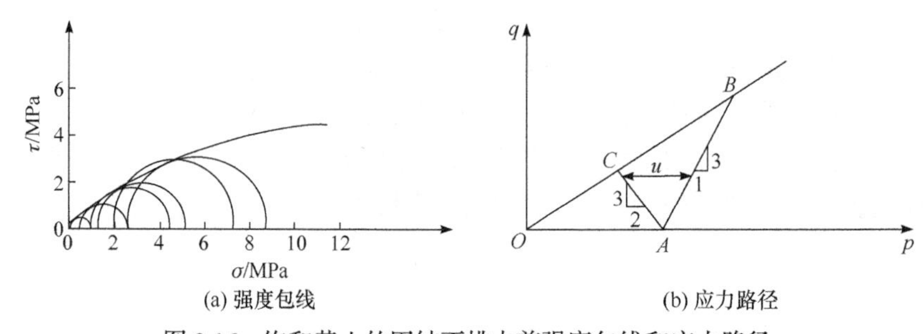

(a) 强度包线　　(b) 应力路径

图2.16　饱和黄土的固结不排水剪强度包线和应力路径

2.4.3　黄土的抗拉特性

过去对黄土力学特性的研究多偏重于抗压强度和抗剪强度，对抗拉强度研究较少。根据铁道部科学研究院西北研究所对洛河和渭河二、三级阶地冲积黄土(Q_2，Q_3)在无侧限条件下的轴向拉伸试验，研究结果见表2.7。由表2.7可以看出，含水率与节理裂隙对抗拉强度的影响较大。

表 2.7　黄土极限抗拉强度变化范围

土样编号	含水率 ω/%	干重度 γ_d /(kN/m³)	极限抗拉强度 σ_u /kPa	受节理裂隙影响极限抗拉强度 σ_t /kPa
$A_1(Q_2)$	16.4～17.5	16.0～16.7	37.0～46.5	23.0～25.7
$B_2(Q_2)$	10.2～16.4	15.0～15.7	11.5～56.0	7.3
$B_1(Q_2)$	10.2～14.4	13.0～13.6	10.5～21.0	—
78-E(Q_3)	8.1～9.7	15.7～16.3	14.7～29.0	9.3

土的物理性质直接影响土的抗拉强度，其中矿物成分、结构、紧密程度、含水量等影响较大。例如，Q_2 黄土的 B_2 组含水率与抗拉强度基本呈线性关系。随含水率的增长抗拉强度降低，其线性方程为 $\sigma_t = 106.4 - 5.13\omega$ ，相关系数 R=−0.913。从表 2.8 中可以看出，极限抗拉强度均小于黏聚力 c 值(直剪试验资料)，而且基本呈直线关系，因此由黏聚力也可大致估计出极限抗拉强度 σ_t ，如图 2.17 所示。经分析可以看出，Q_2 黄土的抗拉强度变化范围为 10.5～46.5kPa，Q_3 黄土的抗拉强度为 9.4～29.0kPa。

表 2.8　极限抗拉强度与抗剪强度指标 c、φ 值对比

土样编号	A-4	A-7	B_2-7	B_2-9	B_1-3	B_1-4	B_2-4
黏聚力 c/kPa	95.0	73.0	60.0	46.5	38.0	37.0	41.0
内摩擦角 φ	37°14′	38°16′	30°58′	25°52′	25°39′	24°42′	31°48′
极限抗拉强度 σ_t /kPa	46.5	40.0	41.2	26.0	16.0	14.7	26.4

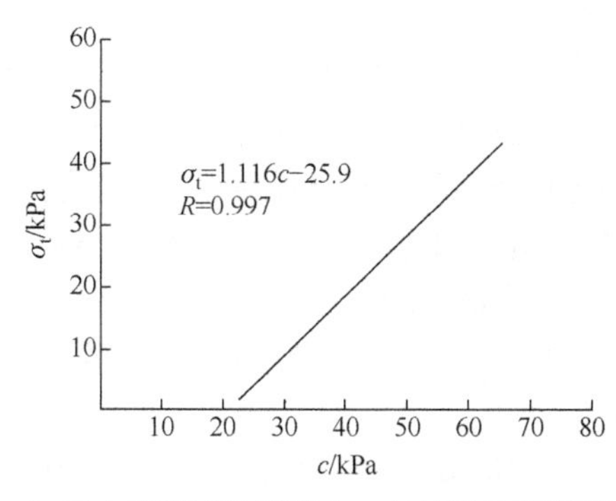

图 2.17　Q_2 黄土直剪试验黏聚力 c 与极限抗拉强度 σ_t 的关系

2.4.4　黄土的渗透特性

渗透性是黄土的重要性质之一，许多工程，如湿陷性黄土地基的湿陷性变形大小和渗透稳定性、灌溉水渠和水库的渗透量、挡水坝和水坠坝等的渗透稳定性、

给排水设计以及人工降低地下水位等都与黄土的渗透性密切相关。但是，影响黄土渗透性的因素很多(土粒性质、形状和级配、土的孔隙比、结构、裂隙、层理、饱和度以及水的黏滞性等)，对于不同成岩类型的黄土，其影响程度又不相同，同一地区不同地段，黄土的渗透系数都有很大的差异。到目前为止，对黄土渗透性的研究远远不能满足实际工程需要，以下对目前情况作简要叙述。

黄土渗透性与其他土质相同，均以单位水力梯度作用下的渗流速度即渗透系数表示。

目前测定黄土渗透系数主要有室内和野外两类方法：

(1) 室内常水头或变水头试验。

(2) 常用的野外试验方法包括双环法、抽水法和模型试验。

由于有很多因素影响渗透性，目前室内渗透试验所得结果同黄土实际渗透情况又有很大差异，所以常会得到不能令人满意的试验结果。由于土样质量和测定方法等不同，现场试验结果总是大于室内试验结果。例如，西北水利科学研究所曾在陕西宝鸡峡黄土塬边渠道对渗透试验方法进行了比较，结果如下：

野外双环法试验得出

$$K_{10}=1.63\sim3.48\text{m/d}$$

室内南 55 型渗透仪试验结果为

$$K_{10}=0.004\sim0.0055\text{m/d}$$

上述试验表明，对同一种黄土，室内外试验结果可相差几百倍，而且室内试验结果总是偏小。由于野外双环法比较简单，试验结果又接近实际，故是一种常用的试验方法。

黄土渗透性的一般规律如下：

(1) Q_3 黄土中有垂直管状大孔隙，所以黄土的渗透性具有明显的各向异性，垂直向渗透性远比水平向渗透性强。大孔隙越发育，其差值越大，二者的比值为 2～10。浸水湿陷后的黄土由于天然结构已经破坏，两个方向的渗透性逐渐接近。故天然状态黄土渗透试验的水流方向应与工程实际的渗流方向一致。

(2) 天然状态黄土渗透系数 K_{10} 与孔隙比 e 之间无明显的关系，压实后的黄土由于消除了黄土中分布不均匀的大孔隙，则 K_{10} 随 e 的减小而减小，其关系一般是非线性的，呈对数函数关系。

(3) Q_3 黄土的渗透性与其颗粒组成和结构特征密切相关。陇西、陇东、陕北黄土的颗粒较粗，微观结构多呈凝块，镶嵌胶结状态，因而渗透性较小；关中地区黄土颗粒组成及结构特征介于陇西与豫西之间。这就表明颗粒组成和结构特征对渗透性有明显影响。黄河中游地区自西向东和自北向南，黄土的渗透系数也由大变小，见表 2.9。

表 2.9　不同成岩地区黄土(Q_3)的渗透系数

地区	孔隙比	孔隙比平均值	γ_d/(kN/m³)	γ_d 平均值/(kN/m³)	K_{10} 平均值/(cm/s)
兰州	0.87～1.26	0.94	12.0～14.5	14.0	8.9×10^{-4}
太原	0.81～1.10	0.87	13.0～15.0	14.5	9.0×10^{-4}
西安	0.87～1.17	0.90	12.5～14.5	14.3	5.8×10^{-4}
洛阳	0.81～1.10	1.81	13.0～15.0	15.0	6.0×10^{-4}

(4) 当密度相同时，天然状态黄土的渗透性比击实黄土的渗透性强，这是天然黄土中存在大孔隙，而水在大孔隙中流动时阻力较小的缘故。

(5) 湿陷性黄土在湿陷发生和发展过程中，由于土的结构状态发生变化，故渗透系数也随之变化，即逐渐减小。根据苏联安德鲁欣的野外试验，天然状态湿陷性黄土的渗透系数为 0.212m/d；湿陷稳定后的渗透系数为 0.069m/d，为前者的 1/3；一般说来，非湿陷性黄土(Q_1、Q_2)的渗透系数均小于湿陷性黄土(Q_3、Q_4)。

(6) 天然状态黄土含水率小，由于黄土处于三相状态，所以水在黄土中开始入渗时，渗透系数 K_{10} 较大，且随着渗透时间的增长而逐渐降低，最后接近稳定渗流。黄土的初始含水率对渗透性有一定的影响，初始含水率越大，K_{10} 值越小，当初始含水率达到一定数值时，K_{10} 值便趋于稳定。

(7) 关于 Q_3 黄土渗透系数的讨论。影响黄土渗透系数的因素有很多，如孔隙比、颗粒组成、黏粒含量、结构特征等，且黄土中还有大量的根管和垂直孔洞，因此黄土的渗透系数变化幅度较大，垂直与水平方向也有较大差异，二者的比值为 4.7～37.5。另外，由于室内试验土样与仪器侧壁接触不紧，在测定过程中，开始与终了的渗透系数也有较大差异，所以现场测定黄土的渗透系数比较符合实际。

2.5　黄土的强度指标及其变化规律

2.5.1　黄土强度指标的变化规律

黄土是我国北方地区分布较广的区域性土质。黄土的分类定名种类很多。例如，按堆积序列可分为原生黄土和次生黄土；按生成时代可分为 Q_1、Q_2、Q_3 和 Q_4 黄土；根据生成原因又可分为风积黄土、冲积黄土、洪积黄土和坡积黄土。在建筑工程领域常以塑性指数划分，而在水利工程领域常以颗粒组成划分。

各类黄土强度指标的确定和选用是工程设计中的重要问题。即使计算模式和方法合理准确，如果计算指标选用不当也会显著影响设计精度，甚至造成工程事故。本节旨在探讨黄土强度指标的变化规律和如何正确选用黄土强度指标，供黄土地区工程技术设计参考。

影响黄土强度的主要因素包括重度、湿度、稠度和结构特性等。黄土的主要特点是具有结构性和欠压密性，二者密切相关，由于结构性才导致欠压密性。欠压密状态的存在,使黄土的应力-应变关系(含湿陷性)和强度包线表现出特殊规律。结构强度有人定义为能保持土原始基本单元结构形式不被破坏的能力，由土的原始结构强度和土粒间固化联结键强度组成。结构性土具有较高的抗压和抗剪能力，一旦固化联结键破坏，如浸水、扰动等，土的力学性质就会发生显著变化，如承载力降低，湿陷性和强度弱化等。具有结构强度黄土的强度包线一般表现为不通过原点的折线，折点相应于土的结构强度，折点前强度包线较为平缓，黏结力 c 大而内摩擦角 φ 小；折点后包线较陡，其延伸线通过原点，黏结力接近零，内摩擦角大，这是由于土粒相对移动，摩擦力发挥充分。浸水或扰动使加固黏结力降低，曲线折点前移，φ 值变化较小，如图 2.18 所示。

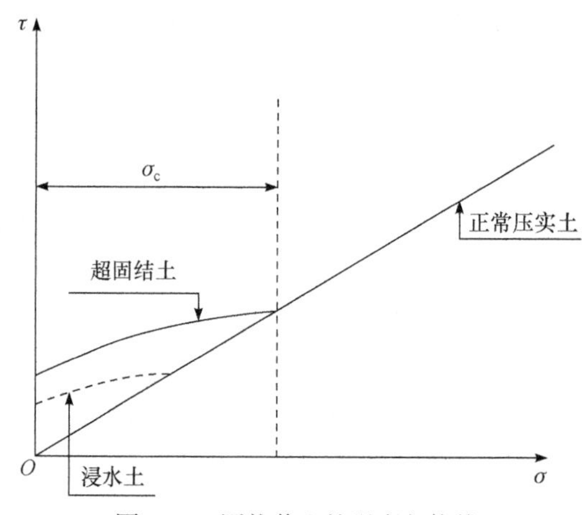

图 2.18　原状黄土的强度包络线

结构性土的强度包线类似超压密土，其结构强度也类似于超压密土，但结构强度容易受应力状态(围压 σ_3)和水湿状态的影响，有一定的不稳定性，所以一般对土工建筑物进行强度稳定验算时，常采用峰值与残余强度间的中值，强度变化主要为 c 值、φ 值，并随土的组构和黏粒含量及性质而异，一般情况下，随塑性指数 I_p 的增大而降低。

关于不同时代黄土的强度，陕西省水电勘测设计院地质队结合宝鸡峡引渭工程塬边渠道,对渭北黄土塬边的 Q_2、Q_3 和 Q_4 土层进行了系统测试,结果见表 2.10～表 2.13，关于兰州黄土的物理力学特性指标见表 2.14。

表 2.10　塬边黄土(Q_4)固结快剪指标

项目	干重度γ_d/(kN/m^3)	含水率ω/%	内摩擦角 φ_c/(°)	黏聚力 c_c/kPa	残余内摩擦角 φ_r/(°)	残余黏聚力 c_r/kPa
平均值	15.48	22.44	16.69	35.00	12.60	14.60
均方差	0.0268	1.0463	2.9308	0.0374	1.2517	0.0067
变异系数	0.0175	0.0466	0.1756	0.1069	0.0977	0.0447

注：滑动面土样，所以 γ_d 偏大，φ_r 和 c_r 表示残余强度。

表 2.11　塬边黄土(Q_3)饱和固结快剪指标

项目	γ_d /(kN/m^3)	ω /%	φ_c /(°)	c_c /kPa	φ_r /(°)
平均值	13.46	23.22	21.40	18.88	10.04
均方差	0.0451	2.0632	0.0713	4.5424	0.0503
变异系数	0.0335	0.0889	0.3331	0.2406	0.4836

表 2.12　塬边黄土(Q_2)饱和固结快剪指标

项目	γ_d /(kN/m^3)	ω /%	φ_c /(°)	c_c /kPa	φ_r /(°)
平均值	16.41	22.76	54.78	18.22	19.11
均方差	0.0738	3.0936	0.1594	3.3922	0.0448
变异系数	0.0457	0.1359	0.2666	0.1862	0.2347

表 2.13　饱和黄土(Q_2、Q_3)强度指标的变异性

指标名称	Γ_d	φ_c	φ_r	c_c	c_r
变异系数	0.0397	0.1124	0.2134	0.2998	0.3942
变异性	低	中		高	

注：φ_c、c_c 为直剪固结快剪强度；φ_r、c_r 为直剪残余强度。

表 2.14　兰州黄土的物理力学特性指标

物理力学特性	马兰黄土	离石黄土上部	离石黄土下部	离石黄土	午城黄土	古土壤
重度 γ /(kN/m^3)	13.8	15.03	16.26	15.65	17.18	17.00
含水率 ω /%	4.95±0.129	8.144±3.456	7.840±1.340	7.842±2.398	2.48±1.009	11.790±0.073
孔隙率 n/%	52.52±1.58	49.43±3.17	44.70±3.20	47.07±4.63	43.20±2.90	45.29±4.71
饱和度 S_r/%	15.60±5.50	21.53±8.93	25.53±5.17	23.53±7.17	29.20±5.30	27.51±6.99
液限 ω_L /%	28.48±2.18	29.70±2.95	27.53±1.31	27.53±3.57	27.76±4.41	30.61±1.56

续表

物理力学特性	马兰黄土	离石黄土上部	离石黄土下部	离石黄土	午城黄土	古土壤
塑限 ω_p/%	18.92±2.74	19.88±2.98	18.57±4.60	19.23±3.94	18.92±2.66	19.13±3.02
塑性指数 I_p	10.55±3.5	9.82±3.48	8.97±2.43	9.40±4.80	8.84±5.81	11.05±3.60
黏聚力 c/kPa	27.2	66.0	57.1	61.2	66.5	76.7
残余黏聚力 c_r/kPa	10.0	34.0	28.0	31.0	12.0	26.0
内摩擦角 φ/(°)	31.16±3.45	28.67±3.93	29.29±5.51	28.98±5.82	29.80±3.50	28.77±5.04
残余内摩擦角 φ_r/(°)	31.65±1.65	29.38±3.06	28.02±6.05	28.70±5.37	32.90±5.86	29.44±5.21

2.5.2 黄土抗剪强度指标的变化范围

天然含水时(ω = 20%～23%)，黄土固结快剪指标如下：

黏聚力 c =21～76kPa，平均值 45kPa。

$Q_1, Q_2 > Q_3, Q_4$

内摩擦角 φ=20.6°～33.6°，平均值 27°。

$Q_1 > Q_2 > Q_3 > Q_4$

黄土分布在干旱和半干旱地区，天然含水率较低，变化范围为 10%～25%，饱和含水率一般大于 30%。其强度指标的变化和湿度状态间的关系见表 2.15。

表 2.15 不同湿度状态黄土的强度指标

稠度界限	ω_s	ω_p	ω_L		ω_{sat}
湿度状态	干	稍湿	湿	很湿	饱和
c_c/kPa	>120	80～110	40～80	10～40	<40
φ_c/(°)	>33	29～33	24～39	23～34	<23
c_r/kPa	—	—	—	10～20	<10
φ_r/(°)	—	—	—	18～20	<18

2.5.3 黄土的残余强度

残余强度是各种土质比较稳定的强度值，不随土的结构和应力历史而变化，仅与土质，如黏粒含量和矿物组成中蒙脱石、伊利石、高岭石的含量等，有密切关系。残余黏聚力 c_r 值一般很小，所以残余强度均以 φ_r 值为主。Skempton 在滑坡的研究中，根据室内试验及现场反算，认为在整个滑动面上不会同时达到土的峰值强度，其平均强度为

$$\bar{\tau} = R\tau_r + (1-R)\tau_p \tag{2.1}$$

式中，R 为残余因数，$R=(\tau_p-\tau)/(\tau_p-\tau_r)$，$\tau_p$、$\tau_r$、$\tau$ 分别表示峰值强度、残余强度和实际强度。用 R 值可以评价强度降低程度，R 值越大，强度降低越显著。R 并非一个常数，它随坡体土质的渐进破坏和徐变依时间的推移而逐渐增大，如图 2.19 所示。由式(2.1)可以看出，随时间的推移，滑动面上的平均强度($\bar{\tau}$)逐渐降低，达到一定数值($R\approx 0.8$～0.9)时，土坡就会发生滑塌。

对于残余强度，有以下几点定性规律。

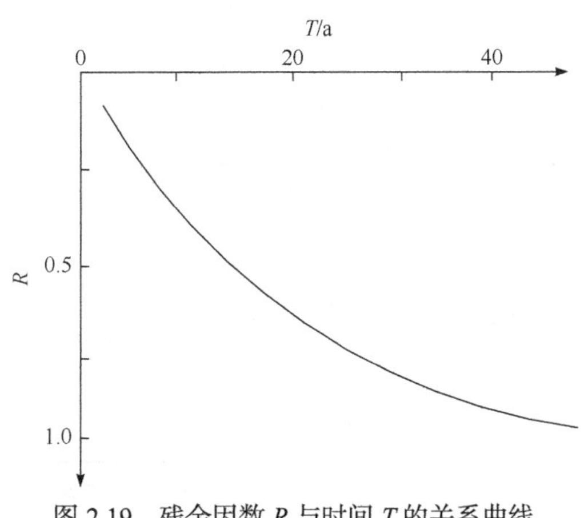

图 2.19　残余因数 R 与时间 T 的关系曲线

(1) 土坡滑动面上的残余强度(φ_r)与黏土颗粒的定向排列有密切的关系，且 $\varphi_r \ll \varphi_p$。

(2) 无裂隙黏土(含黄土)的滑动强度稍小于峰值，但有裂隙黏土的滑动强度远小于峰值。

(3) 对已有滑动面，取残余强度指标进行稳定验算是合理的。

(4) 几个典型的 R 值。未风化无裂隙黏土，$R\approx 0.08$；风化无裂隙黏土，$R\approx 0.6$～0.8；沿老滑动面，$R\approx 1.0$。

残余因数 R 与土的矿物成分和化学结构有密切关系。例如，对于石英、长石、方解石和白云母等，$R\geqslant 0.55$；对于含水云母和伊利土，$R\geqslant 0.3$；对于蒙脱土，$R<0.2$。由于土的矿物成分影响土的塑性指数 I_p，因此建立残余因数 R 与塑性指数 I_p 的相关关系，可在野外以 I_p 近似地估计残余因数。

土的液限与土中含黏量和所含黏土矿物性质密切相关。因此，土的残余强度 φ_r 与土的液限 ω_L 之间也存在一定的关系。

上述黄土的强度指标在不同应力状态和排水情况下的变化规律和特性比较复

杂，原因是它与许多影响因素有关，如应变状态、应力历史、路径、土的结构强度、土粒组成、孔隙压力和湿度情况等，它们之间也无定量的函数关系，准确决定强度指标十分困难。通常只有通过一定的室内外试验才能得到实用可靠的数值。

2.5.4　黄土强度指标的选用问题

土体稳定分析的可靠性取决于稳定分析方法、土的强度指标测定方法和指标的准确性，就目前土力学理论发展情况，分析方法差异引起的误差远小于强度指标测定方法与指标选定准确性引起的误差，所以强度指标选定是十分重要的。一般情况下，与有效应力法和总应力法相对应，分别采用土的有效应力强度指标或总应力强度指标。当土体内的孔隙水压力通过计算能准确确定时，采用有效应力法比较合理、准确，否则就采用总应力法，其精度和可靠性稍差。对堤坝工程，其强度指标选定见表 2.16。

表 2.16　堤坝工程强度指标的测定与选用

工程施工阶段	计算方法	试验方法	强度指标	孔隙水压力情况
施工期	有效应力法	直剪仪，慢剪	c', φ'	测孔隙水压力
		三轴仪，慢剪	c', φ'	
		三轴仪，UU	c', φ'	
	总应力法	直剪仪，慢剪	c_u, φ_u	
		三轴仪，UU	c_u, φ_u	
运用期(考虑渗流)	有效应力法	直剪仪，慢剪	c', φ'	
		三轴仪，CU	c', φ'	
	总应力法	直剪仪，cq	c_{cq}, φ_{cq}	

对于黄土边坡滑坡体的稳定验算，其强度指标选用问题如下：

(1) 应考虑滑坡的类型、机理、产生的条件和原因等。如果水的影响作用大，应选用水湿状态下的参数。

(2) 应考虑滑坡的性质，如新、老滑坡，牵引式或推动式等。老滑坡尚未复活者，可选用较残余强度稍高的参数；已复活者，主滑段与抗滑段可选用相应的残余强度。

(3) 应考虑工程的具体情况，如使用年限、使用期间可能出现的问题、排水措施等，决定采用高的强度参数或低的强度参数。

(4) 如已发现滑动土体，滑带土的结构已遭破坏，原状土的峰值强度已不存在。一般情况下，强度的上限可采用扰动土(重塑)的峰值强度，下限则为残余强度。

总之，在滑坡预报和稳定分析中，强度参数的选择都是很重要的、也是非常复杂的问题，应对滑坡的地质条件、类型、机理，滑带土的岩性、成因、结构，影响强度参数的因素及其变化趋势，滑坡的运动状态做综合分析。必要时可采用残余因数法分析确定。

根据许多滑坡的现场分析(反算和残余因数法)，对于黏土土坡(含黄土)的稳定验算，其现场残余因数 R_c=0.75～0.8。

2.6　离石黄土力学性质试验

2.6.1　依托工程地质条件分析

本节以山西省离石黄土连拱隧道为依托工程，隧道围岩由第四系中更新统离石组(Q_2l)黄土组成。现对其工程地质条件分析如下。

1. 地形、地貌

隧道位于晋陕黄土丘陵区，微地貌为黄土梁，顶部平缓，四周为黄土坎或黄土陡坡，隧道进出口均为黄土冲沟，呈“V”字形，地面高程为 912～996m，相对高差 84m。该隧道是青岛至银川国道主干线山西省汾阳至离石段最重要的工程之一，近东西走向，为单向行车连拱隧道。

2. 工程地质条件

根据隧址调查及钻探结果，隧道围岩地层从上到下为：第四系中更新统离石组(Q_2l)、第四系上更新统马兰组(Q_3m)，岩性特征及分布简述如下。

(1) 第四系中更新统离石组(Q_2l)。构成隧道围岩主体，岩性为褐黄色坚硬黄土(低液限黏土)，较均一、密实，质地坚硬、抗侵蚀力强，夹含零星姜石或姜石薄层，具柱状节理。

(2) 第四系上更新统马兰组(Q_3m)。分布于黄土梁的顶部，出露厚度约 3m，岩性为灰黄色坚硬黄土(低液限黏土)，结构疏松，柱状节理发育。

3. 水文地质条件

经地质调查及钻探揭示，隧道围岩范围内无地下水分布。地表大气降水通过黄土梁顶、黄土陡坎及黄土冲沟汇入大东川河。

4. 隧道工程地质评价

隧道围岩由第四系中更新统离石组(Q_2l)黄土组成，处于坚硬状态，呈巨块状整体结构，柱状节理发育，无地下水赋存。

隧址区内无不良地质现象：隧道进出口地形比较复杂，具有偏压现象，边坡稳定性较差；出口为黄土陡坎，地形整体性好，边坡稳定性较好。

5. 地震

隧道位于吕梁山块隆西部离石—中阳菱形复向斜东翼，地质构造复杂，但新构造活动相对较弱。根据《中国地震动峰值加速度区划图》(GB 18306—2015)，本区地震动峰值加速度为0.05g，相应于地震基本烈度为VI度，场地稳定性较好。

2.6.2 试样的选取与制作

为了研究离石黄土连拱隧道隧址处Q_2原状黄土的力学性质，在隧道埋深40m处的上台阶中部取得土样。该处土体为第四系中更新统离石组(Q_2l)浅棕黄色亚黏土夹薄层亚砂土，柱状节理发育，夹古土壤层及钙质结核层，呈巨块状整体结构，具有一定的强度，略显脆性。该处围岩稳定性较好，无地下水，围岩类别为IV级。为了尽量减少对土样的扰动，试样在现场挖成200mm×200mm×200mm的立方体，标明上下方向，并用塑料纸和胶带包好，装入铁箱，如图2.20(a)所示，采取减震措施运回实验室。

(a) Q_2原状黄土土样

(b) Q_2原状黄土试件

图2.20 Q_2原状黄土试样及试件

土样取回后，剥去塑料纸和胶带，检查土样结构，看是否扰动或土样质量是否符合试验要求，若土样保持完好，按照试验规程要求利用专用的削土器将土样制成高度为80mm，直径为39.1mm的圆柱形试样。为减小黄土干密度差异带来的影响，控制试样干密度差值不大于 0.2g/cm³，同一组试样控制含水率相同。在室内制样时可以看到黄土内含极小的细砂、石英颗粒等，部分存在钙质结核层，Q_2 原状黄土土样及试件如图 2.20(b)所示。

2.6.3　离石黄土的物理性质试验

对离石黄土连拱隧道隧址处取得 Q_2 原状黄土进行物理性质试验，主要包括含水率试验、密度试验、土粒相对密度试验和界限含水率试验(液限和塑限)，每项试验进行三组，取三次测量值的平均值作为最终值，得到 Q_2 原状黄土的物理参数见表 2.17。

表 2.17　Q_2 原状黄土的物理参数

天然含水率 ω/%	天然密度 ρ/(kg/m³)	相对密度 G_s	孔隙比 e
16.28	1760	2.422	0.6

2.6.4　离石黄土的力学性质试验

1. 试验仪器

试验仪器采用经过陆军勤务学院改造后的南京水利电力仪表厂生产的 SJ-1A 三轴剪力仪，该仪器是由电动马达和变速箱进行传动的螺旋千斤顶，通过仪器台架上的固定横梁的反作用，将荷载直接加到贯通压力室的顶盖活塞杆上，最后施加于试样。体变的量测采用自制的由百分表和针管所构成的体变管，压力的量测使用量力钢环和压力传感器测定，量程和灵敏度满足试验要求。三轴试验仪器如图 2.21(a)所示，等平均压应力试验仪器如图 2.21(b)所示。

(a) 三轴试验仪器

(b) 等平均压应力试验仪器

图 2.21　试验仪器

2. 试验方案

为了研究 Q_2 原状黄土体变模量 K 和剪切模量 G 随围压的变化规律，不同围压条件下的应力-应变关系曲线、峰值强度与残余强度随围压的变化规律，以及 Q_2 原状黄土的部分强度参数等，设计非饱和 Q_2 原状黄土力学室内试验方案如下。

1) 非饱和 Q_2 原状黄土三轴剪切试验

(1) 三轴剪切不回弹试验。在保持围压 $\sigma_2=\sigma_3=$ 常量的情况下，试件在三轴仪上固结 24h 后，进行排水剪切试验，剪切速率取 0.033mm/min。围压分别取 50kPa、100kPa、200kPa、250kPa、350kPa。试验时记录每次的量力环百分表读数、体变管读数和轴向变形百分表读数。在轴向应变达到 15%，或试件完全破坏时结束试验，以便获得峰值强度和残余强度。

(2) 三轴剪切回弹试验。在保持围压 $\sigma_2=\sigma_3=$ 常量的情况下，试件在三轴仪上固结 24h 后，进行排水剪切试验，剪切速率取 0.033mm/min。围压分别取 50kPa、200kPa、250kPa。回弹时关机，用手摇控制量力环的读数。试验时记录每次的量力环百分表读数、体变管读数和轴向变形百分表读数。在轴向应变达到 15%，或试件完全破坏时结束试验。

2) 非饱和 Q_2 原状黄土各向等压试验

(1) 各向等压不回弹试验(试样不固结排水试验)。试验控制条件为每隔 24h 加一级荷载。从 0kPa 加载至 100kPa 时，每级荷载为 25kPa；从 100kPa 加载至 400kPa 时，每级荷载为 50kPa。试验时记录每级压力和体变。

(2) 各向等压回弹试验(试样不固结排水试验)。试验控制条件为每隔 24h 加一级荷载。从 0kPa 加载至 100kPa 时，每级荷载为 25kPa；从 100kPa 加载至 400kPa 时，每级荷载为 50kPa。回弹起始压力为 100kPa、200kPa、300kPa。试验时记录每级压力和体变。荷载卸载级数与加载数值相等。

3) 非饱和 Q_2 原状黄土等平均压应力试验

(1) 等平均压应力不回弹试验。围压分别在 150kPa、200kPa、300kPa 下等压固结 24h 后进行排水剪切，轴向荷载采用气压加载，试验时通过调节围压使平均压应力值保持不变。试验控制条件为每隔 1h 加一级荷载。从 0kPa 加载至 150kPa 时，每级荷载为 25kPa；从 150kPa 加载至试件破坏为止，每级荷载为 50kPa。试验时记录每级轴向压力和围压，以及轴向百分表读数和体变百分表读数。

(2) 等平均压应力回弹试验。围压分别在 150kPa、200kPa、300kPa 下等压固结 24h 后进行排水剪切，轴向荷载采用气压加载，试验时通过调节围压使平均压应力值保持不变。试验控制条件为每隔 1h 加一级荷载。从 0kPa 加载至 100kPa 时，每级荷载为 25kPa；从 100kPa 升至试件破坏为止，每级荷载为 50kPa。回弹起始压力为 100kPa、200kPa、300kPa。试验时记录每级轴向压力和围压，以及轴向百分表读数和体变百分表读数。荷载卸载级数与加载数值相等。

2.6.5　离石黄土的应力-应变关系分析

通过 Q_2 原状黄土的室内力学性质试验，得到其力学特性如下。

1. 非饱和 Q_2 原状黄土三轴剪切试验

从试验可以获得体积应变 ε_v 与剪应变 ε_s 的关系曲线及剪应力 q 与剪应变 ε_s 的关系曲线，其结果如图 2.22～图 2.33 所示。

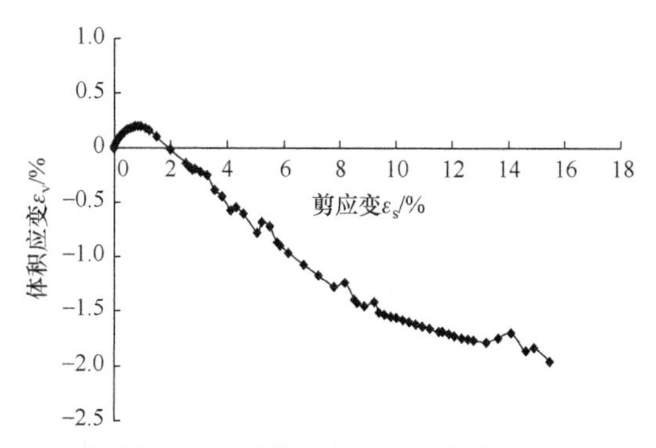

图 2.22　围压为 50kPa 时体积应变 ε_v 与剪应变 ε_s 的关系曲线

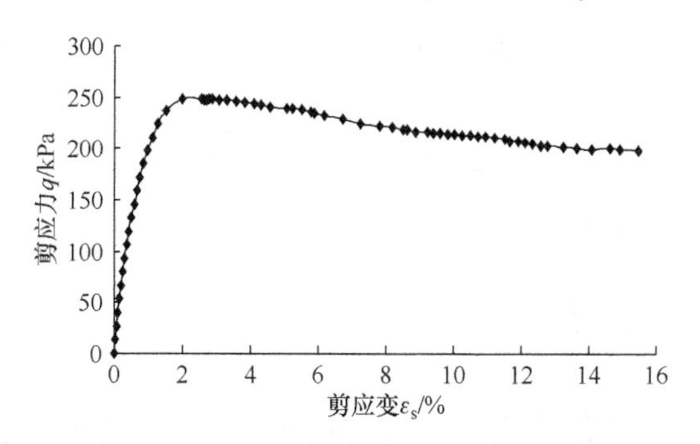

图 2.23　围压为 50kPa 时剪应力 q 与剪应变 ε_s 的关系曲线

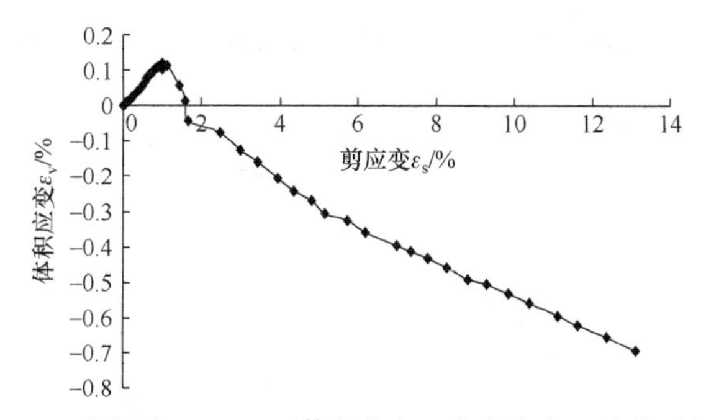

图 2.24　围压为 100kPa 时体积应变 ε_v 与剪应变 ε_s 的关系曲线

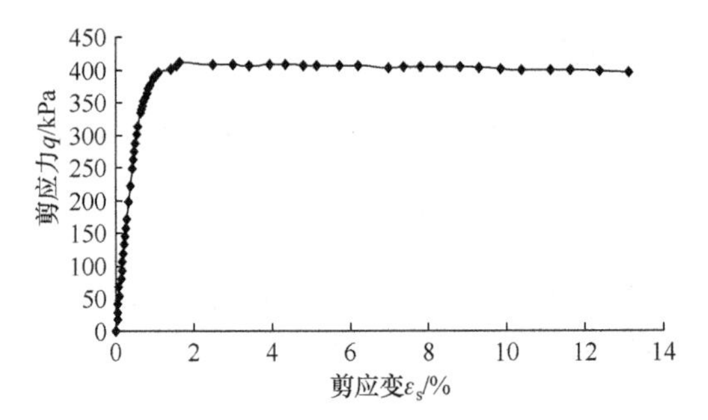

图 2.25　围压为 100kPa 时剪应力 q 与剪应变 ε_s 的关系曲线

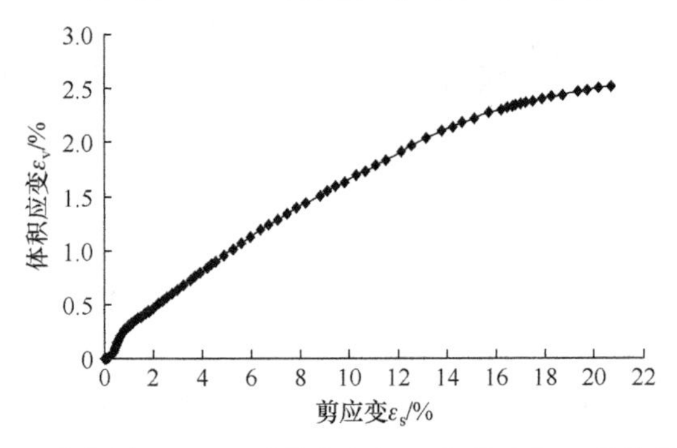

图 2.26　围压为 200kPa 时体积应变 ε_v 与剪应变 ε_s 的关系曲线

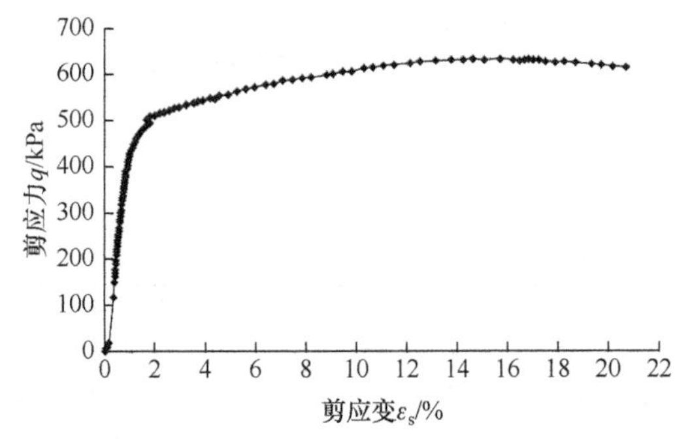

图 2.27　围压为 200kPa 时剪应力 q 与剪应变 ε_s 的关系曲线

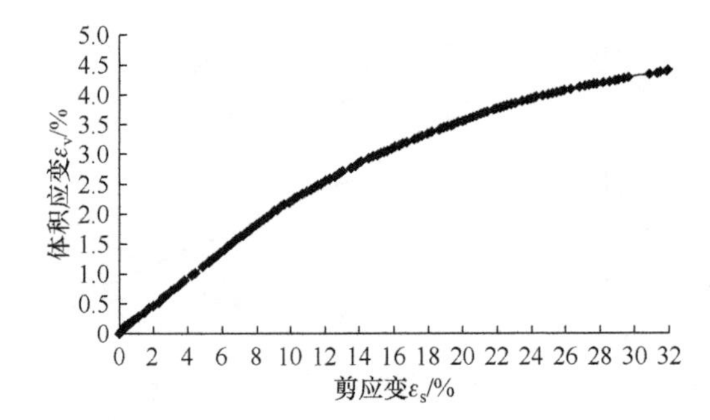

图 2.28　围压为 250kPa 时体积应变 ε_v 与剪应变 ε_s 的关系曲线

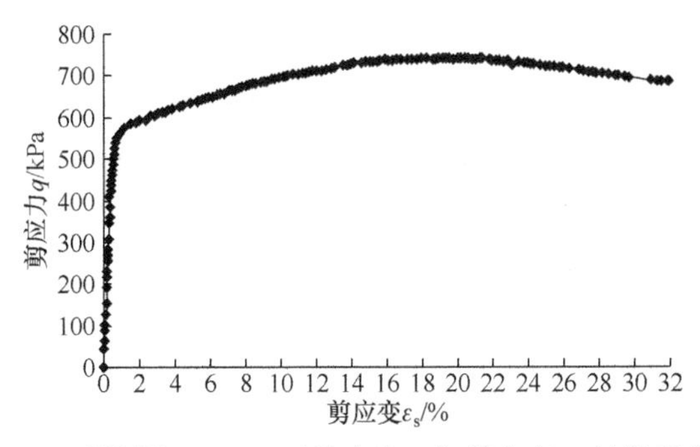

图 2.29　围压为 250kPa 时剪应力 q 与剪应变 ε_s 的关系曲线

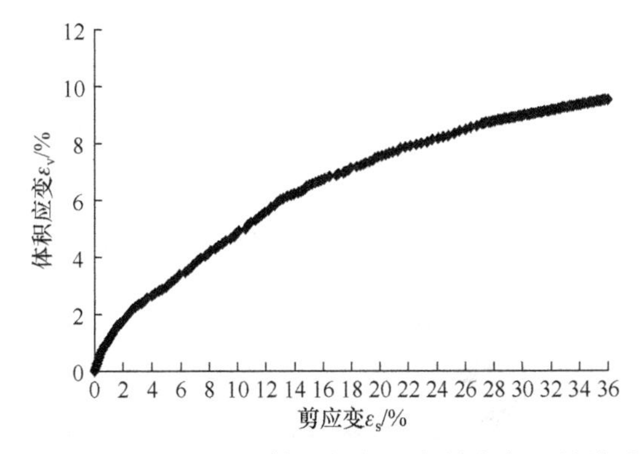

图 2.30　围压为 350kPa 时体积应变 ε_v 与剪应变 ε_s 的关系曲线

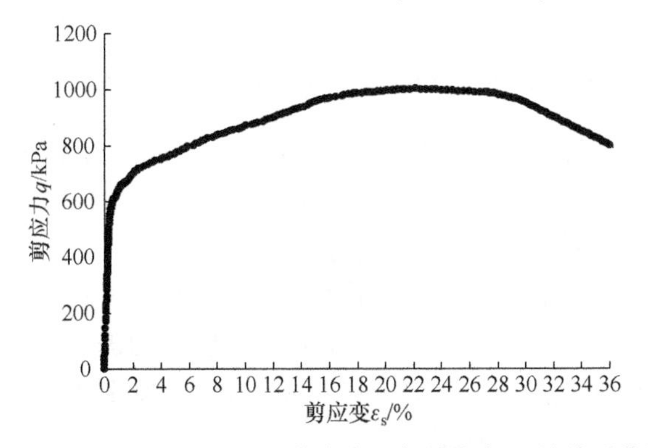

图 2.31　围压为 350kPa 时剪应力 q 与剪应变 ε_s 的关系曲线

由非饱和 Q_2 原状黄土三轴剪切试验应力-应变曲线可以看出，Q_2 原状黄土变形初期阶段应力-应变曲线向下凹，这是由于刚加载阶段黄土处于压密状态，应力-应变曲线呈直线，为弹性变形，体积变形表现为压缩；随荷载增大，剪应变和体积压缩应变增大，土的变形呈非线性，在围压较低时，当体积压缩变形应变增大到一定程度后不再增大，反而转向减小即体积膨胀变形；随轴向应变的继续增大，体积膨胀变形进一步增大，但剪应力增加缓慢；当剪应力达到峰值后会随轴向应

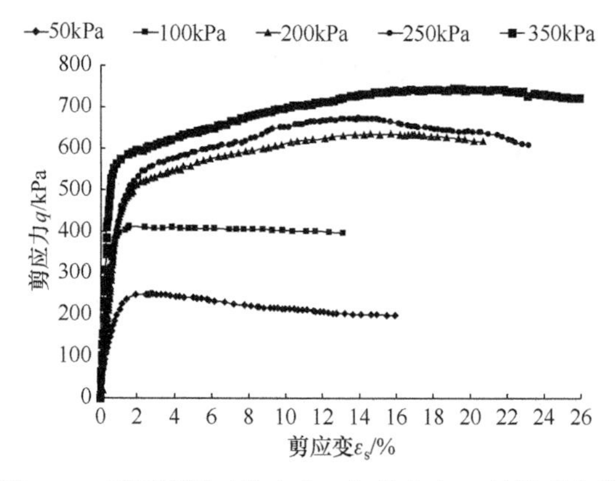

图 2.32　不同围压时剪应力 q 与剪应变 ε_s 的关系曲线

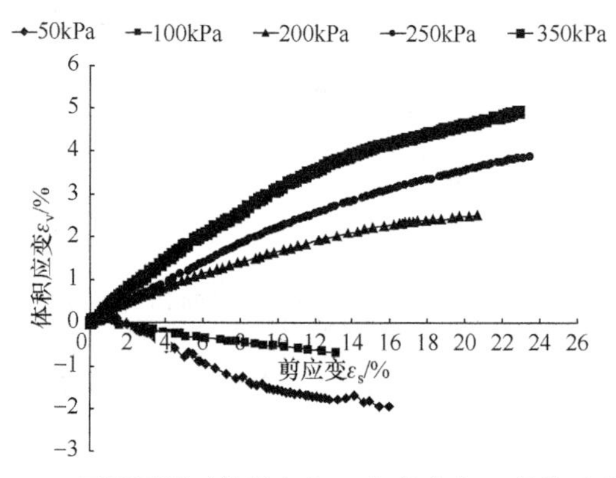

图 2.33　不同围压时体积应变 ε_v 与剪应变 ε_s 的关系曲线

变的增大而减小，即发生软化现象。在围压较高时，黄土的体积变形一直保持为压缩状态，随着剪应变的增大，体积变形也随着增大，当体积变形增大到一定值后，变化会变得很小，此时，剪应力出现峰值，然后会随着变形的增加而减小。从试样受力后的变化来看，开始试样出现压密，轴向应变达到一定值后出现剪切破坏，且从压力室外可以看到有微裂纹出现，随着轴向应变的进一步增大，当应力-应变曲线进入软化阶段后，裂纹开始增多并增大，部分微裂纹相继贯通，试样的剪切破坏面逐渐形成，最后发生破坏。

从体积应变 ε_v 与剪应变 ε_s 的关系曲线中可以看出，在围压较低时，该黄土的软化特性十分明显，体积变形中体积压缩变形只占小部分，体积膨胀变形占很大一部分，随着围压的增大，该黄土体积变形中体积压缩变形占的比例逐渐增加，体积膨胀变形占总体积变形的比例逐渐减少。

2. 非饱和 Q_2 原状黄土三轴回弹试验

从试验可以获得 Q_2 黄土弹性剪切模量 G，以及随着回弹次数的增加黄土弹性

剪切模量 G 的变化情况，试验结果如图 2.34 所示。

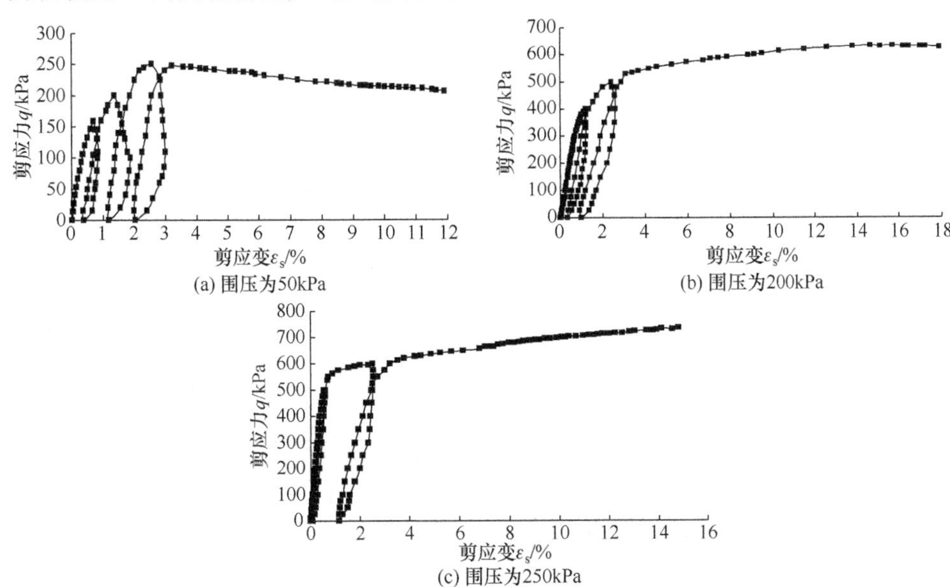

图 2.34　三轴回弹试验剪应力 q 与剪应变 ε_s 的关系

根据三种围压下的三轴剪切回弹试验可以看出，在围压较低和较高时，剪切模量共同表现出随着回弹次数的增加，其值逐渐减小。但在围压较低时随着回弹次数的增加，剪切模量相对于初始剪切模量值损伤快些；在围压较高时，前几次循环时剪切模量相对于初始剪切模量值损伤慢些。

3. 非饱和 Q_2 原状黄土各向等压不回弹试验

由三组试验可以得出，随着平均压力 p 的增大，体积变形也随之增大，在试验开始阶段体积变形增长速率较大，后期速率逐渐变小，试验结果如图 2.35 所示。

4. 非饱和 Q_2 原状黄土各向等压回弹试验

由两组试验可以得出，等压回弹试验的滞回圈斜率随起始压力的增大而增大，试验结果如图 2.36 所示。

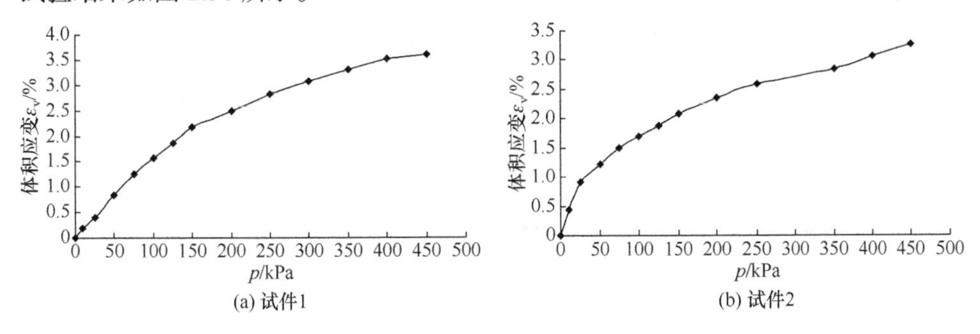

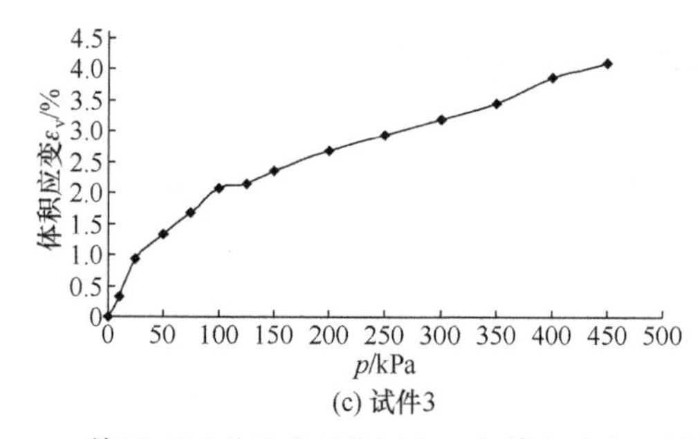

(c) 试件3

图 2.35　等压不回弹试验平均压力 p 与体积应变ε_v的关系

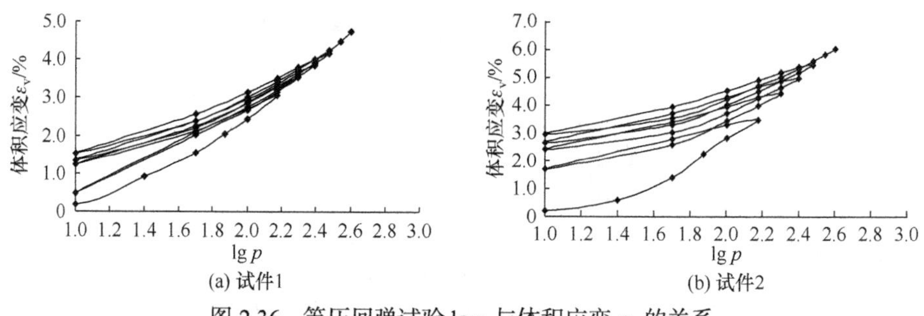

(a) 试件1　　(b) 试件2

图 2.36　等压回弹试验 lg p 与体积应变 ε_v 的关系

5. 非饱和 Q_2 原状黄土等压不回弹试验

通过试验可以得到 Q_2 黄土的应力比η与剪应变 ε_s、体积应变 ε_v 与剪应变 ε_s 的关系曲线，如图 2.37 所示。在试验中，由体积应变与剪应变的关系曲线可以看出，随着剪应变 ε_s 的增大，体积应变 ε_v 也随之增大，并随着剪应变的增大，体积应变的变化率逐渐变大。

6. 非饱和 Q_2 原状黄土等压回弹试验

从试验可以看出，回弹滞回圈的斜率随着回弹次数的增加而减小，试验结果如图 2.38 所示。

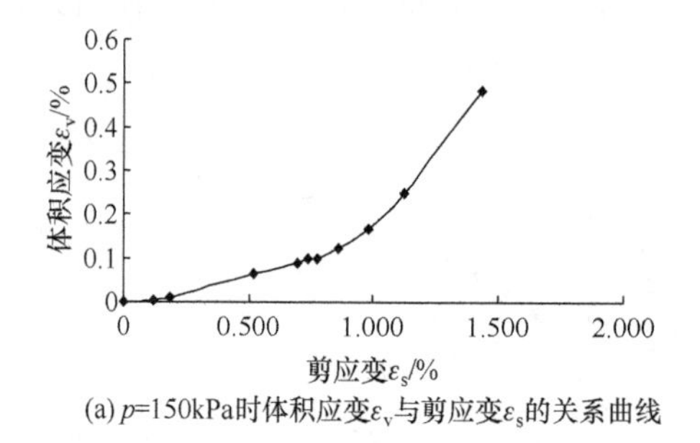

(a) p=150kPa时体积应变ε_v与剪应变ε_s的关系曲线

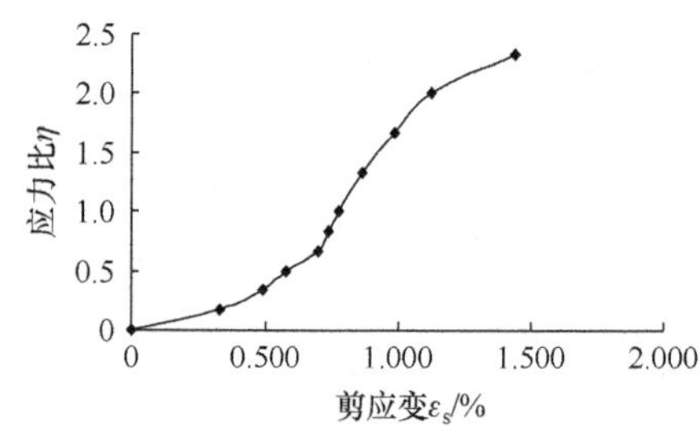

(b) p=150kPa时应力比η与剪应变ε_s的关系曲线

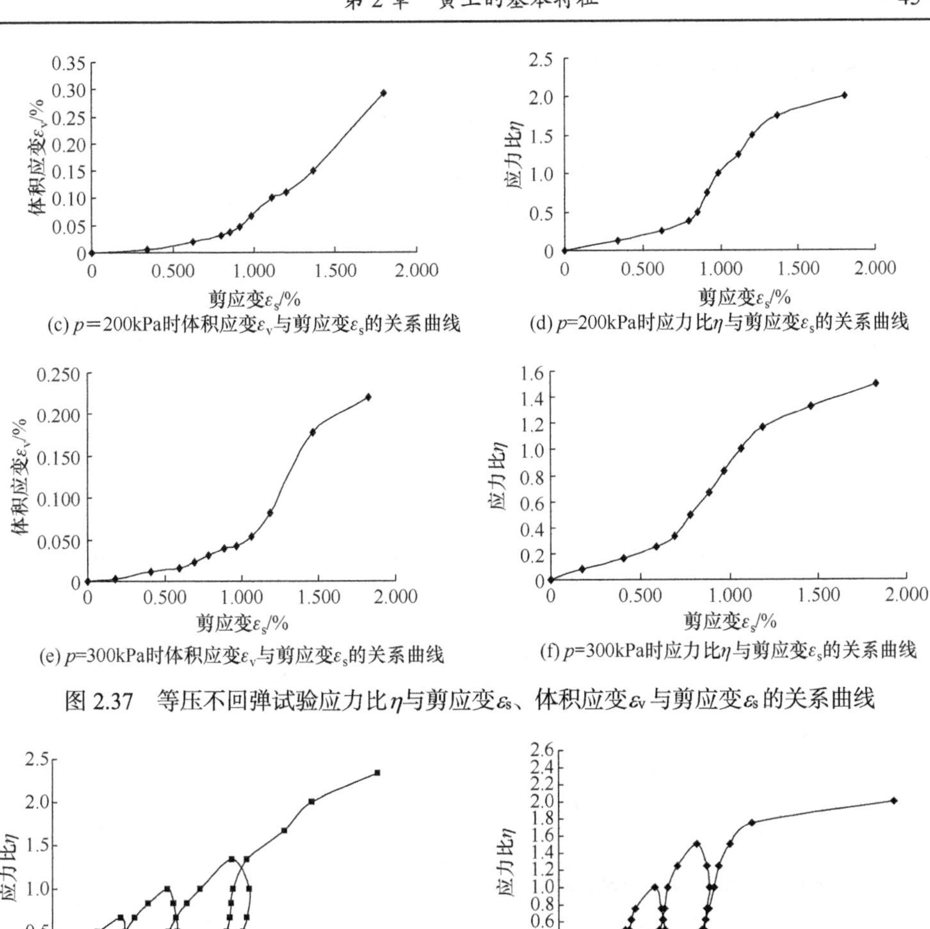

(c) p＝200kPa时体积应变ε_v与剪应变ε_s的关系曲线

(d) p=200kPa时应力比η与剪应变ε_s的关系曲线

(e) p=300kPa时体积应变ε_v与剪应变ε_s的关系曲线

(f) p=300kPa时应力比η与剪应变ε_s的关系曲线

图 2.37　等压不回弹试验应力比η与剪应变ε_s、体积应变ε_v与剪应变ε_s的关系曲线

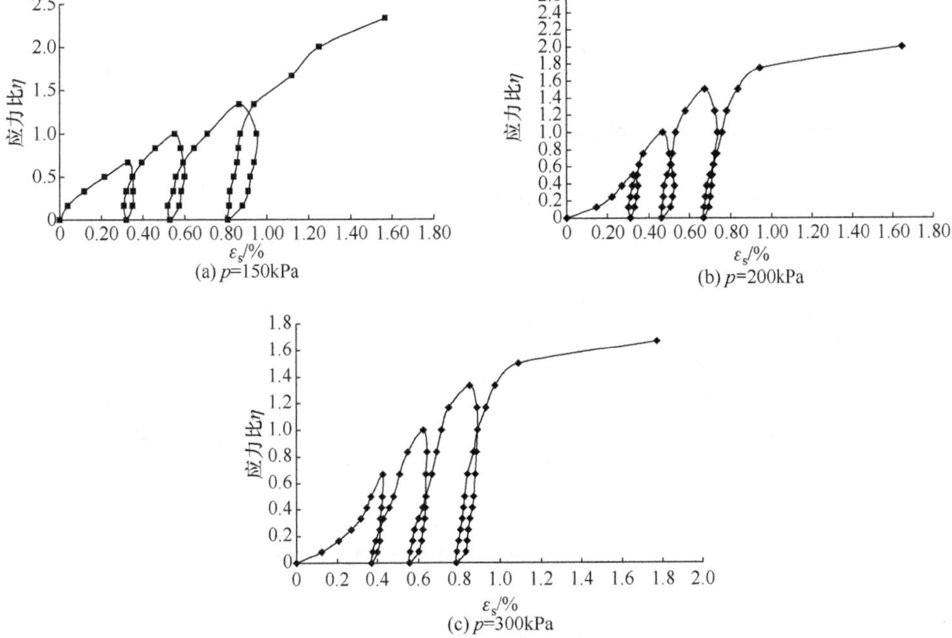

(a) p=150kPa

(b) p=200kPa

(c) p=300kPa

图 2.38　等压回弹试验应力比η与剪应变ε_s的关系曲线

2.6.6 离石黄土强度特性分析

根据五组非饱和 Q_2 原状黄土三轴剪切试验可以得到其在不同围压下的峰值强度和残余强度，见表 2.18。根据表 2.18 的数据，可得到 Q_2 原状黄土的峰值强度和残余强度包络线，如图 2.39 和图 2.40 所示，计算得出其特征参数分别为：$c = 79.834\text{kPa}, \varphi = 25.546°$；$c_r = 73.501\text{kPa}, \varphi_r = 24.627°$。

表 2.18 Q_2 原状黄土在不同围压条件下的应力峰值强度和残余强度

围压/kPa	峰值强度/kPa	残余强度/kPa
50	298.589	247.226
100	510.889	495.238
200	833.524	815.082
250	993.602	937.831
350	1020.420	957.549

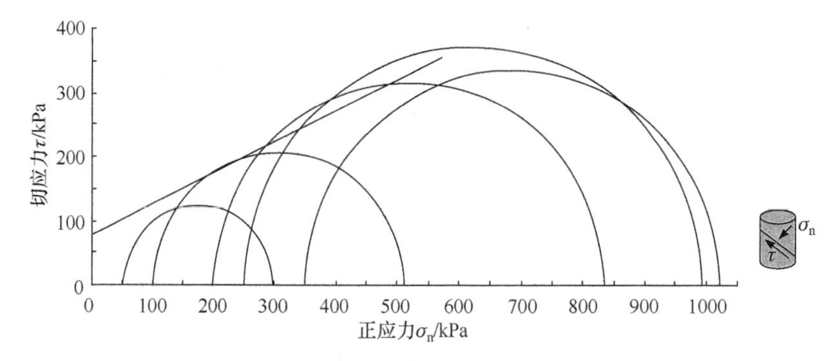

图 2.39 峰值强度莫尔圆和强度包络线图

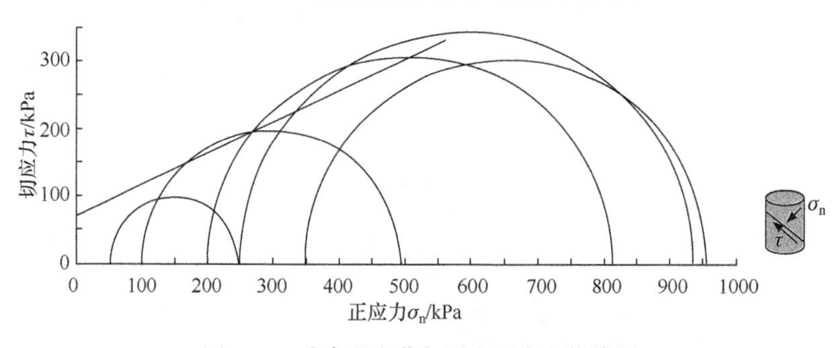

图 2.40 残余强度莫尔圆和强度包络线图

2.7 本 章 小 结

本章通过调研、室内试验算方法，对黄土的基本特征及物理力学性质进行了研究，主要研究结果如下：

(1) 分析了我国黄土的地质特征(黄土的地理分布和物理特征及其地层的划分)，以及黄土的微结构特征。

(2) 分析了黄土的物理性质及其力学性质(压缩变形特性、抗剪强度特性、抗拉特性和渗透特性)，并探讨了黄土的强度指标及其变化规律。

(3) 结合离石黄土进行了室内试验研究，获得了离石黄土的物理力学性质和变形规律。

第 3 章　空心圆柱仪应力路径实现能力

3.1　概　　述

岩土工程分析理论与计算方法的发展离不开先进的土工试验设备与现代测试技术。研究表明，土体存在初始结构各向异性和应力变化产生的次生各向异性，因此主应力方向、中主应力比、固结条件、试验应力路径的不同均会对土体的变形与强度特性产生显著影响。黄文熙[155]指出理想的试验仪器应能在试样的三个主应力方向独立施加不同应力；可以测量试样在受力过程中的变形和体积变化；试样中各部位的应力或应变要求尽量均匀和明确，这样可根据作用在试样边界面上的力和变形分别计算出主应力、主应变和体积应变；具有很宽的加荷速率，因为不同的加荷速率孔压消散程度不同，则有效应力和力学性质也随之变化；控制排水对有效应力和力学性质的影响；考虑主应力轴的旋转效应，这一点对各向异性土来说尤为重要。李作勤[156]也指出理想的土工仪器必须具备如下条件：①具有均匀的应力-应变场(体积的和偏差的)；②可控制的应力与变形条件(三向、平面、轴对称、大变形等)；③可控制的排水条件、加荷速率和变形速率；④完善的控制系统以及较容易实施各类应力路径的模拟试验；⑤备样容易，操作简便。

目前三轴仪是国内外应用最广的仪器，但该仪器只能对土体施加两个方向的主应力。从而使土体处于轴对称的两向应力状态，无法进行土体三向应力-应变特性的试验研究，更无法考虑初始大主应力和中主应力的影响。常规的循环三轴仪仅靠施加循环的偏差正应力来模拟动力剪切荷载，土体应力单元上的动主应力轴发生从竖直到水平 90° 的突然变化，在 $\tau_{z\theta}$ - $(\sigma_z - \sigma_\theta)/2$ 应力坐标系中的应力路径如图 3.1(a) 所示，试验时中主应力比保持 1 或 0 不变，使其无法研究动主应力轴连续旋转影响问题。普通的扭剪仪融合了单剪仪和三轴仪的优点，但循环加载期间只通过施加循环扭矩模拟剪应力状态，土体应力单元上动主应力轴也只能发生从竖直线向左倾斜 45° 到向右倾斜 45° 的 90° 突然变化，在 $\tau_{z\theta}$ - $(\sigma_z - \sigma_\theta)/2$ 应力坐标系中的应力路径如图 3.1(b) 所示。试验时中主应力比保持 0.5 不变，依然无法研究主应力轴连续旋转的影响等问题。上述仪器无法实现主应力轴连续旋转、无法考虑三向应力条件，无法考虑不同中主应力的影响。而空心圆柱仪则可以同时、独立地实现对土样的轴力和扭矩变载，并且预先调节试样的内外围压，从而在实现主应力幅值改变的同时还可使大小主应力方向在垂直于中主应力的固定平面中连续旋转。

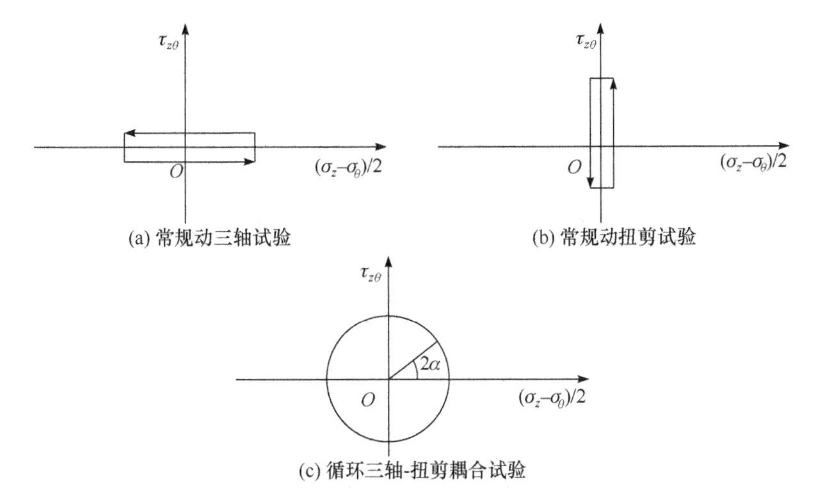

图 3.1 三种试验中循环加载的应力路径

3.2 基本应力与各加载参数的关系

为了能在实际研究中将应力路径体系与空心圆柱仪的加载方式结合起来，须先确定应力参数与空心圆柱仪加载参数之间的力学关系，Hight 等针对空心圆柱试样提出的加载参数与单元体所受应力参数之间的定量关系如下：

轴向应力

$$\sigma_z=\frac{p_{\mathrm{o}}D^2-p_{\mathrm{i}}d^2}{D^2-d^2}+\frac{4W}{\pi(D^2-d^2)} \tag{3.1}$$

径向应力

$$\sigma_r=\frac{p_{\mathrm{o}}D+p_{\mathrm{i}}d}{D+d} \tag{3.2}$$

环向应力

$$\sigma_\theta=\frac{p_{\mathrm{o}}D-p_{\mathrm{i}}d}{D-d} \tag{3.3}$$

扭剪应力

$$\tau_{z\theta}=\frac{12M}{\pi(D^3-d^3)} \tag{3.4}$$

式中，W 为轴力；p_{i} 为内围压；p_{o} 为外围压；d 和 D 分别为试样在某一状态时的内外直径，cm。

由上述应力分量而产生的主应力分量为

$$\sigma_1 = \frac{\sigma_z + \sigma_\theta}{2} + \sqrt{\left(\frac{\sigma_z - \sigma_\theta}{2}\right)^2 + \tau_{z\theta}^2} \tag{3.5}$$

$$\sigma_2 = \sigma_r \tag{3.6}$$

$$\sigma_3 = \frac{\sigma_z + \sigma_\theta}{2} - \sqrt{\left(\frac{\sigma_z - \sigma_\theta}{2}\right)^2 + \tau_{z\theta}^2} \tag{3.7}$$

试样单元体的平均主应力 p、平均有效应力 p'、广义剪应力 q、主应力偏转角 α、中主应力比 b 分别用式(3.8)～式(3.12)表示：

$$p = \frac{\sigma_1 + \sigma_2 + \sigma_3}{3} \tag{3.8}$$

$$p' = \frac{\sigma_1 + \sigma_2 + \sigma_3}{3} - u \tag{3.9}$$

$$q = \frac{1}{\sqrt{2}}\sqrt{(\sigma_1 - \sigma_2)^2 + (\sigma_2 - \sigma_3)^2 + (\sigma_1 - \sigma_3)^2} \tag{3.10}$$

$$\alpha = \frac{1}{2}\arctan\frac{2\tau_{z\theta}}{\sigma_z - \sigma_\theta} = \frac{1}{2}\arctan\frac{2\tau_{z\theta}}{\sigma_z' - \sigma_\theta'} \tag{3.11}$$

$$b = \frac{\sigma_2 - \sigma_3}{\sigma_1 - \sigma_3} \tag{3.12}$$

试样中的应力通常可以用上述主应力分量和主应力偏转角表达，或通过平均有效应力、广义剪应力、中主应力比和主应力偏转角表达。在试验过程中，通过独立控制轴力、扭矩和内外围压达到控制上述参数的目的，可以实现不同的固结方式和不同的剪切应力路径，通过各力加载的频率实现在各种复杂应力路径下的静力和动力剪切。

由式(3.8)～式(3.12)反算出三个主应力大小为

$$\sigma_1 = p + \frac{2-b}{3\sqrt{b^2 - b + 1}}q \tag{3.13}$$

$$\sigma_2 = p + \frac{2b-1}{3\sqrt{b^2 - b + 1}}q \tag{3.14}$$

$$\sigma_3 = p - \frac{b+1}{3\sqrt{b^2 - b + 1}}q \tag{3.15}$$

同样，由上述主应力分量和主应力偏转角 α 可得

$$\sigma_z = \frac{\sigma_1 + \sigma_3}{2} + \frac{\sigma_1 - \sigma_3}{2}\cos(2\alpha) \tag{3.16}$$

$$\sigma_r = \sigma_2 \tag{3.17}$$

$$\sigma_\theta = \frac{\sigma_1 + \sigma_3}{2} - \frac{\sigma_1 - \sigma_3}{2}\cos(2\alpha) \tag{3.18}$$

$$\tau_{z\theta} = \frac{\sigma_1 - \sigma_3}{2}\sin(2\alpha) \tag{3.19}$$

从而可计算出试验中直接控制的轴力 W、扭矩 M 和内围压 p_i、外围压 p_o 的表达式为

$$W = \frac{\pi}{4}\left[\sigma_z(D^2 - d^2) - (p_\mathrm{o}D^2 - p_\mathrm{i}d^2)\right] \tag{3.20}$$

$$M = \frac{\pi}{12}\tau_{z\theta}(D^3 - d^3) \tag{3.21}$$

$$p_\mathrm{i} = \frac{(D+d)\sigma_r - (D-d)\sigma_\theta}{2d} \tag{3.22}$$

$$p_\mathrm{o} = \frac{(D+d)\sigma_r + (D-d)\sigma_\theta}{2D} \tag{3.23}$$

因此，在给定平均主应力 p、广义剪应力 q、中主应力比 b 和主应力偏转角 α 时，可以计算出仪器直接施加的四个外力 W、M、p_i、p_o 的值，进而实现复杂应力路径下的固结方式(等向固结、偏压固结、K_0 固结)和各种加载方式。

早期空心圆柱仪能独立控制对试样施加的轴力和扭矩，但试样的内外压力室通常为连通形式，因此加载时内外围压必然相等，从而导致在实现以上述应力坐标体系为基准的应力路径中，至少有两个以上的应力参数是相关的，例如，采用第二类应力体系，内外围压相等导致应力路径中 b 恒等于 $\sin^2\alpha$。

目前国际上较为先进的空心圆柱仪在静态环境下，可以进行轴力、扭矩、内围压和外围压各加载参数的独立操控，从而全面实现包含基本应力体系在内的各种平面主应力轴旋转应力路径。但是在动态试验中，仍然只能操作轴力和扭矩进行中高频率的变化，而内外围压须在振动前预先设定为某个常数，即内外围压不具备中高频率下循环变载的能力，这也是目前在动态工作状态下空心圆柱仪普遍存在的加载局限。从数学的映射关系可知，围压恒定造成应力路径局限最显著的一点是有两个以上的应力参数不能独立随意地改变，例如，在上述四种包含主应力方向的应力坐标体系中，仅使大主应力轴发生旋转而保持其他几个应力参数不变的路径就是不可能实现的，此外旋转时主应力的转幅以及剪应力的组合方式也会因为围压的固定而受到限制。

鉴于此，本章在分析和了解围压恒定条件下空心圆柱仪工作能力局限性的基础上，通过数学和力学分析系统整理出几种切实可行又贴近实际工程的主应力轴旋转的加载方式，为研究人员在采用空心圆柱仪进行动态加载时提供方案的可行性依据。

3.3 主应力轴固定不变的应力路径实现

主应力轴方向固定不变的定向剪切试验又称为主应力轴定向剪切试验，简称T系列试验。此类试验在整个加载过程中均保持主应力方向和平均主应力幅值不变，只增加大主应力值直至试样破坏，如图3.2所示。该方案的提出主要针对实际工程中试样所受大主应力的方向往往与土体沉积方向不平行，传统三轴试验又无法全面反映土体各向异性特性的情况，采用空心圆柱仪来研究原状黏土在孔压、强度以及应力-应变关系上所表现出的各向异性特征，同时也为主应力轴旋转试验结果提供对比。

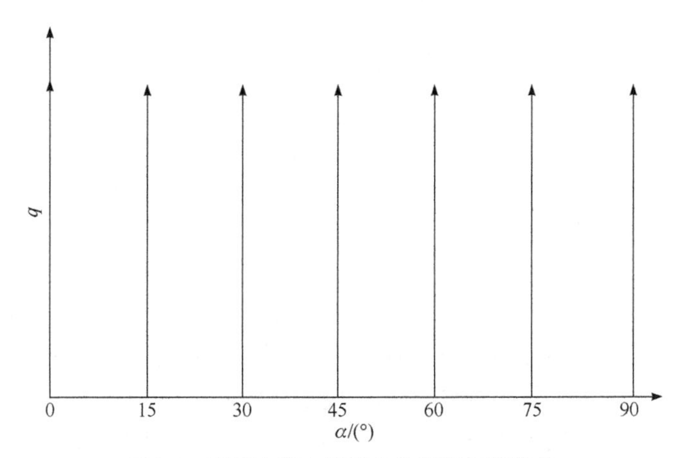

图3.2 不同主应力偏转角的实际加载路径

在主应力轴固定不变的应力路径试验过程中，主应力轴的角度不变，增加广义剪应力 q 至试样破坏，除此之外还需保持平均主应力 p、中主应力比 b 为定值。在试验加载过程中 q 随时间线性增加(如每分钟 q 增加 1kPa)，即

$$q = kt \tag{3.24}$$

式中，k 为加载速率；t 为时间。

三个主应力大小为

$$\sigma_1 = p + \frac{2-b}{3\sqrt{b^2-b+1}}kt \tag{3.25}$$

$$\sigma_2 = p + \frac{2b-1}{3\sqrt{b^2-b+1}}kt \tag{3.26}$$

$$\sigma_3 = p - \frac{b+1}{3\sqrt{b^2-b+1}}kt \tag{3.27}$$

由主应力分量和主应力偏转角 α 可得

$$\sigma_z = p + \frac{1-2b}{2\sqrt{b^2-b+1}}\left[\frac{1}{3}+\cos(2\alpha)\right]kt \tag{3.28}$$

$$\sigma_r = p + \frac{2b-1}{3\sqrt{b^2-b+1}}kt \tag{3.29}$$

$$\sigma_\theta = p - \frac{1-2b}{2\sqrt{b^2-b+1}}\left[\frac{1}{3}+\cos(2\alpha)\right]kt \tag{3.30}$$

$$\tau_{z\theta} = \frac{1}{2\sqrt{b^2-b+1}}\sin(2\alpha)kt \tag{3.31}$$

试验中直接控制的轴力 W、扭矩 M、内围压 p_{i}、外围压 p_{o} 的表达式为

$$W = \frac{\pi}{4}(D^2-d^2)p - \frac{\pi}{4}(p_{\mathrm{o}}D^2 - p_{\mathrm{i}}d^2) + \frac{\pi}{4}\frac{1-2b}{2\sqrt{b^2-b+1}}\left[\frac{1}{3}+\cos(2\alpha)\right](D^2-d^2)kt \tag{3.32}$$

$$M = \frac{\pi}{12}(D^3-d^3)\frac{1}{2\sqrt{b^2-b+1}}\sin(2\alpha)kt \tag{3.33}$$

$$p_{\mathrm{i}} = \frac{D+d}{2d}\left(p + \frac{2b-1}{3\sqrt{b^2-b+1}}kt\right) - \frac{D-d}{2d}\left\{p - \frac{1-2b}{2\sqrt{b^2-b+1}}\left[\frac{1}{3}+\cos(2\alpha)\right]kt\right\} \tag{3.34}$$

$$p_{\mathrm{o}} = \frac{D+d}{2D}\left(p + \frac{2b-1}{3\sqrt{b^2-b+1}}kt\right) + \frac{D-d}{2D}\left\{p - \frac{1-2b}{2\sqrt{b^2-b+1}}\left[\frac{1}{3}+\cos(2\alpha)\right]kt\right\} \tag{3.35}$$

上述直接控制的参数中除了 t 是随时间变化的，其他参数在试验过程中都保持恒定，其中 D、d 为仪器固有参数，p、b、α 为试验控制参数，k 为试验选择的加载速率，试验方案确定后上述参数值在试验过程中都为定值。因此，轴力 W、扭矩 M、内围压 p_{i}、外围压 p_{o} 在加载过程中都随时间呈线性变化，即主应力轴固定不变，轴力 W、扭矩 M 和内围压 p_{i}、外围压 p_{o} 需要按上述方程线性加载。以 p=200kPa，b=0.5，α=30°为例，试验加载路径如图 3.3 所示。由图可知，当偏

应力随时间呈线性增加时，轴力 W、扭矩 M、内围压 p_i、外围压 p_o 按图 3.3 所示的加载变化规律即可使试样以 p=200kPa，b=0.5，α=30°的应力路径完成剪切试验。

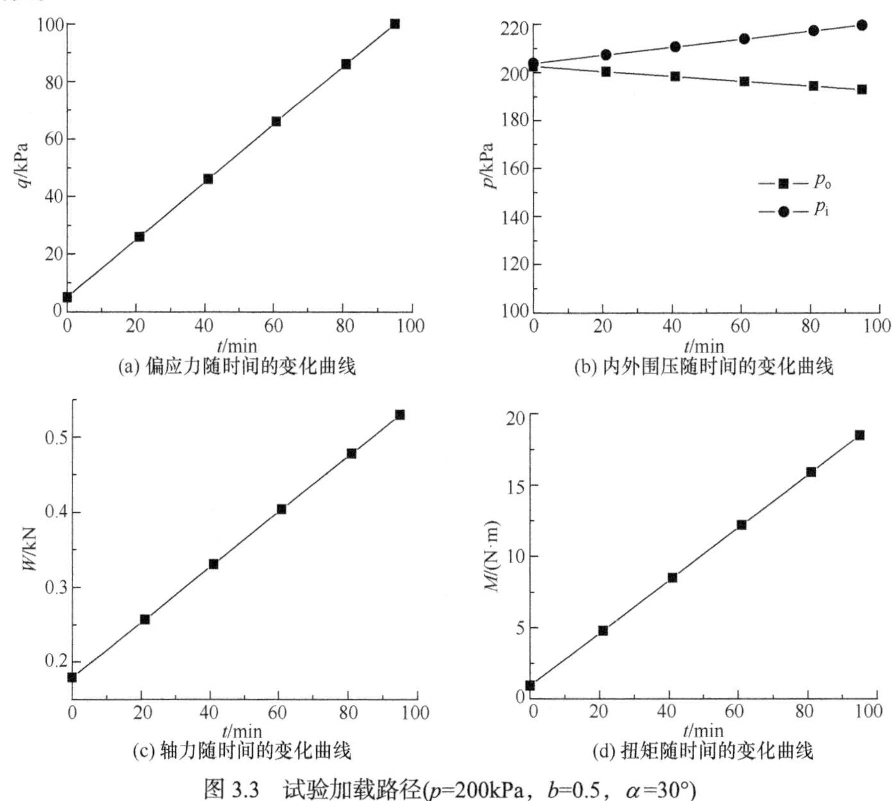

(a) 偏应力随时间的变化曲线

(b) 内外围压随时间的变化曲线

(c) 轴力随时间的变化曲线

(d) 扭矩随时间的变化曲线

图 3.3　试验加载路径(p=200kPa，b=0.5，α=30°)

3.4　主应力轴连续旋转的应力路径实现

主应力轴发生连续旋转的剪切试验简称 R 系列试验。此类试验在整个加载过程中都保持平均主应力和中主应力比不变，而主应力偏转角则按预定路径变化，如图 3.4 所示。该方案提出的目的是研究静态主应力轴旋转对黄土性状的影响，与国内外已进行的重塑砂土、粉土相关试验结果进行比较，并为第 5 章动态主应力轴循环旋转路径下土体性状的研究提供参考。

在主应力轴连续旋转的应力路径试验过程中，保持平均主应力 p、广义剪应力 q、中主应力比 b 为定值，增加主应力偏转角α至试样破坏，α随时间线性增加(如每分钟α增加 0.02°)，即

$$\alpha = k't \tag{3.36}$$

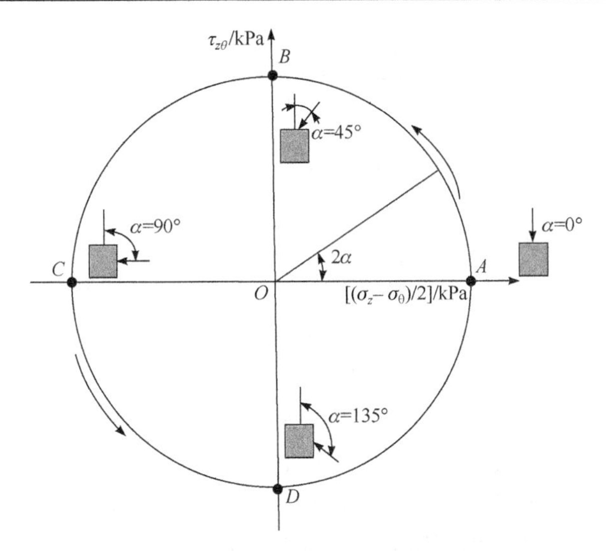

图 3.4　主应力轴连续旋转应力路径

三个主应力大小的计算方式如式(3.13)～式(3.15)所示，将式(3.36)代入式(3.16)～式(3.19)可得

$$\sigma_z = p + \frac{1-2b}{6\sqrt{b^2-b+1}}q + \frac{1}{2\sqrt{b^2-b+1}}q\cos(2k't) \tag{3.37}$$

$$\sigma_r = p + \frac{2b-1}{3\sqrt{b^2-b+1}}q \tag{3.38}$$

$$\sigma_\theta = p + \frac{1-2b}{6\sqrt{b^2-b+1}}q - \frac{1}{2\sqrt{b^2-b+1}}q\cos(2k't) \tag{3.39}$$

$$\tau_{z\theta} = \frac{1}{2\sqrt{b^2-b+1}}q\sin(2k't) \tag{3.40}$$

从而由式(3.20)～式(3.23)可计算出试验中直接控制的轴力 W、扭矩 M、内围压 p_i、外围压 p_o 的表达式为

$$\begin{aligned} W = &\frac{\pi}{4}\left(p + \frac{1-2b}{6\sqrt{b^2-b+1}}q\right)(D^2-d^2) - \frac{\pi}{4}(p_o D^2 - p_i d^2) \\ &+ \frac{\pi}{4}(D^2-d^2)\frac{1}{2\sqrt{b^2-b+1}}q\cos(2k't) \end{aligned} \tag{3.41}$$

$$M = \frac{\pi}{12}\frac{D^3-d^3}{2\sqrt{b^2-b+1}}q\sin(2k't) \tag{3.42}$$

$$p_{\mathrm{i}}=\frac{(D+d)}{2d}\left(p+\frac{2b-1}{3\sqrt{b^2-b+1}}q\right)-\frac{(D-d)}{2d}\left[p+\frac{1-2b}{6\sqrt{b^2-b+1}}q-\frac{1}{2\sqrt{b^2-b+1}}q\cos(2k't)\right] \tag{3.43}$$

$$p_{\mathrm{o}}=\frac{(D+d)}{2D}\left(p+\frac{2b-1}{3\sqrt{b^2-b+1}}q\right)+\frac{(D-d)}{2D}\left[p+\frac{1-2b}{6\sqrt{b^2-b+1}}q-\frac{1}{2\sqrt{b^2-b+1}}q\cos(2k't)\right] \tag{3.44}$$

上述直接控制的参数中除了 t 是随时间变化的，其他参数在试验过程中都保持恒定，其中 D、d 为仪器固有参数，p、b、α 为试验控制参数，k'为试验选择的主应力偏转角的旋转速率，试验方案确定后上述参数值在试验过程中都为定值。因此，轴力 W、扭矩 M、内围压 p_{i}、外围压 p_{o} 在加载过程中都随时间呈正弦曲线周期变化，即要实现主应力轴连续旋转的应力路径，轴力 W、扭矩 M 和内围压 p_{i}、外围压 p_{o}需要按上述方程加载。以 p=200kPa，b=0.5，q=50kPa 为例，试验加载路径如图 3.5 所示，由图可知，当仅α随时间呈线性增加时，轴力 W、扭矩 M、

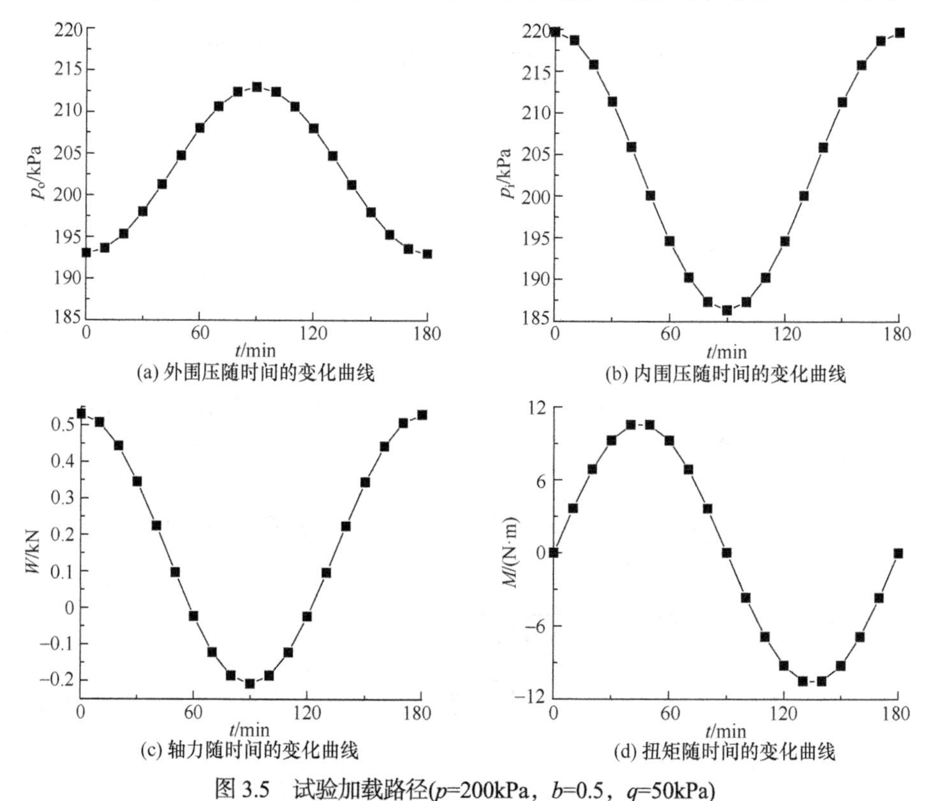

(a) 外围压随时间的变化曲线　(b) 内围压随时间的变化曲线

(c) 轴力随时间的变化曲线　(d) 扭矩随时间的变化曲线

图 3.5　试验加载路径(p=200kPa，b=0.5，q=50kPa)

内围压 p_i、外围压 p_o 按图 3.5 所示的加载变化规律即可使试样以 p=200kPa，b=0.5，q=50kPa 的应力路径旋转剪切。

3.5　主应力轴连续心形旋转的应力路径实现

3.4 节主应力轴连续旋转的应力路径为圆形，如图 3.4 所示，也称为圆形应力路径旋转。而实际交通荷载作用下土体应力路径为心形，如图 3.6 所示。此类试验在整个加载过程中同样需保持平均主应力和中主应力比不变，而主应力偏转角和剪应力按预定路径变化。该方案的提出主要为了研究静态主应力轴连续心形旋转对黄土性状的影响。

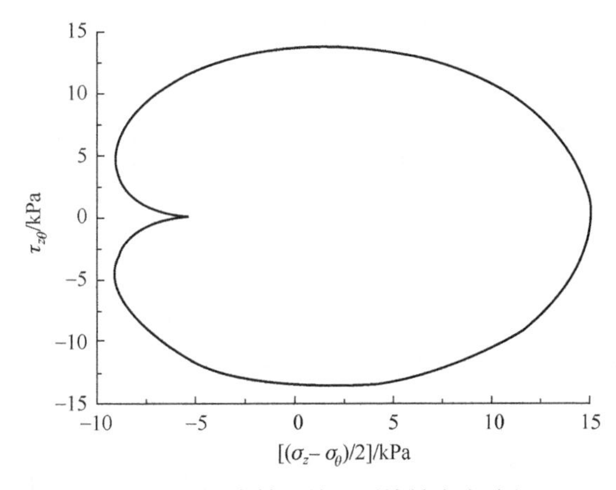

图 3.6　主应力轴连续心形旋转应力路径

主应力轴连续心形旋转的应力路径中，试验过程中主应力偏转角 α 和广义剪应力 q 同时变化且满足固定的变化方程，直至试样破坏，此外，试验过程中需保持平均主应力 p、中主应力比 b 为定值。旋转过程中 α 与 t 的关系满足式(3.45)：

$$\alpha = \frac{\pi}{2}\sin\left(\frac{\pi}{180}t\right) \tag{3.45}$$

q 与 t 的关系满足式(3.46)：

$$q = \left|q_{\mathrm{am}}\cos\left(\frac{\pi}{180}t\right)\right| + \frac{q_{\mathrm{am}}}{2} \tag{3.46}$$

式中，q_{am} 为剪应力幅值。

将式(3.46)代入式(3.13)～式(3.15)，可得三个主应力大小为

$$\sigma_1 = p + \frac{2-b}{3\sqrt{b^2-b+1}}\left[\left|q_{\mathrm{am}}\cos\left(\frac{\pi}{180}t\right)\right| + \frac{q_{\mathrm{am}}}{2}\right] \tag{3.47}$$

$$\sigma_2 = p + \frac{2b-1}{3\sqrt{b^2-b+1}}\left[\left|q_{\mathrm{am}}\cos\left(\frac{\pi}{180}t\right)\right| + \frac{q_{\mathrm{am}}}{2}\right] \tag{3.48}$$

$$\sigma_3 = p - \frac{b+1}{3\sqrt{b^2-b+1}}\left[\left|q_{\mathrm{am}}\cos\left(\frac{\pi}{180}t\right)\right| + \frac{q_{\mathrm{am}}}{2}\right] \tag{3.49}$$

同样，由主应力分量和主应力偏转角 α 可得

$$\sigma_z = p + \left\{\frac{1-2b}{6\sqrt{b^2-b+1}} + \frac{1}{2\sqrt{b^2-b+1}}\cos\left[\pi\sin\left(\frac{\pi}{180}t\right)\right]\right\}\left[\left|q_{\mathrm{am}}\cos\left(\frac{\pi}{180}t\right)\right| + \frac{q_{\mathrm{am}}}{2}\right] \tag{3.50}$$

$$\sigma_r = p + \frac{2b-1}{3\sqrt{b^2-b+1}}\left[\left|q_{\mathrm{am}}\cos\left(\frac{\pi}{180}t\right)\right| + \frac{q_{\mathrm{am}}}{2}\right] \tag{3.51}$$

$$\sigma_\theta = p + \left\{\frac{1-2b}{6\sqrt{b^2-b+1}} - \frac{1}{2\sqrt{b^2-b+1}}\cos\left[\pi\sin\left(\frac{\pi}{180}t\right)\right]\right\}\left[\left|q_{\mathrm{am}}\cos\left(\frac{\pi}{180}t\right)\right| + \frac{q_{\mathrm{am}}}{2}\right] \tag{3.52}$$

$$\tau_{z\theta} = \frac{1}{2\sqrt{b^2-b+1}}\left[\left|q_{\mathrm{am}}\cos\left(\frac{\pi}{180}t\right)\right| + \frac{q_{\mathrm{am}}}{2}\right]\sin\left[\pi\sin\left(\frac{\pi}{180}t\right)\right] \tag{3.53}$$

从而可计算出试验中直接控制的轴力 W、扭矩 M、内围压 p_{i}、外围压 p_{o} 的表达式为

$$\begin{aligned} W = {} & \frac{\pi}{4}\left\{\frac{1-2b}{6\sqrt{b^2-b+1}} + \frac{1}{2\sqrt{b^2-b+1}}\cos\left[\pi\sin\left(\frac{\pi}{180}t\right)\right]\right\} \\ & \times\left[\left|q_{\mathrm{am}}\cos\left(\frac{\pi}{180}t\right)\right| + \frac{q_{\mathrm{am}}}{2}\right](D^2-d^2) + \frac{\pi}{4}p\left(D^2-d^2\right) \\ & -\frac{\pi}{4}\left(p_{\mathrm{o}}D^2 - p_{\mathrm{i}}d^2\right) \end{aligned} \tag{3.54}$$

$$M = \frac{\pi}{12}\cdot\frac{1}{2\sqrt{b^2-b+1}}\left[\left|q_{\mathrm{am}}\cos\left(\frac{\pi}{180}t\right)\right| + \frac{q_{\mathrm{am}}}{2}\right](D^3-d^3)\sin\left[\pi\sin\left(\frac{\pi}{180}t\right)\right] \tag{3.55}$$

$$\begin{aligned} p_{\mathrm{i}} = {} & \frac{D+d}{2d}\left\{p + \frac{2b-1}{3\sqrt{b^2-b+1}}\left[\left|q_{\mathrm{am}}\cos\left(\frac{\pi}{180}t\right)\right| + \frac{q_{\mathrm{am}}}{2}\right]\right\} - \frac{D-d}{2d}p \\ & -\frac{D-d}{2d}\left\{\frac{1-2b}{6\sqrt{b^2-b+1}} - \frac{1}{2\sqrt{b^2-b+1}}\cos\left[\pi\sin\left(\frac{\pi}{180}t\right)\right]\right\} \\ & \times\left[\left|q_{\mathrm{am}}\cos\left(\frac{\pi}{180}t\right)\right| + \frac{q_{\mathrm{am}}}{2}\right] \end{aligned} \tag{3.56}$$

$$
\begin{aligned}
p_{\mathrm{o}} = & \frac{D+d}{2D}\left\{p+\frac{2b-1}{3\sqrt{b^2-b+1}}\left[\left|q_{\mathrm{am}}\cos\left(\frac{\pi}{180}t\right)\right|+\frac{q_{\mathrm{am}}}{2}\right]\right\}+\frac{D-d}{2D}p \\
& +\frac{D-d}{2D}\left\{\frac{1-2b}{6\sqrt{b^2-b+1}}-\frac{1}{2\sqrt{b^2-b+1}}\cos\left[\pi\sin\left(\frac{\pi}{180}t\right)\right]\right\} \\
& \times\left[\left|q_{\mathrm{am}}\cos\left(\frac{\pi}{180}t\right)\right|+\frac{q_{\mathrm{am}}}{2}\right]
\end{aligned} \tag{3.57}
$$

上述直接控制的参数中除了 t 是随时间变化的，其他参数在试验过程中都保持恒定，其中 D、d 为仪器固有参数，p、b、q_{am} 为试验控制参数，试验方案确定后上述参数值在试验过程中都为定值。因此，轴力 W、扭矩 M、内围压 p_{i}、外围压 p_{o} 在加载过程中都随时间呈曲线方程周期变化，即要实现主应力轴连续心形旋转的应力路径，轴力 W、扭矩 M、内围压 p_{i}、外围压 p_{o} 需要按上述方程加载。以 p=200kPa，b=0.5，q_{am}=10kPa 为例，试验加载路径如图 3.7 所示，由图可知，轴力 W、扭矩 M、内围压 p_{i}、外围压 p_{o} 按图 3.7 所示的加载变化规律即可保证试样以 p=200kPa，b=0.5，q_{am}=10kPa 的应力路径心形旋转剪切。

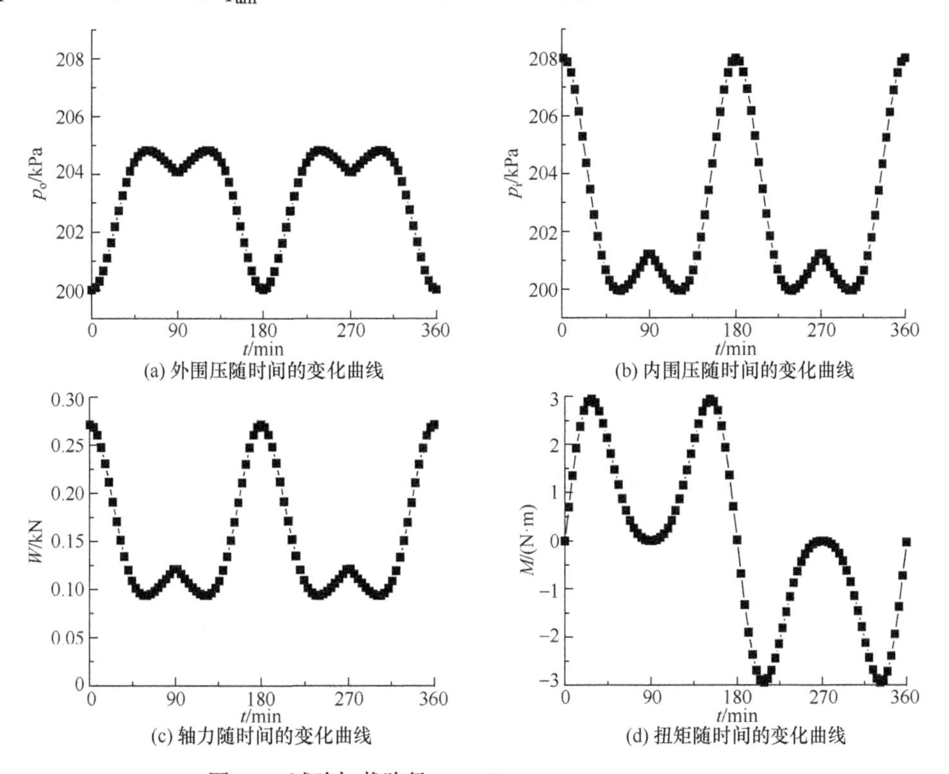

(a) 外围压随时间的变化曲线　(b) 内围压随时间的变化曲线

(c) 轴力随时间的变化曲线　(d) 扭矩随时间的变化曲线

图 3.7　试验加载路径(p=200kPa，b=0.5，q_{am}=10kPa)

3.6 本章小结

空心圆柱仪可以同时、独立对土样施加轴力和扭矩变载，且可以预先调节试样的内外围压，从而实现主应力幅值改变的同时还可以使大小主应力方向在垂直于中主应力的固定平面中连续旋转。因此，空心圆柱仪是研究考虑主应力轴旋转等复杂应力路径下岩土体力学性质的最佳试验仪器。本章通过理论推导得出了空心圆柱仪在不同应力路径下(主应力轴固定不变的应力路径、主应力轴连续圆形旋转的应力路径、主应力轴连续心形旋转的应力路径)的加载方程，为后续章节试验方案的制定提供了理论依据。

第 4 章　主应力轴定向剪切下黄土的强度、变形及非共轴特性

4.1　概　　述

通常情况下工程中土体的应力状态都存在主应力轴方向的变化，考虑主应力轴方向可以真实模拟土体实际的应力状态。考虑主应力轴变化的静力试验通常分为两种：一种是保证主应力偏转角不变，增加广义剪应力 q 至试样破坏，即定向剪切试验；另一种为保证广义剪应力 q 不变，只改变主应力偏转角 α，即主应力轴旋转试验。目前，针对黄土主应力轴旋转的试验研究还相对较少，因此，迫切需要考虑主应力方向黄土的基础试验研究，深入了解不同主应力轴定向剪切试验黄土的强度变化特征，以及由主应力变化而引起的强度各向异性，丰富各向异性强度理论，为建立各向异性本构模型提供试验基本数据。此外，砂土和软黏土等在主应力轴定向剪切试验中表现出一定的非共轴特性，通常岩土材料的非共轴特性是引起材料各向异性的根本原因,因此需要进一步深入研究黄土的非共轴特性。考虑到实际路基工程中的土体需要分层压实处理，因此本章的制样以重塑黄土为主、原状黄土为辅进行试验研究。本章主要研究内容有：针对最大干密度 Q_2 重塑黄土和原状黄土，开展主应力轴固定不变的定向剪切试验，主要考虑的因素有主应力偏转角 α(0°、15°、30°、45°、60°、75°、90°)、中主应力比 b(0、0.5、1)；研究中主应力比、主应力偏转角对饱和重塑黄土的强度、变形、孔压等的影响；研究不同中主应力比、不同主应力偏转角下重塑黄土的非共轴特性。

4.2　试验仪器与试验方案

4.2.1　试验仪器

本章试验仪器采用陆军勤务学院购置的美国 GCTS 公司生产的空心圆柱扭剪系统，如图 4.1 和图 4.2 所示。该系统可以很好地模拟复杂应力路径的施加，能够实现轴力和扭矩变载协调施加，而且稳定工作频率较高，加载波形任意，应力路径控制较为严格，数据测定更为稳定可靠，具体参见文献[16]。该仪器可以模拟

考虑主应力轴旋转的交通荷载对地基作用的影响，能够合理反映主应力轴旋转等复杂应力路径作用下土体的应力-应变特性。

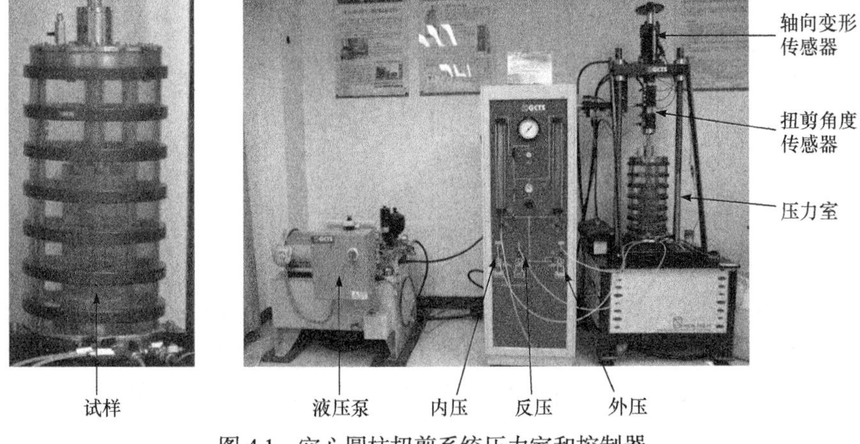

图 4.1 空心圆柱扭剪系统压力室和控制器

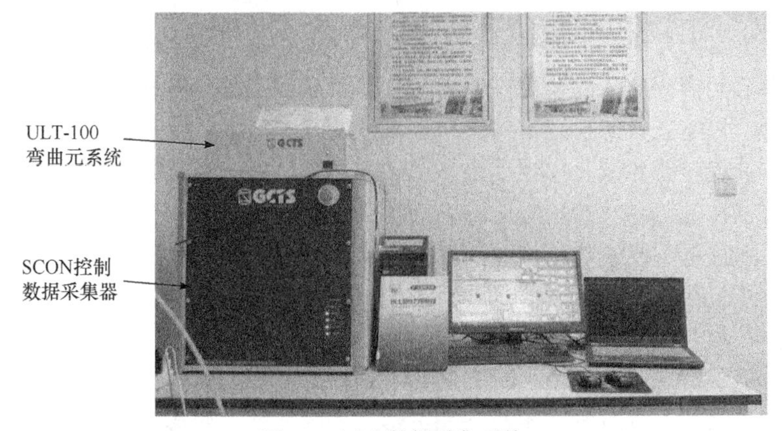

图 4.2 试验数据采集系统

空心圆柱扭剪系统主要由轴向扭矩荷载系统、三轴压力室、内外围压控制系统和数据采集与控制系统组成，该仪器最大的特点是轴力、扭矩、内围压、外围压均可以独立施加，因此可以实现主应力轴的变化。

4.2.2 试样应力状态及试验参数

空心圆柱试样及土体单元应力状态如图 4.3 所示，需要说明的是，本章的主应力轴旋转是试样在竖向和环向平面内主应力轴与竖向夹角 α 的改变，是面内的旋转，单元体由 4 个独立的应力分量组成，4 个独立的分量有 3 个主方向，在竖向和环向平面内为第一主应力和第三主应力，第二主应力为径向应力。4 个独立的应力分量分别为扭剪应力 $\tau_{z\theta}$、径向应力 σ_r、环向应力 σ_θ、轴向应力 σ_z，4 个应

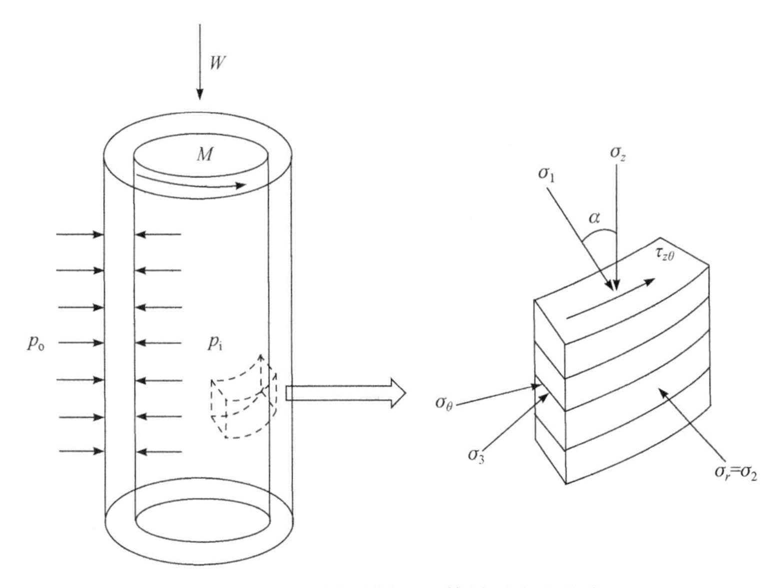

图 4.3　空心圆柱试样及土体单元应力状态

力分量分别由扭矩 M、内围压 p_i、外围压 p_o 和轴力 W 综合产生。试样在压缩或拉伸过程中应力和应变与试样的体积和表面积的变化有关，因此，需要精确测出试样在试验过程中的体积变化 ΔV、试样空心内腔的体积变化 ΔV_{in}，从而反算出试样在试验过程中某一时刻内外径的变化。本章以下公式中下标 0 表示试样初始时各参数的值，c 表示固结后各参数的值，t 表示试样在剪切或旋转过程中各参数的值。假定整个试验过程中试样都为圆柱状，则固结后试样的内外直径为

$$d_c = \sqrt{\frac{\pi d_0^2 H_0 + 4\Delta V_{inc}}{\pi(H_0 - u_{zc})}} \tag{4.1}$$

$$D_c = \sqrt{\frac{\pi D_0^2 H_0 + 4\Delta V_{inc} - 4\Delta V_c}{\pi(H_0 - u_{zc})}} \tag{4.2}$$

式中，d_c 和 D_c 分别为试样固结后的内外直径，cm；H_0 为试样的初始高度，标准样为 20cm；d_0 和 D_0 分别为试样的初始内外直径，标准样分别为 6cm 和 10cm；ΔV_{inc} 为试样固结完成后内腔压力室体积变化量，cm^3；ΔV_c 为固结后试样的体积变形；u_{zc} 为试样固结后轴向位移变化量，cm。

试样在剪切过程中的内外直径为

$$d_t = \sqrt{\frac{\pi d_c^2 H_c + 4\Delta V_{int}}{\pi(H_0 - u_{zt})}} \tag{4.3}$$

$$D_t = \sqrt{\frac{\pi D_c^2 H_c + 4\Delta V_{\text{in}t}}{\pi(H_0 - u_{zt})}} \tag{4.4}$$

式中，d_t和D_t分别为试样在剪切过程中的内外直径，cm；H_c为试样固结后的高度，$H_c = H_0 - u_{zc}$，cm；$\Delta V_{\text{in}t}$为试样在剪切过程中内腔压力室体积变化量，cm^3；u_{zt}为试样在剪切过程中轴向位移变化量，cm。

试验过程中的应力计算详见第3章有关内容，其应变计算如下。

轴向应变

$$\varepsilon_z = \frac{u_z}{H_c} \tag{4.5}$$

径向应变

$$\varepsilon_r = -2 \times \frac{u_o - u_i}{D_c - d_c} \tag{4.6}$$

环向应变

$$\varepsilon_\theta = -2 \times \frac{u_o + u_i}{D_c + d_c} \tag{4.7}$$

扭剪应变

$$\gamma_{z\theta} = \frac{\theta(D_c^3 - d_c^3)}{3H_c(D_c^2 - d_c^2)} \tag{4.8}$$

式中，u_z为试样在剪切过程中的竖向位移变化，cm；θ为试样在剪切过程中的扭转角位移，rad；u_i和u_o分别为试样在剪切过程中的内径和外径位移变化，cm，计算公式如下：

$$u_i = \frac{d_t - d_c}{2} \tag{4.9}$$

$$u_o = \frac{D_t - D_c}{2} \tag{4.10}$$

由上述应变分量，可以计算大主应变分量分别为

$$\varepsilon_1 = \frac{\varepsilon_z + \varepsilon_\theta}{2} + \frac{1}{2}\sqrt{(\varepsilon_z - \varepsilon_\theta)^2 + \gamma_{z\theta}^2} \tag{4.11}$$

$$\varepsilon_2 = \varepsilon_r \tag{4.12}$$

$$\varepsilon_3 = \frac{\varepsilon_z + \varepsilon_\theta}{2} - \frac{1}{2}\sqrt{(\varepsilon_z - \varepsilon_\theta)^2 + \gamma_{z\theta}^2} \tag{4.13}$$

由式(4.11)～式(4.13)可得广义剪应变为

$$\gamma = \frac{\sqrt{2}}{3}\sqrt{(\varepsilon_1-\varepsilon_2)^2+(\varepsilon_2-\varepsilon_3)^2+(\varepsilon_1-\varepsilon_3)^2} \tag{4.14}$$

若试样为排水试验，体积应变为

$$\varepsilon_{\mathrm{v}} = \varepsilon_1+\varepsilon_2+\varepsilon_3 \tag{4.15}$$

上述为整个试验过程中应力和应变的计算公式，试验中能直接测量的数据为：试样在剪切过程中内腔压力室体积变化量 ΔV_{int}、试样在剪切过程中轴向位移变化量 u_{zt}、外围压 p_{o}、内围压 p_{i}、轴力 W、扭矩 M、扭转角位移 θ、孔压 u 等，由于试验仪器本身计算软件的局限性，需要针对所测的变形和体积变化利用上述计算公式重新计算主应力和主应变等。

4.2.3　试样选取

本章所用土样全部取自山西省离石地区规划高速铁路修建处，取样地点位于山西省吕梁市离石区，土样为长×宽×高=30cm×30cm×40cm 的长方体，按原状土位置标记上下面，用保鲜膜包好，放入铁箱后拿到试验室以备使用，土样呈浅黄色，孔隙较多分散，土样的基本物理性质指标见表 4.1。由表可知，该黄土的干密度为 1.589g/cm^3，为典型的 Q_2 黄土，该原状黄土的初始孔隙比为 0.777，相对较大，原因是所取试样离地层较浅，风化相对严重。

表 4.1　Q_2 黄土基本物理性质指标

指标	数值
密度 ρ/(g/cm^3)	1.496
塑限 ω_{p}/%	17.735
液限 ω_{L}/%	28.345
相对密度 G_{s}	2.610
干密度 ρ_{d}/(g/cm^3)	1.589
饱和含水率 ω/%	24.62
初始孔隙比 e_0	0.777

为了明确所用试验土体的矿物成分含量，利用 X 射线衍射仪测量该 Q_2 黄土的基本矿物成分含量。图 4.4 为衍射结果，表 4.2 为具体矿物含量比例。由表可知，该 Q_2 黄土主要由硅氧化物(SiO_2、$Na(AlSi_3O_8)$、$(Mg,Fe)_6(Si, Al)_4\ O_{10}(OH)_8$、$KAl_2Si_3AlO_{10}(OH)_2$、$(K.95\ Na.05)AlSi_3O_8$)组成，其占总体矿物质的 90% 以上，其次是 $CaCO_3$，占 6.43%。

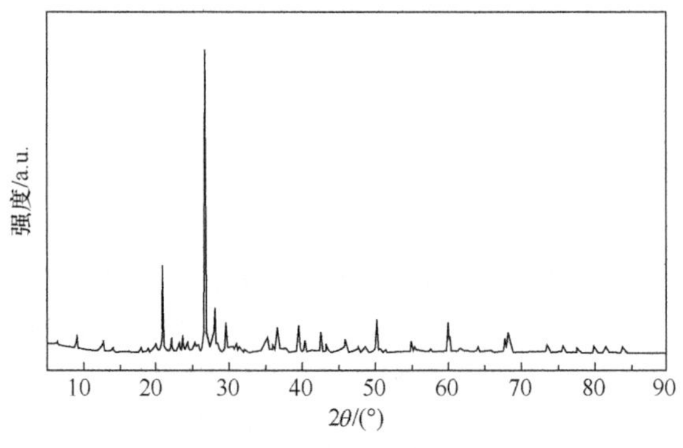

图 4.4　X 射线衍射图谱

表 4.2　Q_2黄土矿物质含量

参考代码	复合名称	化学式	矿物名称	半定量/%
01-083-2465	Silicon dioxide $-alpha	SiO_2	石英	47.32
01-072-1652	Calcite	$CaCO_3$	方解石	6.43
01-076-1819	Sodium tecto-alumo tri-silicate	$Na(AlSi_3O_8)$	钠长石	18.91
00-029-0701	Clinochlore-1\ITM\RG#I#I\IT#b\RG, ferroan	$(Mg,Fe)_6(Si,Al)_4O_{10}(OH)_8$	斜绿泥石	5.25
00-007-0032	Muscovite 2M1, syn	$KAl_2Si_3AlO_{10}(OH)_2$	白云母	11.25
01-084-1455	Potassium sodium Alumo tri-silicate	$(K.95\ Na.05)AlSi_3O_8$	微斜长石	10.84

4.2.4　制样仪器及制样方法

制样仪器包括支架系统、动力与控制系统、成模与压样系统，如图 4.5 所示。支架系统包括基座、侧柱和顶板。动力与控制系统包括油箱、电机、液压泵、液压缸、控制机构和移动压样平台。制样时通过液压系统加载，该系统具有压力大、稳定性好、易于控制等特点，使压样机在制备大颗粒、高强度重塑试样时具有独特的优势。控制机构和位移计可以实时控制和反馈移动压样平台的位置，从而严格地控制每层试样的高度，不仅实现了试样制备的半自动化，而且最大可能地提高了试样的均匀度。成模与压样系统可根据试验需要进行定制，比较有代表性的是实心圆柱试样(直径×高=39.1mm×80mm 或 100mm×200mm)和空心圆柱试样(内径×外径×高= 160mm×200mm×400mm 或 60mm×100mm×200mm)。其中，空心圆柱试样的成模与压样系统包括外成模筒和内成模筒，基于整体性与拆卸便捷性的考虑，成模筒均采用瓣膜设计，并分别通过外箍环和内支撑杆进行固定，从而将空心圆柱试样一次制成，避免取芯时对试样的二次扰动，提高了该压样机的适用性。该压样系统包括压样顶盖、压样杆和环状压样锤，压样顶盖下方与三根压样杆相连，压样杆下端设有压样锤。该压样系统改进了传统的击实制样方法，采用分层压样法，消除了击实对土体的二次扰动，减小了人工操作误差。在两层间接触面采用长柄调土刀对下层土表面进行抛毛，以增加试样的整体性，最大限度地模拟了天然土体的沉积过程。土工试验压样机采用半自动控制设计、液压动力设计、可更换模具设计以及试样一次成型设计，最大限度地模拟了原状土沉积与压实过程，为制备各种类型的试样提供了有效保证。该压样机的自动化程度较高，操作便捷、制样效率高，且避免了室内土工试验制样工具的重复配置，有效节省资源，其可用于空心圆柱扭剪试验、应力路径三轴试验、真三轴试验等。

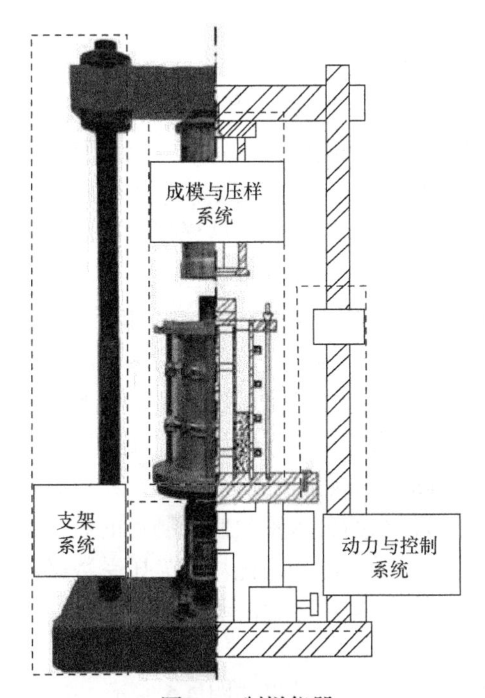

图 4.5　制样仪器

在进行分层压样时，由于抛洒过程中颗粒所受力及压实作用的影响，很难保证每层试样之间的均匀性。为减小空心圆柱试样的不均匀性对试验结果的影响，采用分层欠压原理对分层击实法加以改良。其基本思想是：制样时将试样分成若干层，逐层制备，采用欠压准则控制孔隙比逐层减小，使最终所制得的试样平均孔隙比达到目标值 e。

定义初始欠压系数为

$$U_0 = \frac{e_1}{e} \tag{4.16}$$

式中，e_1为试样第一层(底层)的初始孔隙比。

第一层的欠压系数U_1为

$$U_1=\frac{e_1-e}{1+e} \tag{4.17}$$

第n层的欠压系数U_n与第一层欠层系数U_1之比为

$$\frac{U_n}{U_1}=1-\left(\frac{n-1}{1+N}\right)^2 \tag{4.18}$$

式中，N为所制备试样总层数。添加第n层后，前n层试样的平均孔隙比$\overline{e_n}$与平均欠压系数$\overline{U_n}$的关系为

$$\overline{e_n}=e+(e+1)\overline{U_n} \tag{4.19}$$

分层欠压法可以确定试样每层的欠压系数、层重及层高，之后衍生出两种制样方法：①等质量欠压。控制每层质量一致而高度不同。对于孔隙比较小的土体，特别是黏土，采用分层欠压法计算得到的试样每层高度h_n与常规方法相差无几，如果采用人工制样，这种高度上的差别难以控制。②等高度欠压。控制每层高度一致而质量不同，即试样每层高度h_n与传统方法相同，通过控制每层土体的质量m_n来控制其孔隙比。与等质量欠压相比，土体层重可以很好地通过电子天平来控制，制样精度较高且便于操作，此外，对于制备不同的试样，由于层高均相同，制样仪器在高度限位方面不需要进行单独设置，使得仪器具有良好的通用性。

采用分层欠压法制样时，不同的初始欠压系数U_0所制备的试样沿轴向的均匀度不同，必然存在某一最优初始欠压系数使所制备的试样均匀度最优。对于不同的土体，由于其物理力学性质不同，最优初始欠压系数必然存在差异，须通过试验确定。对制备的重塑试样，采用环刀法测定试样不同位置处孔隙比，以研究其均匀度。

不同含水率下的标准击实试验结果如图4.6所示，由图可知，该Q_2黄土的最优含水率为16.4%，最大干密度为1.69g/cm^3。相比于研究较多的软黏土，Q_2黄土的矿物质含量有着明显的区别，主要为硅氧化物；Q_2黄土的密度较软黏土大且具有较多的孔隙分布；Q_2黄土具有明显的结构性和水敏性。在路基工程中，通常通过碾压或强夯路基土体达到足够密实，理论上，控制压实度接近于1.0，即达到最大干密度(最优含水率下的干密度)，为了接近于工程土体状态，试验重塑样为控制最大干密度压制而成。最优含水率下的重塑黄土一维固结试验结果如图4.7所示，由图可知，在控制为最大干密度时，固结试样在制作过程中需要一定的预压力，其e-lgp'曲线类似于超固结土的压缩曲线，由图可知，其先期固结压力(预压力)约为200kPa，因此，本章为了保持土体在剪切过程中正常固结状态，采用

的有效固结压力为 200kPa。

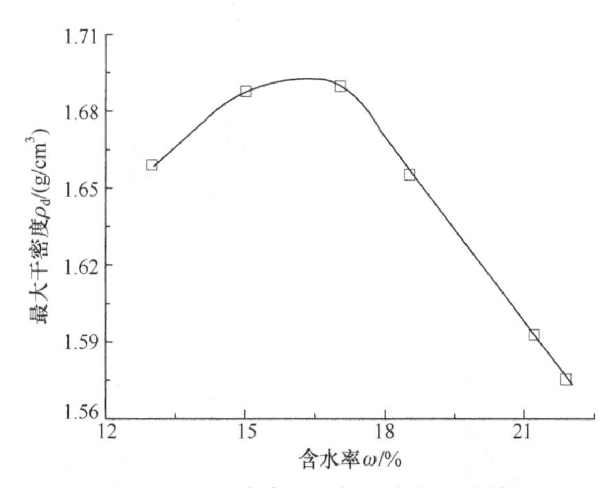

图 4.6　不同含水率下的标准击实试验结果

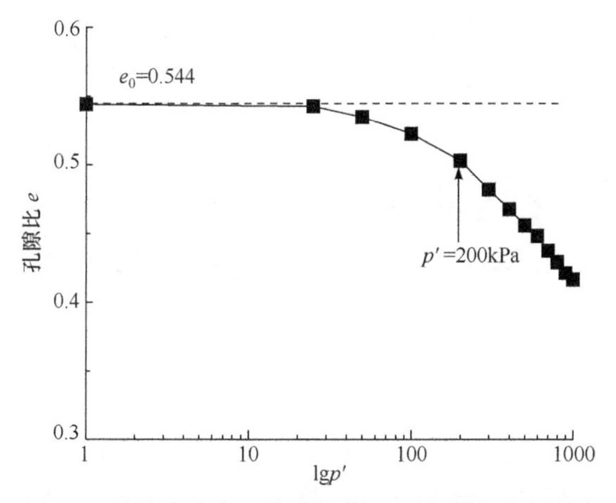

图 4.7　最优含水率下的重塑黄土一维固结试验结果

重塑样的制备：将碎土碾碎，按标准过筛，烘干，称重，配成含水率为 16.4%的湿土，用塑料袋密封保存 2d 以上，使土充分混合均匀。根据试样尺寸，控制干密度为 1.69g/cm^3，计算得到所需湿土的质量，将湿土分 10 层均匀压制成型，如图 4.8 所示。

原状样的制备：原状土样的初始含水率较低，直接用于原状样的削取很容易破碎，因此先将原状土样用注射器分若干次喷洒水分，以增加其含水率，每次喷洒一定的无汽水后，将试样放在保湿缸内 48h 以上，使土体水分充分均匀分布，然后进行下一次喷洒，直到土体含水率达到约 16.4% 时停止洒水，最后进行原状样的削取，用削样器将试样削成标准实心圆柱体，然后用专用模具钢丝锯挖出空心的土，得到原状空心标准样，如图 4.9 所示。

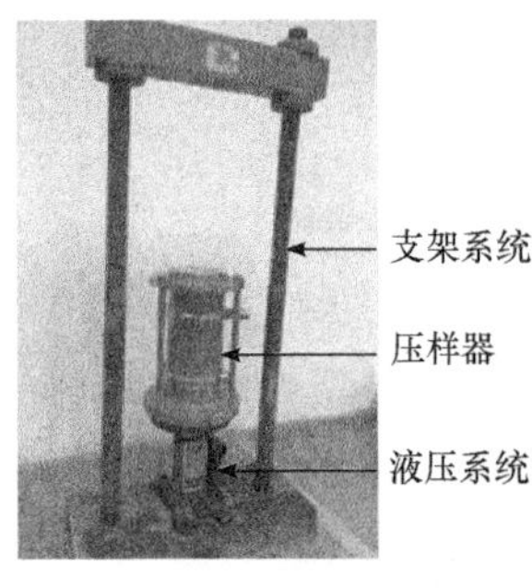

图 4.8 重塑样制备

图 4.9 原状样制备

4.2.5 试样饱和固结

重塑黄土渗透性较差，一般的反压饱和很难使试样的饱和度达到试验要求。通过空心圆柱试样饱和器，采用压样完成后的抽气饱和与试样安装完成后的反压饱和相结合的方法对试样进行饱和。该饱和器内筒和上下顶盖均存在渗水通道，实际渗透距离仅为试样壁厚的一半，即 1cm。因此采用三轴试样饱和方式就可以使空心圆柱试样达到饱和状态。

对于空心重塑黏土可以采用抽气饱和法，按照规范的方法用专门的模具夹置，放在抽气缸内抽气不少于 1h，然后冲水，静置 10h 以上，之后将抽气缸内的水排出，取出试样用于试验，本章最大干密度重塑样采用上述饱和方法进行饱和。对于原状样和相同干密度重塑样，因其孔隙比较大，抽气饱和后由于试样无围压约束很容易散掉破坏，而不易装到试验仪器上，因此采用分级反压饱和法。本章反压压力值为 340kPa，且饱和系数 B 值在 0.95 以上，认为试样达到饱和。

固结标准为排水速率小于 100mm^3/h，且固结时间不小于 48h，认为固结完成。本章试样在试验过程中均不排水。

4.2.6 试验方案

本章定向剪切试验主要研究饱和重塑黄土和原状黄土分别在不同主应力偏转角、不同中主应力比下的应力路径实现、应力-应变发展规律、孔压发展规律。考虑到最大干密度重塑样在制备过程中压力较大，因此固结压力统一选取 200kPa，固结标准见 4.2.5 节，等压固结完成后，需要调整到相应的应力路径进行定向剪切(包括主应力偏转角的调整和中主应力比的调整)，调整时间为 1h，剪切速率为 0.2kPa/min。本章一共做了三个系列 32 个试样的定向剪切试验，对于系列 I 有 21 个试样(饱和重塑黄土)，该系列主应力偏转角和中主应力比独立控制，即内外围压不同，主应力偏转角为 0°、15°、30°、45°、60°、75°、90°，每个主应力偏转角对应的中主应力比 b 分别为 0、0.5 和 1；系列 II 有 7 个原状样，由于原状样的数量有限，为减少试验次数，该系列主应力轴偏转角和中主应力比相关，满足 $b=\sin^2\alpha$，即保证试验过程中内外围压始终相同，主应力偏转角为 0°、15°、30°、45°、60°、75°、90°，相对应的中主应力比分别为 0、0.067、0.25、0.5、0.75、0.93、1；系列 III 有 4 个试样，这组试样采用与原状样相同干密度，且中主应力比均为 0，主应力偏转角分别为 0°、15°、30°、45°，系列 III 作为对比试验。试验方案见表 4.3。

表 4.3　定轴剪切试验方案

试验	试样	试样编号	p_0'/kPa	α/(°)	b
系列 I	最大干密度重塑黄土	R111	200	0	0
		R112	200	15	0
		R113	200	30	0
		R114	200	45	0
		R115	200	60	0
		R116	200	75	0
		R117	200	90	0
		R121	200	0	0.5
		R122	200	15	0.5
		R123	200	30	0.5
		R124	200	45	0.5
		R125	200	60	0.5
		R126	200	75	0.5
		R127	200	90	0.5
		R131	200	0	1
		R132	200	15	1
		R133	200	30	1
		R134	200	45	1
		R135	200	60	1
		R136	200	75	1
		R137	200	90	1

续表

试验	试样	试样编号	p_0'/kPa	α/(°)	b
系列 II	原状黄土	R211	200	0	0
		R212	200	15	0.067
		R213	200	30	0.25
		R214	200	45	0.5
		R215	200	60	0.75
		R216	200	75	0.93
		R217	200	90	1
系列 III	相同干密度重塑黄土	R311	200	0	0
		R312	200	15	0
		R313	200	30	0
		R314	200	45	0

4.3　重塑黄土定向剪切试验结果分析

4.3.1　应力路径实现

主应力轴定向剪切试验过程包括试样的饱和、安装、固结、剪切。试样的饱和和固结在 4.2 节已经介绍，本节主要阐述试样的剪切。本章静力试验过程均保证平均主应力 p=200kPa，剪切过程中主应力偏转角和中主应力比均保持定值，仅增加偏应力 $q_c=\sigma_1-\sigma_3$，以中主应力比 b=0 为例，试验过程中实际应力分量随着偏应力的变化曲线如图 4.10 所示。由图可知，在加载过程中，不同主应力偏转角时，径向应力 σ_r 的变化趋势和幅度都相同，都随着偏应力的增加而线性减小。当主应力偏转角为 0°～45°时，轴向应力 σ_z 随着偏应力的增加而增加，但是增加幅度随着主应力偏转角的增加而减小；当主应力偏转角为 60°～90°时，轴向应力 σ_z 随着偏应力的增加而减小，且减小幅度随着主应力偏转角的增加而增大。当主应力偏转角在 0°～30°时，环向应力 σ_θ 随着偏应力的增加而减小，且减小幅度随着主应力偏转角的增加而减小；当主应力偏转角为 45°～90°时，环向应力 σ_θ 随着偏应力的增加而增大，且增大幅度随着主应力偏转角的增加而增大。当主应力偏转角为 0°～45°时，扭剪应力 $\tau_{z\theta}$ 随着偏应力的增加而增大，且增大幅度随着主应力偏转角的增加而增大；当主应力偏转角为 45°～90°时，扭剪应力 $\tau_{z\theta}$ 随着偏应力的增加而增大，但增大幅度随着主应力偏转角的增加而减小。由式(3.38)可知，主应力偏转角与径向应力无关，主应力偏转角在竖向和切向平面内，只与竖向应力、切向应力和扭剪应力有关。

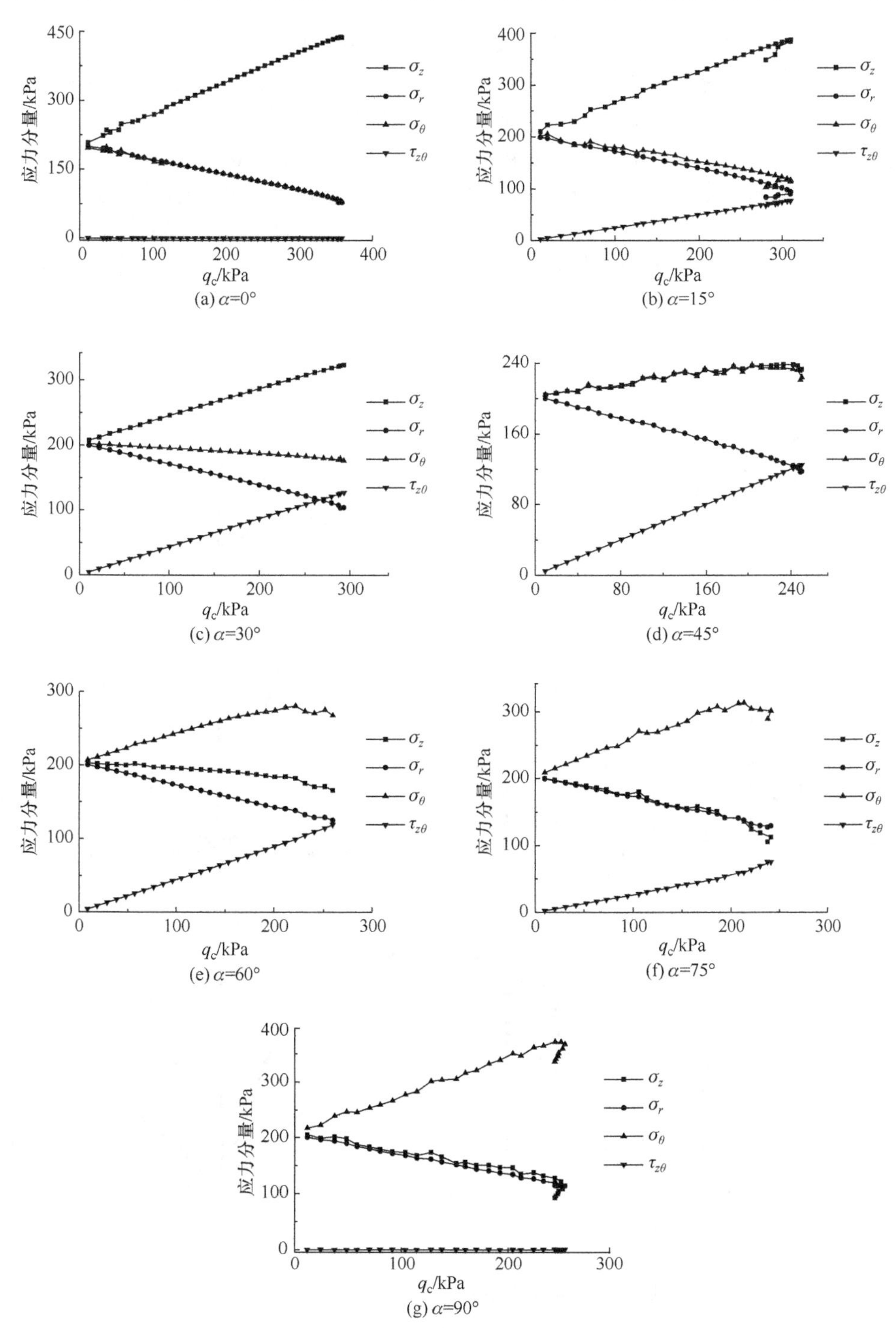

图 4.10　不同主应力偏转角α应力分量(σ_z、σ_r、σ_θ、$\tau_{z\theta}$)随偏应力 q_c 的变化曲线(b=0)

图 4.11 为最大干密度 Q_2 重塑黄土在不同中主应力比和不同主应力偏转角下的实际加载应力路径，其中图 4.11(a)、(c)、(e)为在 q_c-α 平面内的显示，图 4.11(b)、(d)、(f)为在 $\tau_{z\theta}$ -$(\sigma_z-\sigma_\theta)/2$ 平面内的显示。由图可知，除了在加载初期和加载后期应力路径稍有左右浮动，在中间加载过程中，试验仪器都能很好地控制加载路径，原因是在加载初期应力加载分量需有加载适应调整阶段，而加载后期由于产生较大的变形，应力控制产生上下浮动，调节不太稳定，但整体上在误差控制范围内可以达到设置的应力路径，能够实现不同中主应力比和不同主应力偏转角的主应

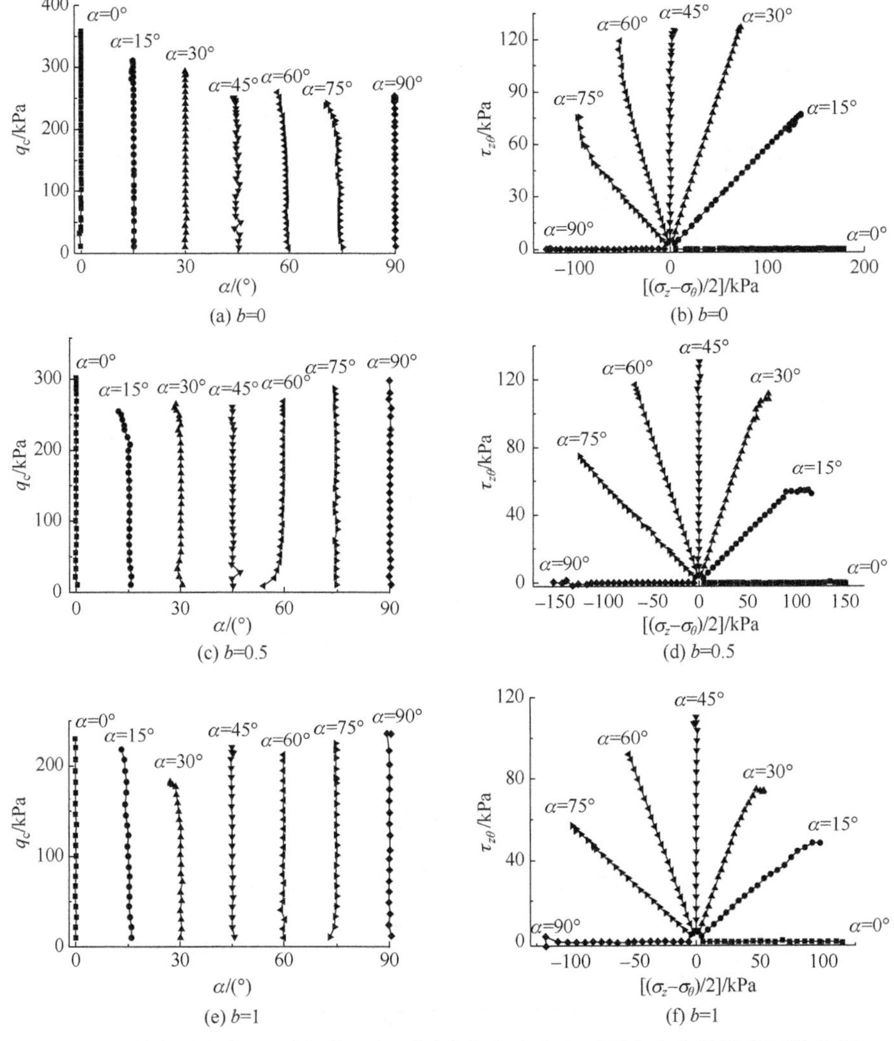

图 4.11　最大干密度 Q_2 重塑黄土在不同中主应力比和不同主应力偏转角下的实际加载应力路径

力轴固定剪切。此外，由图 4.11(a)、(c)、(e)可知，不同的中主应力比和主应力偏转角下的定向剪切试验，强度表现出一定的差异性，这种差异体现了该 Q_2 重塑黄土强度的各向异性。

4.3.2 应力-应变发展规律

主应力轴定向剪切试验中试样处于三维应力状态，因此需研究应力分量和应变分量的应力-应变发展规律，图 4.12～图 4.15 分别为不同主应力偏转角和不同中主应力比下的轴向应力-应变、径向应力-应变、环向应力-应变和扭剪应力-应变曲线，其中轴向应力、径向应力和环向应力分别用其变化量 $\Delta\sigma_z$、$\Delta\sigma_r$、$\Delta\sigma_\theta$ 表示，应力和应变的计算公式见式(3.28)～式(3.31)和式(4.5)～式(4.8)。

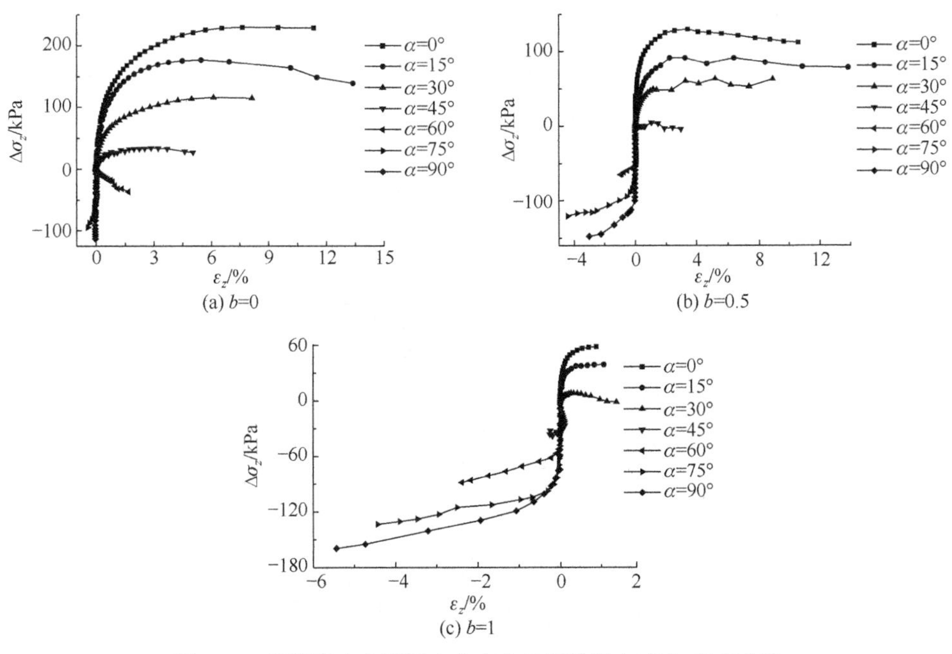

图 4.12 重塑黄土在不同中主应力比下的轴向应力-应变曲线

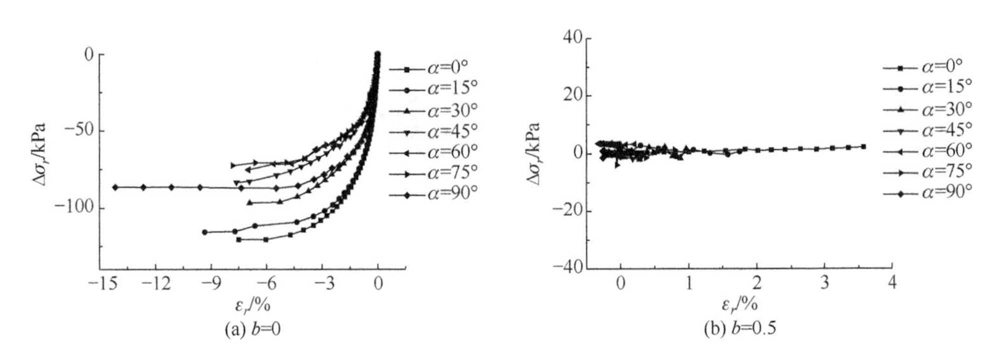

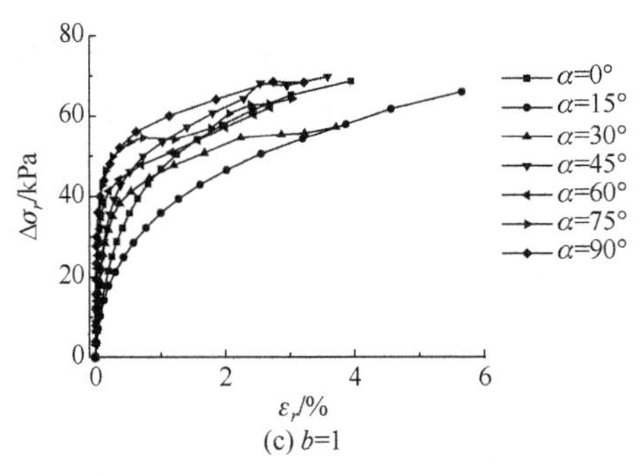

(c) b=1

图 4.13　重塑黄土在不同中主应力比下的径向应力-应变曲线

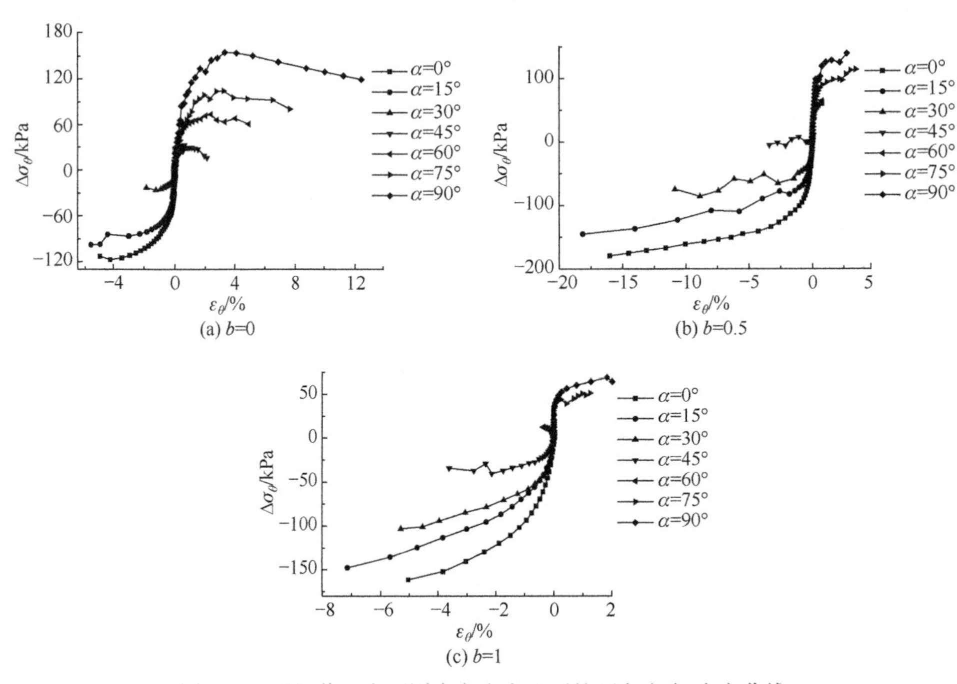

(a) b=0

(b) b=0.5

(c) b=1

图 4.14　重塑黄土在不同中主应力比下的环向应力-应变曲线

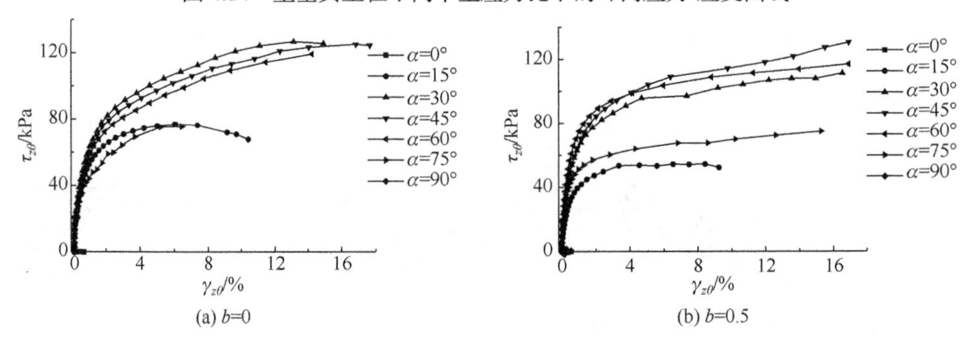

(a) b=0

(b) b=0.5

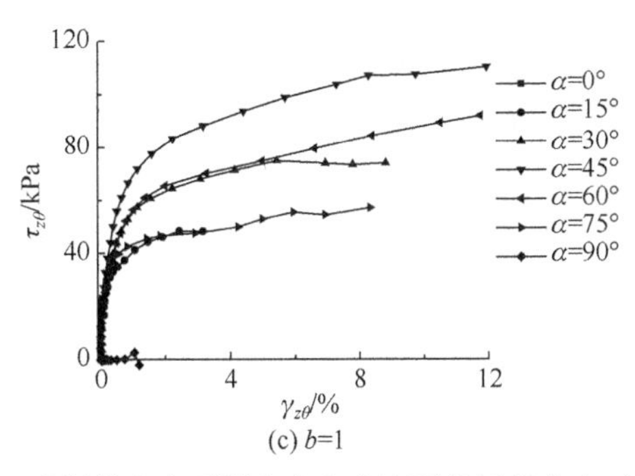

(c) b=1

图 4.15 重塑黄土在不同中主应力比下的扭剪应力-应变曲线

图 4.12 为不同中主应力比和不同主应力偏转角下轴向应力-应变曲线，由图可知，相同中主应力比下，轴向应变在主应力偏转角为 0°～45° 时向正向发展，当主应力偏转角为 45°～90°时向负向发展，且随着轴向应力的增加应变增量逐渐增加。不同主应力偏转角其轴向应力的幅值不同。当主应力偏转角为 0°～45° 时，随着主应力偏转角的增加，轴向应力幅值正值逐渐减小；当主应力偏转角为 45°～90°时，随着主应力偏转角的增加，轴向应力幅值负值逐渐增加。不同中主应力比，轴向应力随轴向应变的变化趋势相同，但是其轴向应力幅值不同。

图 4.13 为不同中主应力比和不同主应力偏转角下径向应力-应变曲线。相同中主应力比下，当 b=0 时，如图 4.13(a)所示，径向应变在不同主应力偏转角时向负向发展，且随着径向应力的增加应变增量逐渐增加，径向应力最终保持稳定，不同主应力偏转角的径向应力峰值不同。当主应力偏转角为 0°～45° 时，随着主应力偏转角的增加，径向应力幅值正值逐渐减小；当主应力偏转角为 45°～90° 时，随着主应力偏转角的增加，径向应力幅值负值逐渐增加。当 b=0.5 时，理论上径向应力保持不变，由图 4.13(b)可知，径向应力的变化幅值较小，应变发展相对较小。当 b=1 时，径向应变向正向发展，其发展规律与 b=0 时类似。

图 4.14 为不同中主应力比下环向应力-应变曲线。在相同中主应力比下，当 b=0 时，如图 4.14(a)所示，环向应变在主应力偏转角为 0°～30°时向负向发展，且随着环向应力的增加应变增量逐渐增加，环向应力最终保持稳定，不同主应力偏转角的环向应力峰值不同。当主应力偏转角为 45°～90°时，环向应变向正向发展，且随着环向应力的增加应变增量逐渐增加，环向应力最终保持稳定，不同主应力偏转角的环向应力峰值不同。当主应力偏转角为 0°～30°时，随着主应力偏转角的增加环向应力幅值逐渐减小；当主应力偏转角为 45°～90°时，随着主应力偏转角的增加环向应力幅值逐渐增加。当 b=0.5 和 b=1 时，如图 4.14(b)、(c)所示，环向应力和环向应变有类似的发展规律。

图 4.15 为不同中主应力比下扭剪应力-应变曲线。由图可知，不同中主应力比下的应力-应变曲线趋势相同，扭剪应变均为正向应变，且随着扭剪应力的增加应变增量逐渐增加，扭剪应力最终保持稳定，不同主应力偏转角的扭剪应力峰值不同。当 α=0°和 90°时，扭剪应力为 0，扭剪应变值发展较小；当 b=0.5 和 b=1，α=45°时，扭剪应力最大。扭剪应力和扭剪应变有类似的发展规律。

图 4.16～图 4.18 为不同中主应力比和不同主应力偏转角下广义剪应力与应变分量曲线，由图可知，广义剪应力-应变曲线整体呈硬化发展趋势，当中主应力比相同时，径向应变的发展趋势相同，其他各应变分量的发展趋势与主应力偏转角的大小有关，不同中主应力比时其广义剪应力-应变曲线发展趋势不同。

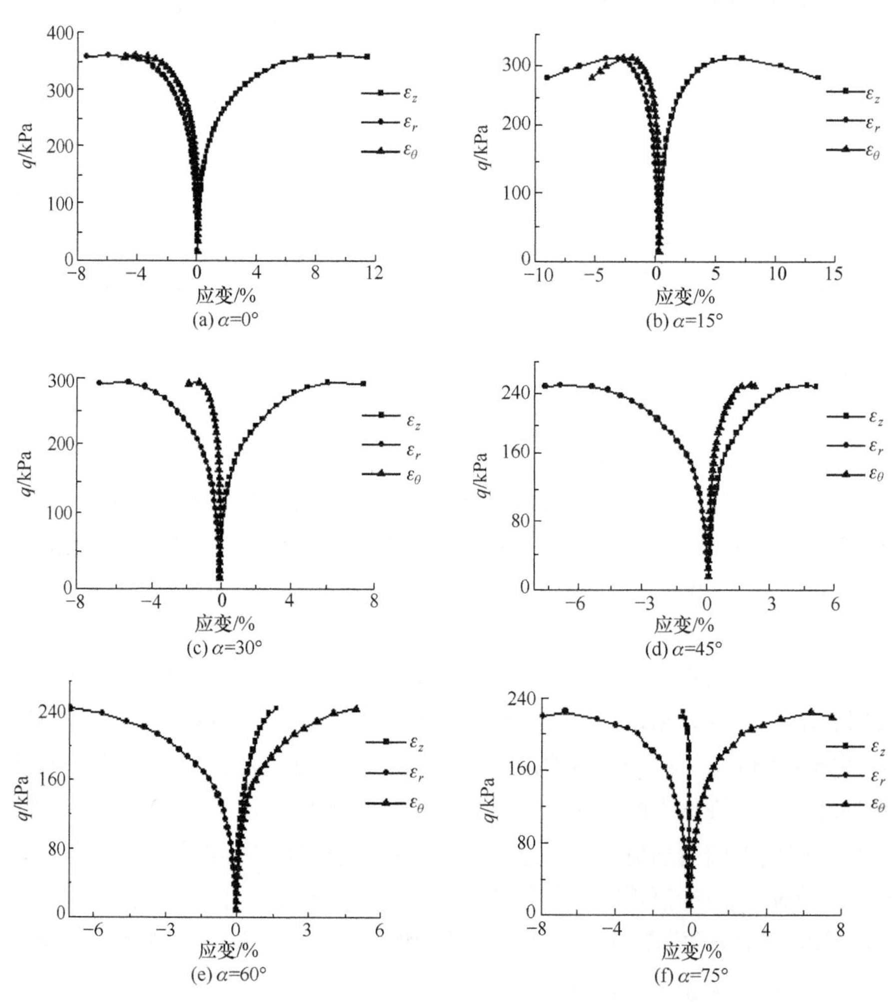

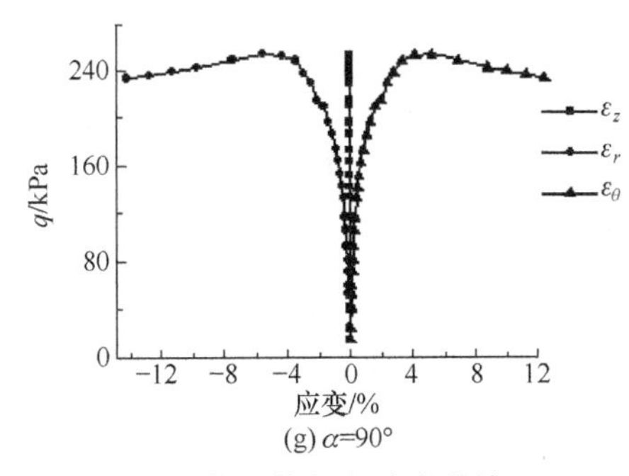

(g) α=90°

图 4.16　广义剪应力-应变曲线(b=0)

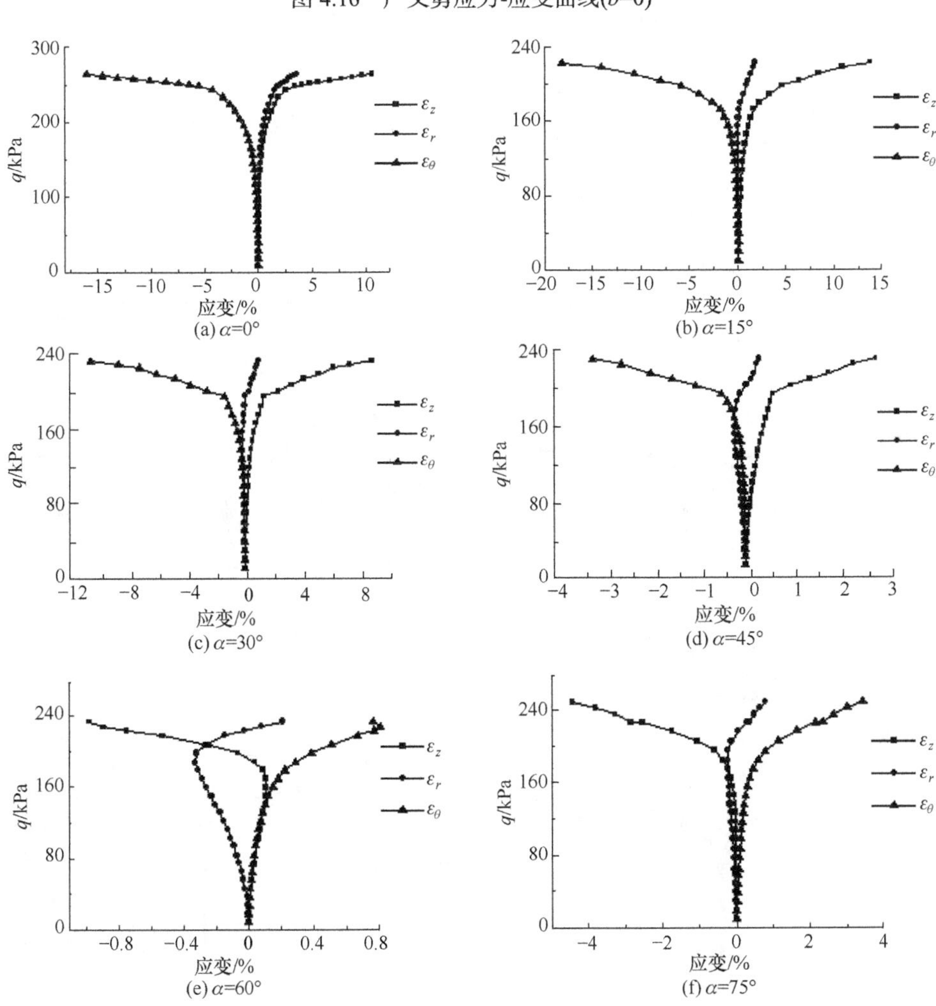

(a) α=0°

(b) α=15°

(c) α=30°

(d) α=45°

(e) α=60°

(f) α=75°

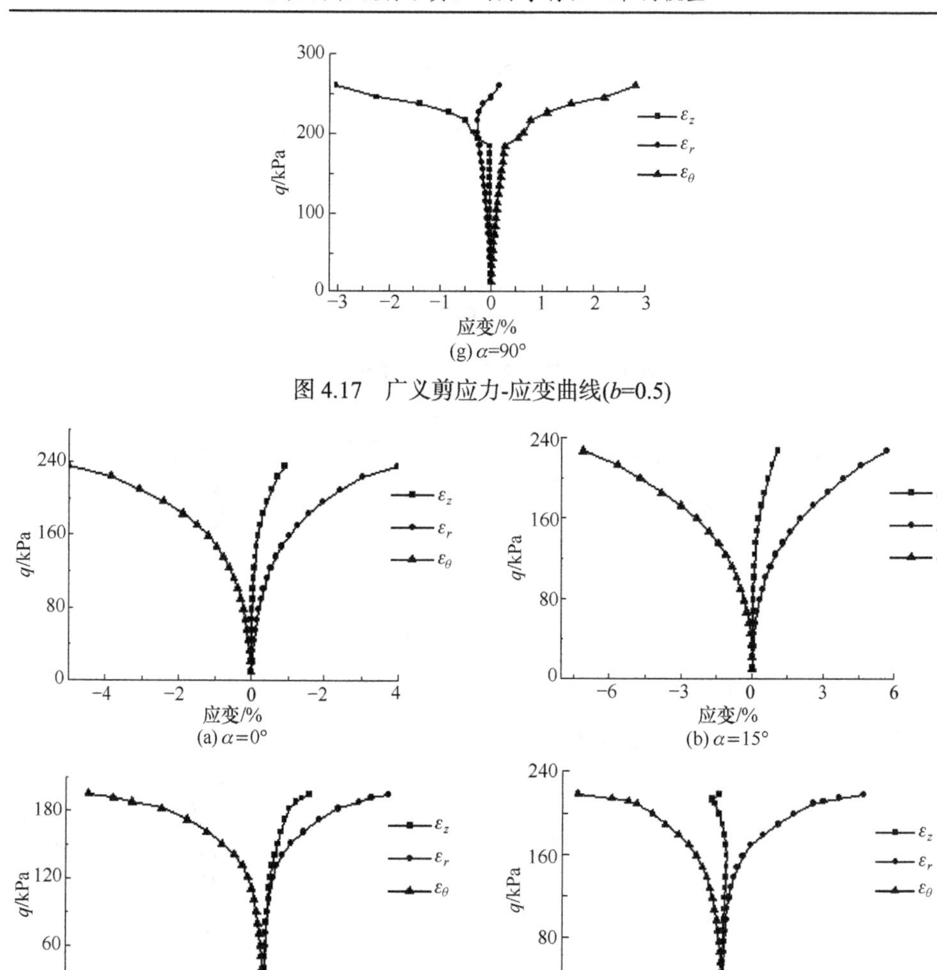

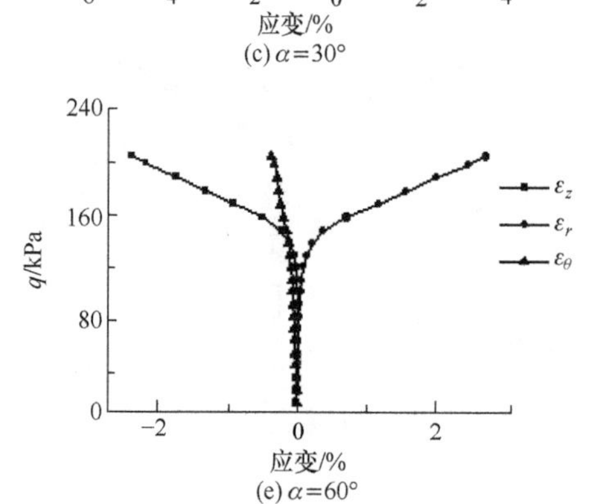

(e) α=60°

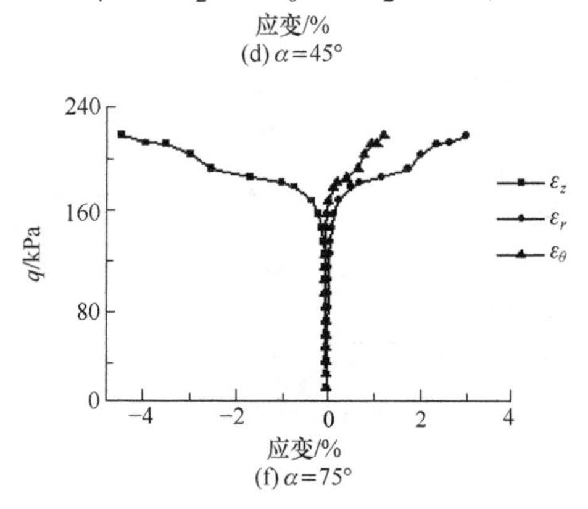

(f) α=75°

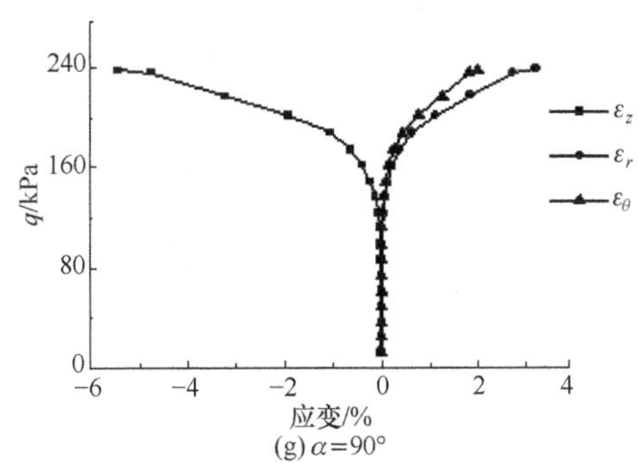

(g) α=90°

图 4.18　广义剪应力-应变曲线(b=1)

图 4.19 为不同中主应力比和不同主应力偏转角下广义剪应力比-应变曲线，由图可知，当中主应力比相同时，不同主应力偏转角的强度比大小不同，体现了强度各向异性。该重塑黄土在不同中主应力比下，广义剪应力比在主应力偏转角为 45°时取得最小值，当 α=0°时取得最大值。

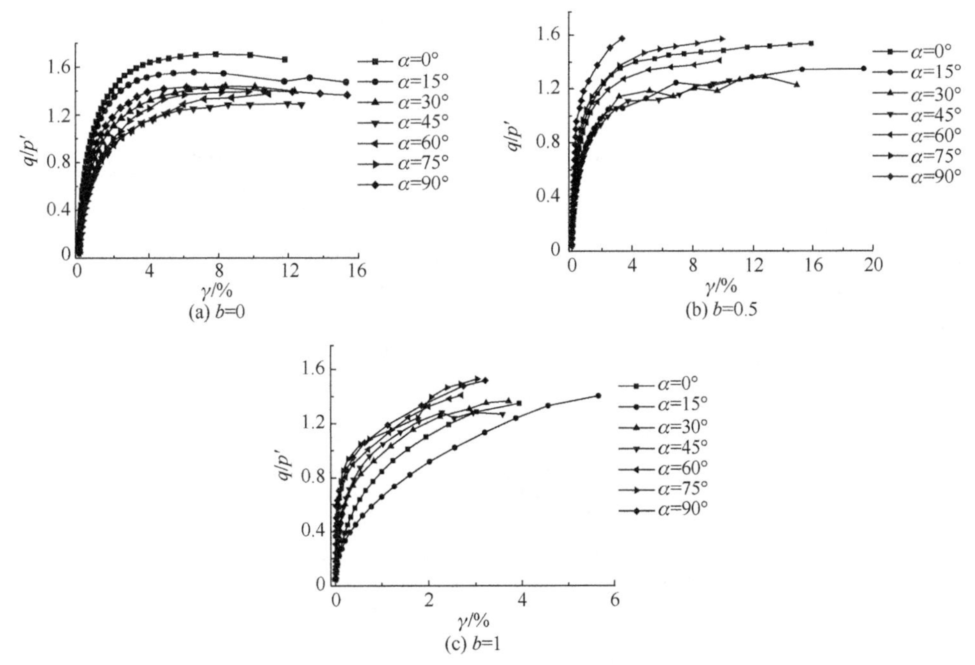

(a) b=0　(b) b=0.5　(c) b=1

图 4.19　不同主应力偏转角下广义剪应力比-应变曲线

为了研究中主应力比对不同主应力偏转角下的强度影响，相同主应力偏转角下不同中主应力比下的强度比变化曲线如图 4.20 所示，由图可知，当主应力偏转角为 0°～45°时，三种广义剪应力比下的强度比表现为：b=0 时最大，b=1 时次之，b=0.5 时最小，当主应力偏转角为 60°～90°时，三种广义剪应力比下的强度比表现为：b=0.5 时最大，b=1 时次之，b=0 时最小。

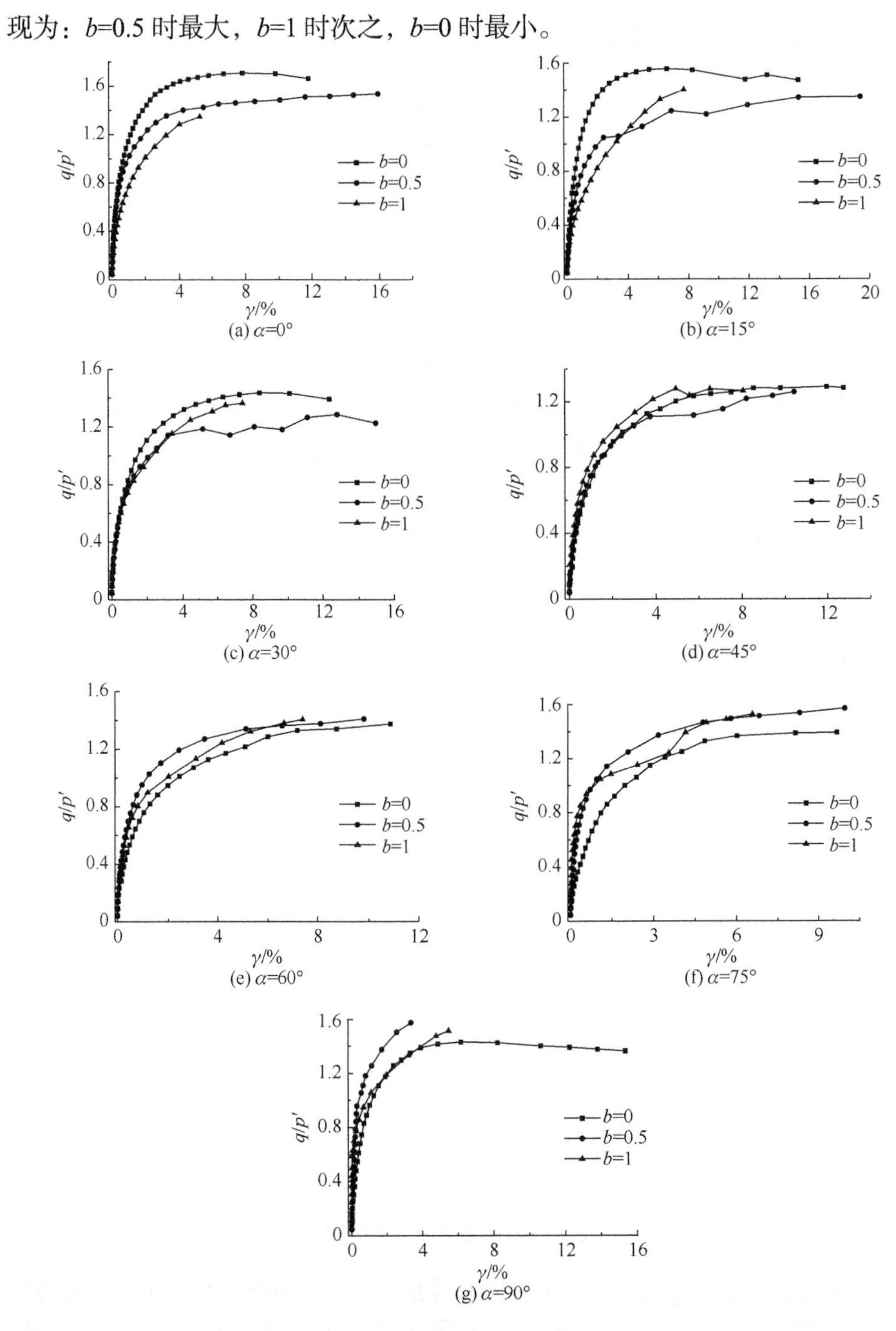

图 4.20　不同中主应力比下广义剪应力比-应变曲线

对于复杂应力路径的土体破坏，研究者通常以允许广义剪应变值作为其破坏标准。郭莹等[157,158]建议福建标准砂的破坏标准为允许广义剪应变值达 5%；汪闻韶[159]建议以允许变形作为试样的破坏标准；王洪瑾等[160]建议瀑布沟心墙土体材料的破坏标准为允许广义剪应变值达 6.5%；郑鸿镔[161]建议重塑软黏土的破坏广义剪应变为 8%，并定义了强度发挥度($S=q/q_{\mathrm{f}}$，其中，q 为试样在建议破坏应变下对应的广义剪应力，q_{f} 为试样的广义剪应力峰值，通常将满足所有应力路径下的强度发挥度达 90% 以上的应变作为破坏应变来描述在复杂应力路径下黏土的强度发挥比例；沈瑞福等[10]通过对砂土的动态循环旋转的研究，建议将其广义剪应变 10% 作为破坏标准。由上述研究结果可知，对于不同的土体，不同的应力路径，其破坏标准不同，因此对于本章的重塑黄土需要进一步根据试验数据确定其破坏标准，本章主要研究当应变取 5%、6.5%、8% 和 10% 时的强度发挥度。

将不同中主应力比和不同主应力偏转角下的定向剪切试验结果，分别利用上述建议的广义剪应变得到重塑黄土的强度发挥度，见表 4.4～表 4.6。由表可知，当中主应力比相同时，强度发挥度随着主应力偏转角的增加，先降低后增加，相同条件下强度发挥度随着中主应力比的增加有增加的趋势。通过数据对比，当广义剪应变取 6.5%、8% 和 10% 时，不同中主应力比下该重塑黄土的强度发挥度基本达 90% 以上。随着中主应力比的增大，其强度发挥度逐渐增大。当广义剪应变取 5%、b=0 时有部分试样(α 为 30°、45°、60°)的强度发挥度小于 90%。因此，对于本章的最大干密度重塑黄土建议以其最小广义剪应变为 6.5% 作为破坏标准。

表 4.4　重塑黄土强度发挥度 $S(b=0)$

γ/%	α/(°)						
	0	15	30	45	60	75	90
5	93.93	97.32	86.13	85.74	87.78	94.44	99.30
6.5	97.74	99.75	92.52	91.44	92.03	98.30	100
8	99.44	99.82	96.68	95.38	95.82	100	100
10	100	100	99.78	98.97	99.57	—	100

表 4.5　重塑黄土强度发挥度 $S(b=0.5)$

γ/%	α/(°)						
	0	15	30	45	60	75	90
5	93.47	84.69	86.07	85.51	93.11	90.75	100
6.5	94.18	88.02	87.57	89.42	95.35	94.49	—
8	95.71	89.72	91.84	91.83	97.32	97.54	—
10	96.28	91.96	94.47	98.92	100	100	—

表 4.6 重塑黄土强度发挥度 $S(b=1)$

γ/%	α/(°)						
	0	15	30	45	60	75	90
5	100	87.75	94.73	95.51	90.62	96.71	99.49
6.5	—	95.59	98.41	98.22	97.12	100	—
8	—	100	100	100	—	—	—
10	—	—	—	—	—	—	—

利用上面确定的破坏标准，将不同中主应力比和不同主应力偏转角下的广义剪应力比进行统计，如图 4.21 所示，当中主应力比相同时，广义剪应力比随着主应力偏转角的增加先减小后增大，并在 α=45° 时取得最小值。

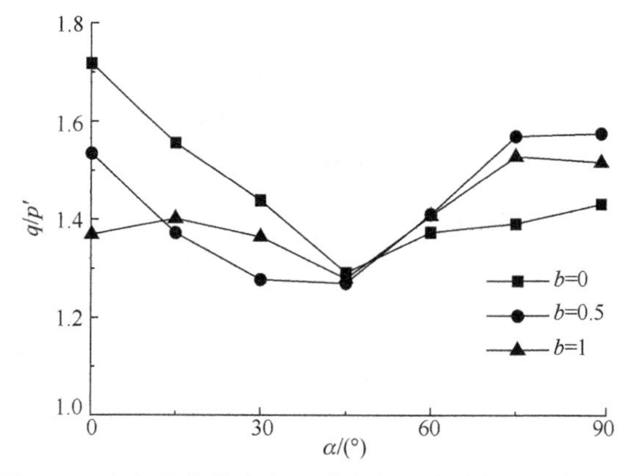

图 4.21 广义峰值剪应力比随主应力偏转角的变化曲线

4.3.3 孔压发展规律

图 4.22 为孔压随广义剪应变的变化曲线，由图可知，在相同中主应力比下，不同主应力偏转角的孔压发展趋势大致相同，幅值不同，主应力偏转角对孔压的发展有较大影响。主应力偏转角 α=0° 时孔压最小。当 b=0 时，随着 α 的增大孔压发展加快，整体上孔压先增加，随着广义剪应变的增加达到峰值后又逐渐下降并最终保持稳定。当 α=0° 和 15° 时，孔压最后变成了负值，原因可能是因为该重塑黄土对最大干密度进行了控制，其密实度最大，孔隙最小。当 b=0.5 时，试样一直处于压缩状态，随着剪切的进行，试样发生塑性剪胀变形，由于试样不排水，发生塑性剪胀部分有水分补充导致其孔压减小。随着中主应力比的增加，试样由三轴压缩向三轴拉伸变化，剪切过程中塑性剪胀减小，因此其负孔压变小。当 b=1 时，不同主应力偏转角下的孔压均随着广义剪应变的增加先逐渐增加，然后保持

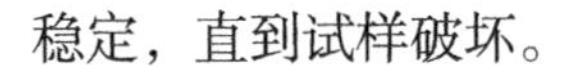
稳定，直到试样破坏。

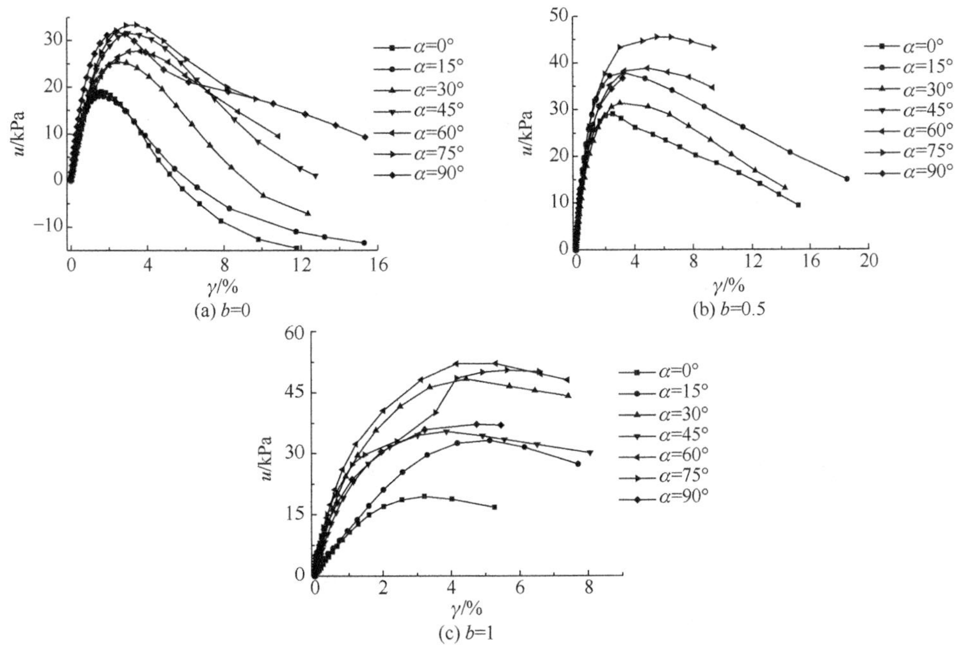

图 4.22　重塑黄土在不同中主应力比下孔压随广义剪应变的变化曲线

图 4.23 为孔压随广义剪应力的变化曲线，由图可知，在相同中主应力比下，不同主应力偏转角的孔压发展趋势大致相同，幅值不同。与广义剪应变不同的是，随着广义剪应力的增加，孔压先缓慢增长，然后加速增长，达到峰值后，随着广义剪应力的增加，孔压又逐渐下降直到试样破坏。

为了研究不同主应力偏转角下中主应力比对孔压发展的影响，做相同偏转角、不同中主应力比下的孔压变化曲线，如图 4.24 所示，由图可知，通常情况下，b=0 时的孔压幅值较小，b=0.5 和 1 的孔压发展幅值与主应力偏转角有关。

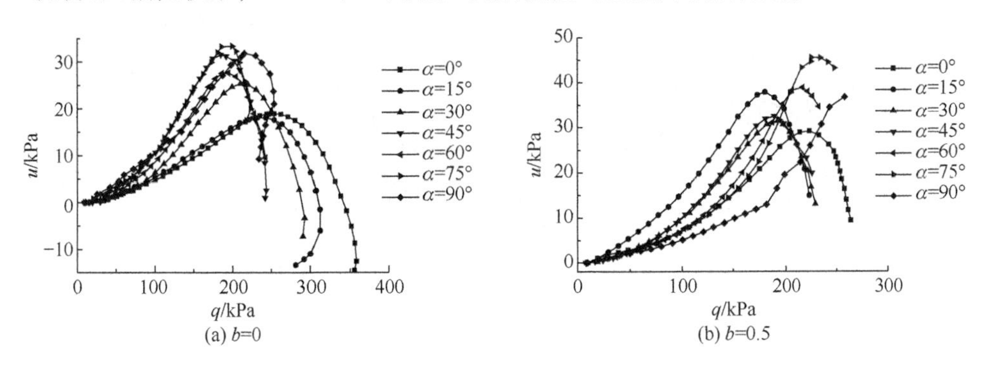

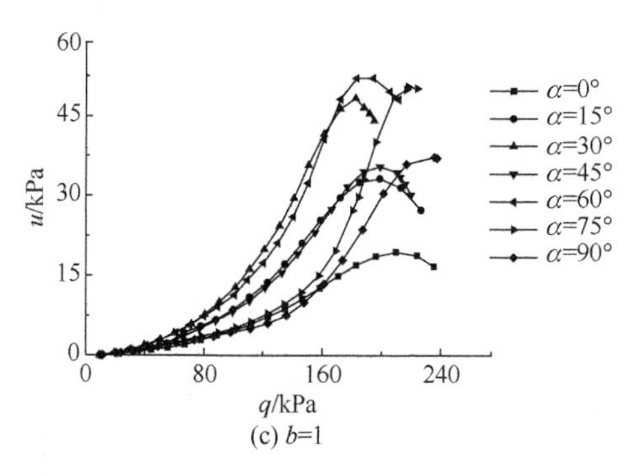

(c) b=1

图 4.23　重塑黄土在不同中主应力比下孔压随广义剪应力的变化曲线

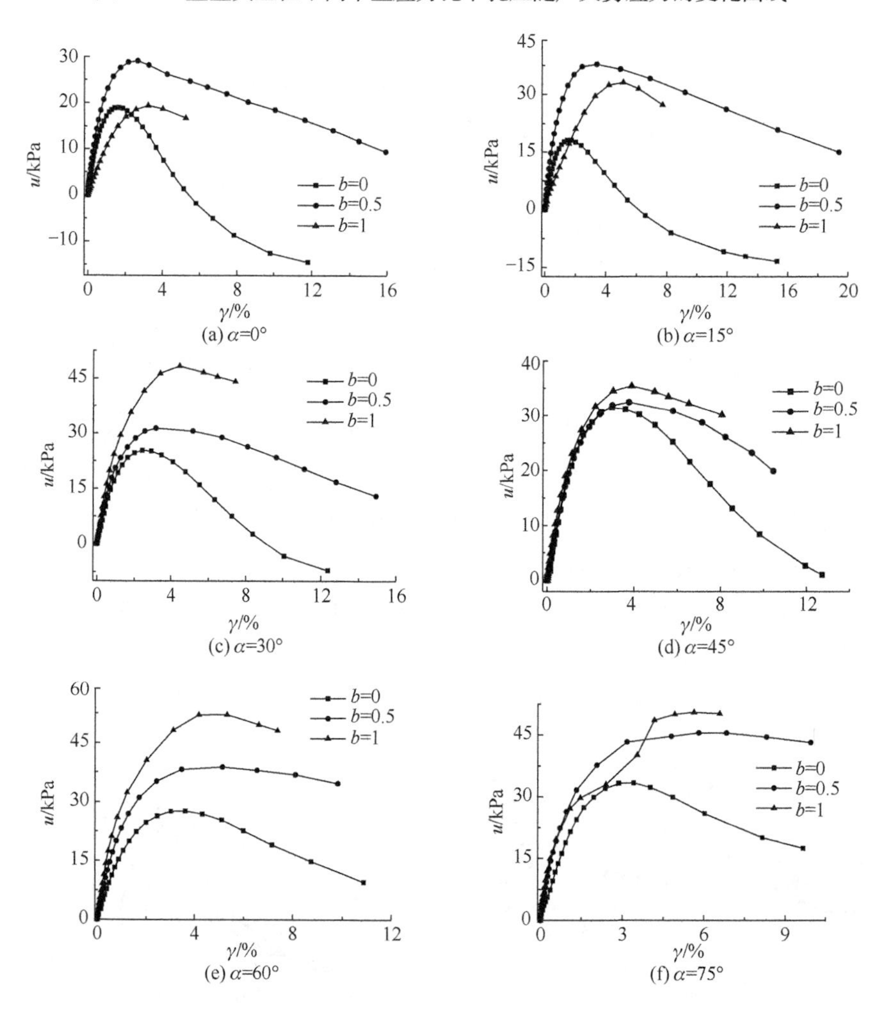

(a) α=0°　(b) α=15°

(c) α=30°　(d) α=45°

(e) α=60°　(f) α=75°

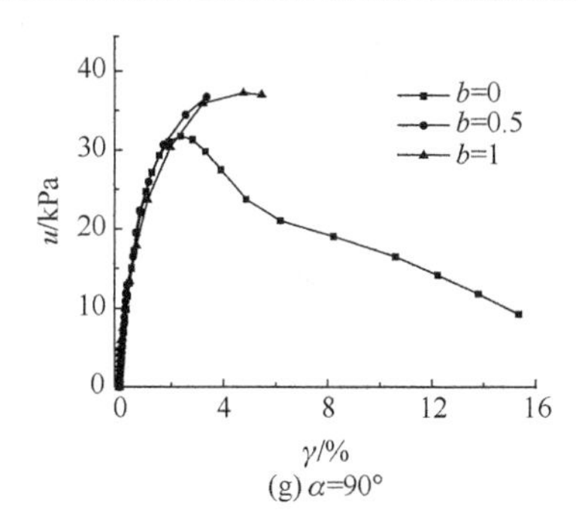

(g) α=90°

图 4.24 重塑黄土在不同主应力偏转角下孔压随广义剪应变的变化曲线

图 4.25 为不同中主应力比和不同主应力偏转角下的有效应力路径，由上述分析可知，不同主应力偏转角的孔压幅值和发展规律不同，峰值应力的大小不同，导致其应力路径不同。

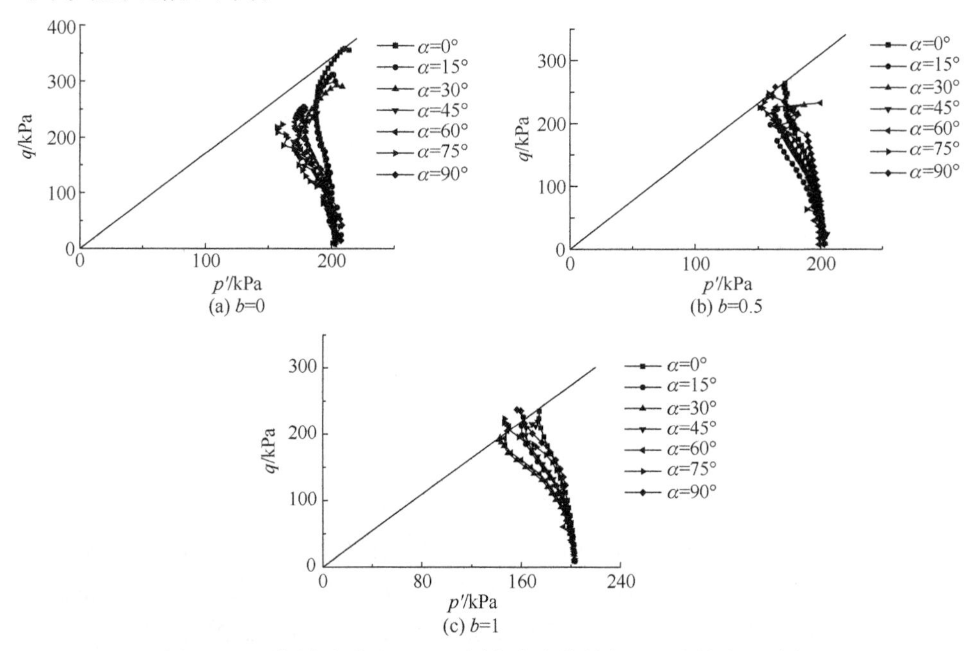

(a) b=0
(b) b=0.5
(c) b=1

图 4.25 不同中主应力比和不同主应力偏转角下的有效应力路径

4.3.4 非共轴特性

塑性力学中将当前主应力方向与应变增量方向不一致的情况称为非共轴特性，已有试验证明[162-164]，土体在主应力轴定向剪切和连续旋转情况下具有非共轴特性，但是这种非共轴特性会因土体类型和加载路径的不同而呈现出不同的规律。上述考虑主应力方向的试验过程中，弹性应变占总应变的比例较小，很难从总应变中分离出来，因此，本章用总应变增量代替塑性应变增量。应力方向和应力增量方向以及应变方向和应变增量方向如图 4.26 所示，图中的主应力方向角为 α_σ，主应变增量方向角为 $\alpha_{d\varepsilon}$，非共轴角为 δ，应力增量为 AB (ds)，单位应力产生的应变增量为柔度 AC，计算公式如下：

$$\alpha_\sigma = \frac{1}{2}\arctan\frac{2\tau_{z\theta}}{\sigma_z - \sigma_\theta} \tag{4.20}$$

$$\alpha_{d\varepsilon} = \frac{1}{2}\arctan\frac{d\gamma_{z\theta}}{d\varepsilon_z - d\varepsilon_\theta} \tag{4.21}$$

$$\delta = \alpha_{d\varepsilon} - \alpha_\sigma \tag{4.22}$$

$$ds = \sqrt{\left[d\left(\frac{\sigma_z - \sigma_\theta}{\sigma_z + \sigma_\theta}\right)\right]^2 + \left[d\left(\frac{2\tau_{z\theta}}{\sigma_z + \sigma_\theta}\right)\right]^2} \tag{4.23}$$

$$|AC| = \frac{\sqrt{\left[d(\varepsilon_z - \varepsilon_\theta)\right]^2 + (d\gamma_{z\theta})^2}}{ds} = \frac{d\varepsilon_1 - d\varepsilon_3}{ds} \tag{4.24}$$

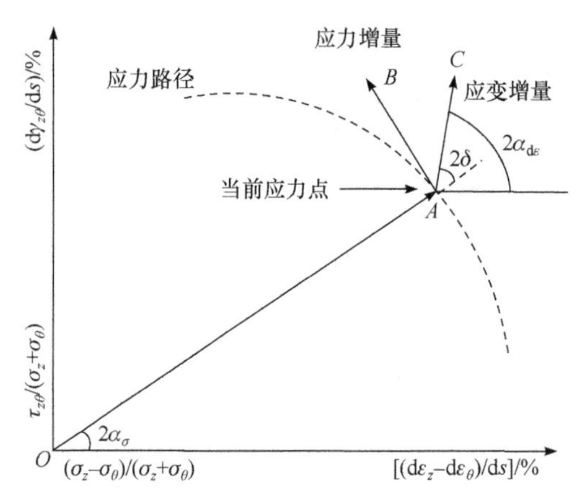

图 4.26　非共轴示意图

由图 4.26 可知，当 2δ=90° 时，主应变增量方向与主应力增量方向相同，应力增量唯一确定应变，与当前应力状态无关，应力-应变关系为弹性，产生的塑性变形为应力率塑性效应[165]，当 δ=0°时，应变增量与应力增量无关，仅由当前应力状态确定，此时为共轴塑性。

为了减小误差，本章用式(4.21)计算主应变增量方向角 $\alpha_{d\varepsilon}$，首先作图 $\gamma_{z\theta}$ -(ε_z−ε_θ)，然后拟合曲线，其中 R^2≥95%，由曲线方程求导，即可求得任一点处的 $\alpha_{d\varepsilon}$。图 4.27 为最大干密度重塑黄土定向剪切非共轴应变增量变化特性，由图可知，当 α=0° 和 90° 时，不同中主应力比下该重塑黄土主应变增量方向与主应力方向相同，表现为共轴特性。整体上，非共轴的程度随着应力的加载先增大后减小，并趋于共轴。本章中，当 b=0 和 b=0.5 时，主应变增量方向角比主应力方向角大，其余情况下应变增量方向角都比应力方向角小，且不同主应力偏转角表现出不同的程度，

而当 b=1 时主应变增量方向角均小于主应力方向角。此外，由图可知，随着中主应力比的增加，其非共轴程度逐渐增加。

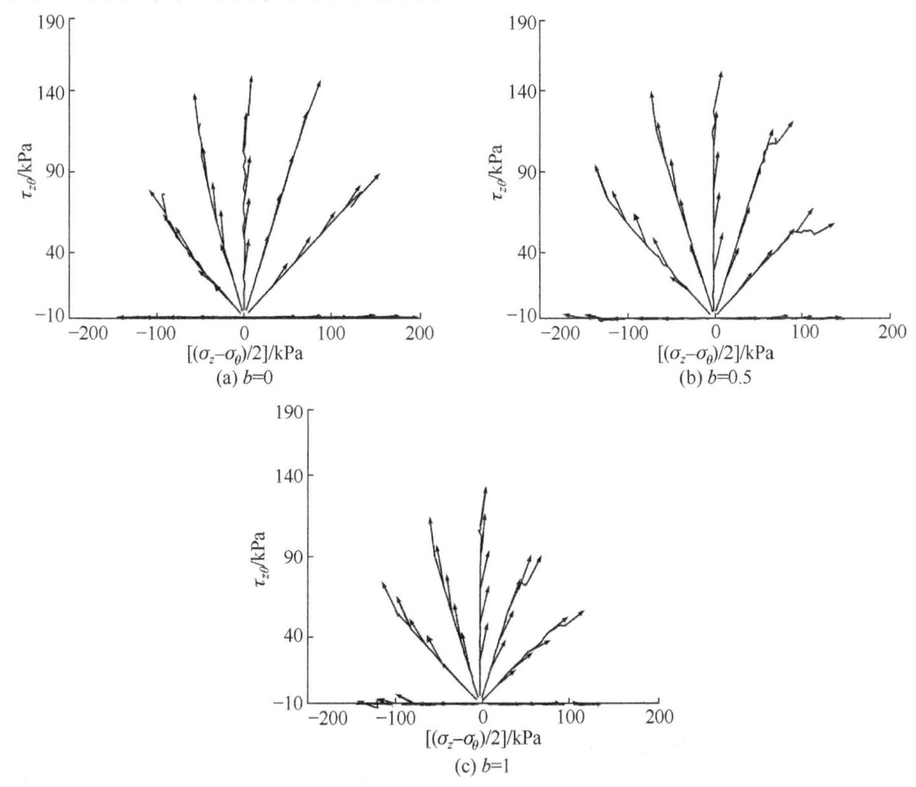

图 4.27　最大干密度重塑黄土定向剪切非共轴应变增量变化特性

图 4.28 为不同中主应力比下主应变增量方向角的变化情况，由图可知，主应变增量方向角随着广义剪应力的增加先增大然后减小，即非共轴性先增加后减弱。当 α 为 0°～45° 时，应变增量方向角随着主应力偏转角的增加而逐渐增加，非共轴性增强；当 α 为 45°～90° 时，主应变增量方向角随着主应力偏转角的增加而逐渐减小，非共轴性减弱，不同中主应力比下的非共轴性表现不同。

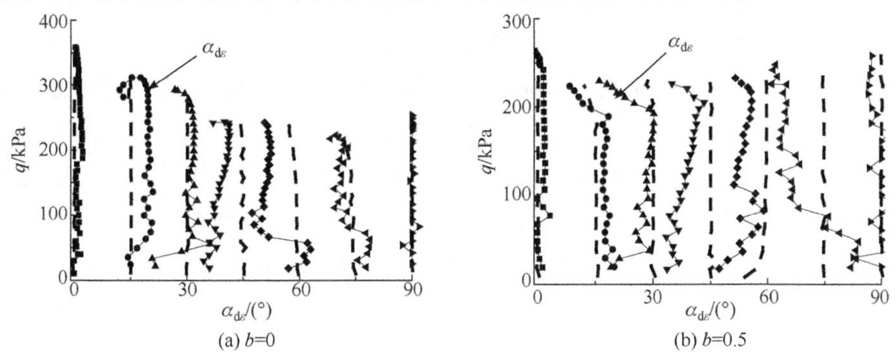

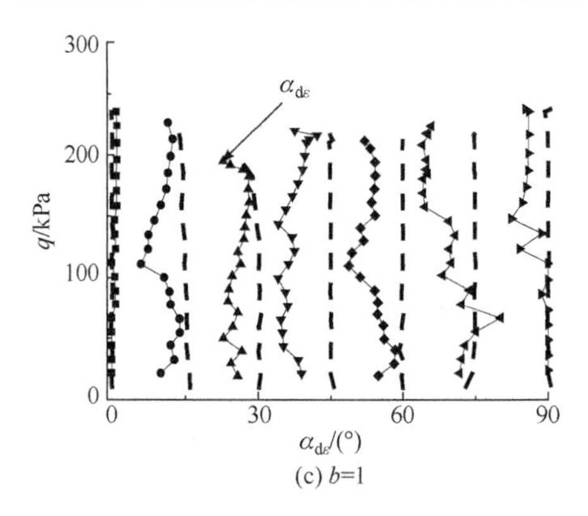

(c) b=1

图 4.28 重塑黄土在不同中主应力比下主应变增量方向角的变化情况

4.4 原状黄土定向剪切试验结果分析

4.4.1 应力路径实现

本节为原状黄土的定向剪切试验，原状样的取样和制样过程如 4.2.3 节所述，本章原状试样的平均主应力 p=200kPa，剪切过程中主应力偏转角和中主应力比均保持定值，仅增加偏应力 $q_c=\sigma_1-\sigma_3$。试验过程中在不同主应力偏转角下实际应力分量随着偏应力的变化曲线如图 4.29 所示。该组试验控制内外围压相同，即保证在加载过程中主应力偏转角和中主应力比满足 $b=\sin^2\alpha$。由图 4.29 可知，在加载过程中不同主应力偏转角时的径向应力 σ_r 和切向应力 σ_θ 的变化趋势幅度都相同，0°～30°单调减小，60°～90°单调增加，均呈线性变化。0°～30°轴向应力逐渐增加，60°～90°轴向应力逐渐减小，45°时轴向应力达到最大。当主应力偏转角为 45° 时，三个主应力分量轴向应力 σ_z、径向应力 σ_r 和环向应力 σ_θ 均保持不变，仅扭剪应力增加，这种应力路径为扭剪应力路径，此时，主应力偏转角为 45°，b=0.5，变化情况如图 4.29 所示。

图 4.30 为 Q_2 原状黄土内外围压相等时不同主应力偏转角下的实际加载应力路径，其中图 4.30(a) 为 q_c–α 平面内的显示，图 4.30(b)为 $\tau_{z\theta}$ -[$(\sigma_z-\sigma_\theta)/2$] 平面内的显示。由图可知，在加载后期应力路径有较大浮动，原因是在加载后期试样突然破坏产生较大变形，使应力控制产生上下浮动，调节不太稳定，但整体上在误差控制范围内，可以实现设置的应力路径，能够实现不同主应力偏转角的主应力轴固定剪切。此外，由图 4.30(a) 可知，不同主应力偏转角下的定向剪切试验结果，强度表现出一定的差异性，这种差异体现了该 Q_2 原状黄土强度的各向异性。

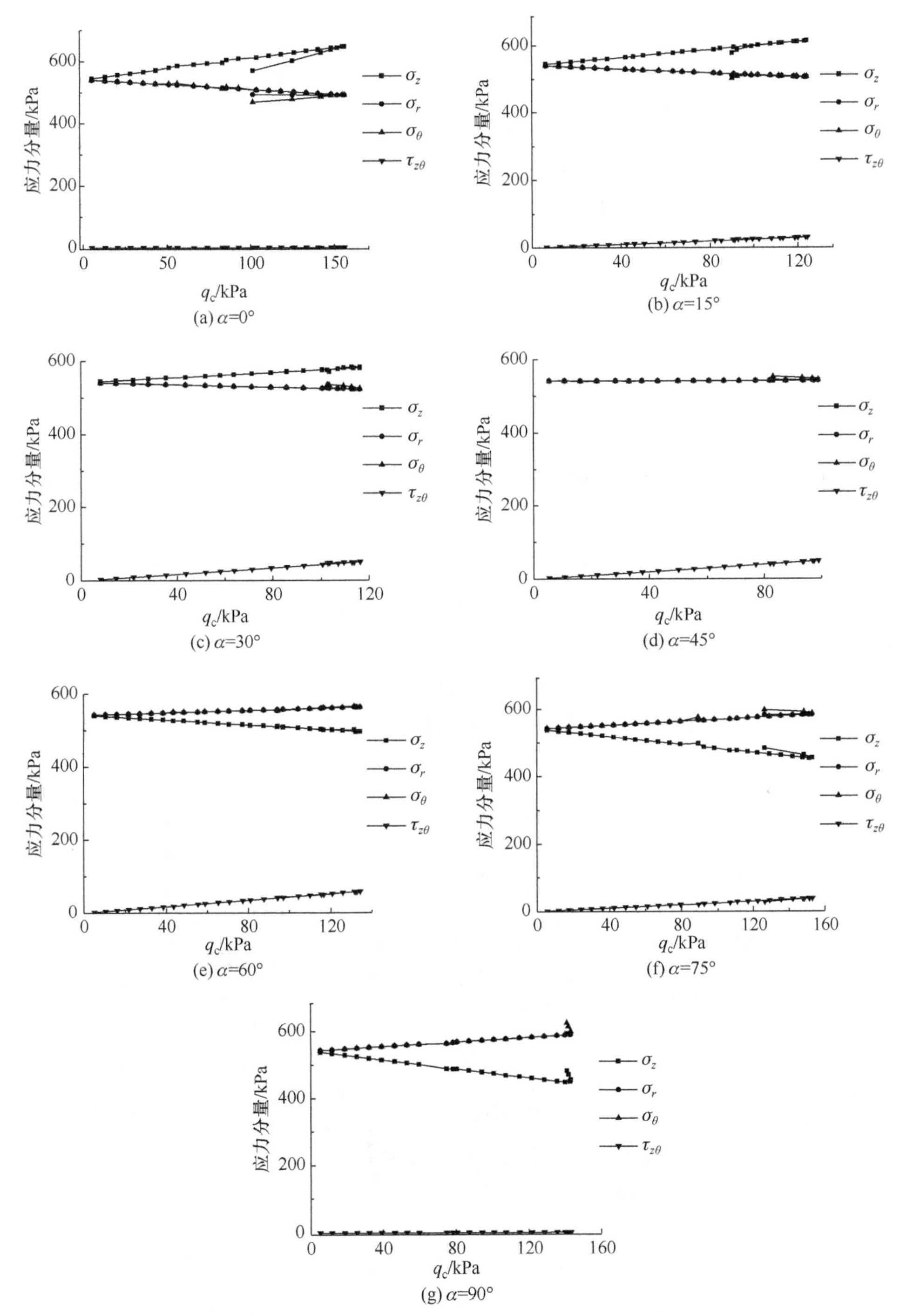

图4.29　不同主应力偏转角α应力分量(σ_z、σ_r、σ_θ、$\tau_{z\theta}$)随偏应力q_c的变化曲线

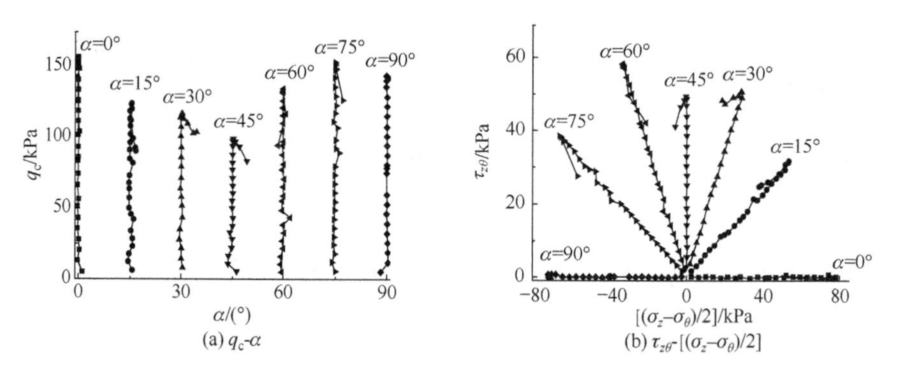

(a) q_c-α　　(b) $\tau_{z\theta}$-$[(\sigma_z-\sigma_\theta)/2]$

图 4.30　不同主应力偏转角下的实际加载应力路径

4.4.2　应力-应变发展规律

图4.31分别为原状黄土在不同主应力偏转角下应力分量与相应的应变分量的变化曲线，其中轴向应力、径向应力和环向应力分别用其变化量$\Delta\sigma_z$、$\Delta\sigma_r$、$\Delta\sigma_\theta$表示，应力和应变的计算公式见式(3.28)～式(3.31)和式(4.5)～式(4.8)。图 4.31(a)为在不同主应力偏转角下轴向应力和轴向应变变化曲线，由图可知，相同中主应力比下，轴向应变在主应力偏转角为 0°～45° 时向正向发展，当主应力偏转角为45°～90°时向负向发展，且随着轴向应力的增加应变增量逐渐增加。主应力偏转角不同其轴向应力的幅值不同，当主应力偏转角为 0°～45° 时随着主应力偏转角

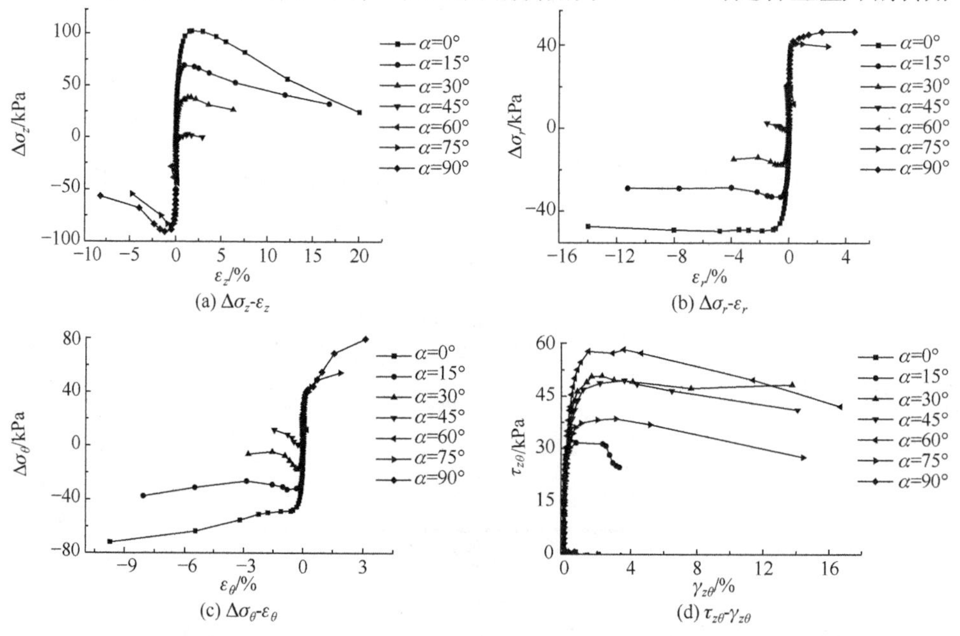

(a) $\Delta\sigma_z$-ε_z　　(b) $\Delta\sigma_r$-ε_r

(c) $\Delta\sigma_\theta$-ε_θ　　(d) $\tau_{z\theta}$-$\gamma_{z\theta}$

图 4.31　原状黄土在不同主应力偏转角下应力分量与相应的应变分量的变化曲线

的增加轴向应力幅值正值减小，当主应力偏转角为 45°～90° 时随着主应力偏转角的增加轴向应力幅值负值逐渐增加。此外，轴向应力-应变曲线有着明显的应变软化现象，说明该原状黄土具有明显的结构性。图 4.31(b)、(c)、(d)分别为径向应力-应变、环向应力-应变和扭剪应力-应变曲线，其发展趋势和规律与中主应力比和主应力偏转角独立控制的结果类似，不同的是试样破坏时有应变软化现象，且最后应变发展迅速，很快破坏，原因是土体发生结构性破坏，试样迅速产生较大变形，急剧破坏。

图 4.32 为控制内外围压相同、不同主应力偏转角时广义剪应力与应变分量变化曲线。由图可知，广义剪应力-应变曲线整体呈应变软化趋势，当主应力偏转角为 0°～60°时，径向应变和环向应变的发展趋势相同，均为负值，轴向应变为正值，当主应力偏转角为 75°～90° 时，主应力偏转角的应变发展趋势相反。此外，不同主应力偏转角的应变软化程度不同，当 α=0°时应变软化程度最大。

图 4.33 为在不同主应力偏转角下广义剪应力-应变曲线，由图可知，不同主应力偏转角下的强度不同，体现了原状黄土强度的各向异性，不同主应力偏转角下应变软化程度也不同。由图可知，该原状黄土广义剪应力在主应力偏转角为 45° 时取得最小值，在 α=0° 时强度取得最大值。此外，相对于重塑黄土，原状黄土达到破坏时的总广义剪应变值较小，达到峰值强度的广义剪应变值也较小，通常为 2% 左右，然后迅速产生较大变形而破坏，在峰值强度之前由于原状黄土的土体结构性没有破坏，其弹性刚度较重塑黄土大。

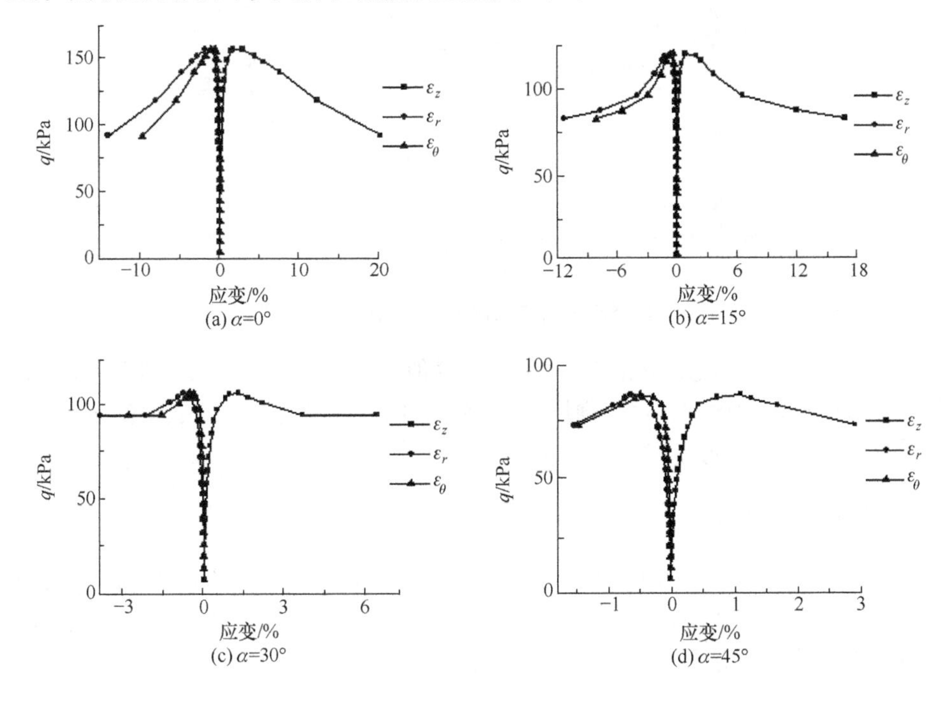

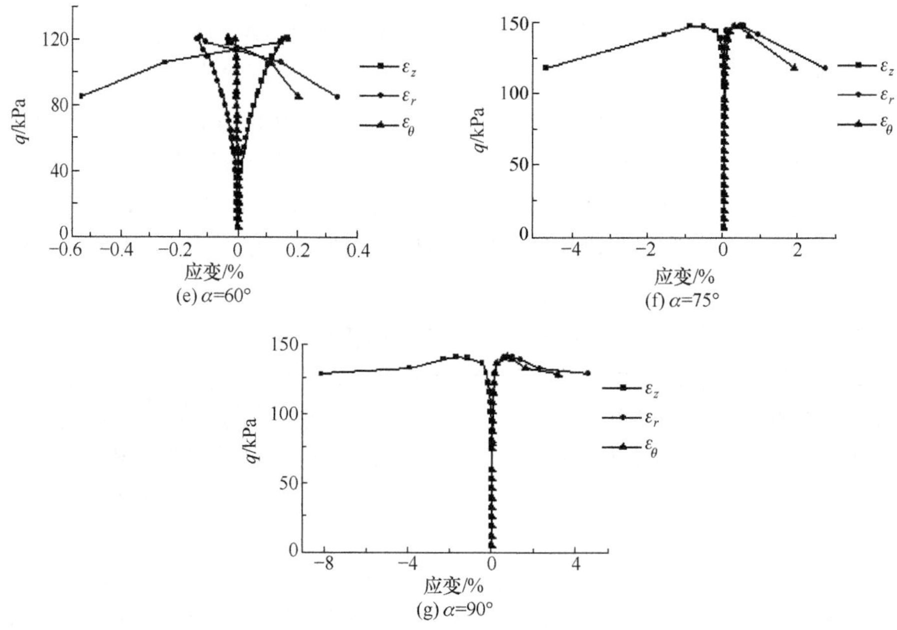

图 4.32 在不同主应力偏转角下广义剪应力与应变分量变化曲线

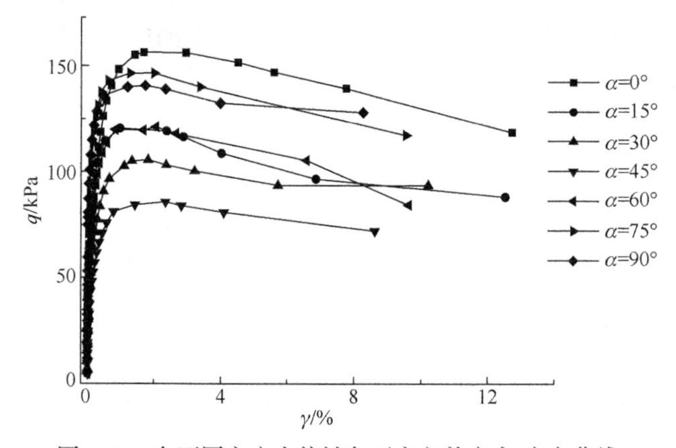

图 4.33 在不同主应力偏转角下广义剪应力-应变曲线

图 4.34 为不同主应力偏转角时的广义峰值剪应力比变化曲线，由图可知，随着主应力偏转角的增加，峰值强度比先减小后增大，具有明显的强度各向异性，同时也表现出一定的规律性。

4.4.3 孔压发展规律

图 4.35 为孔压随广义剪应变和广义剪应力的变化曲线。由图 4.35(a)可知，不同主应力偏转角下孔压发展趋势大致相同，幅值不同，主应力偏转角对孔压的发展有较大影响。主应力偏转角 α=0°时的孔压最小，随着 α 增大其孔压发展加快，

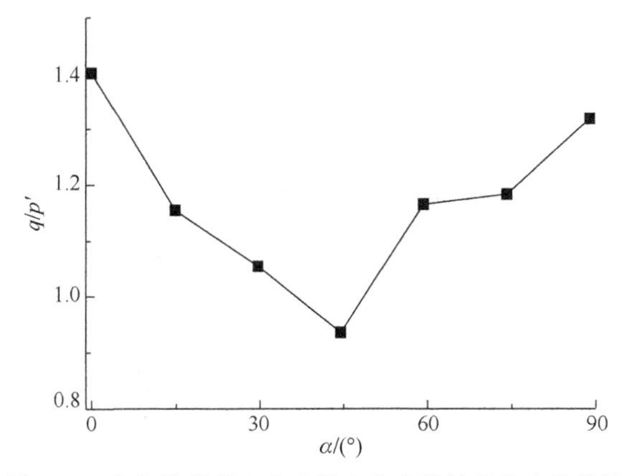

图 4.34　广义峰值剪应力比随主应力偏转角的变化曲线

整体上孔压先增加，随着广义剪应变的增加达到峰值后保持稳定。原因是该原状黄土孔隙较大，当 α=0°时试样一直处于压缩状态，孔压增加，试样破坏后产生较大变形但孔压保持稳定，不同主应力偏转角下的压缩程度不同，强度不同，其孔压最终稳定值也不相同。该原状黄土与最大干密度重塑黄土的孔压发展有较大不同。图 4.35(b)为孔压随广义剪应力的发展曲线，由图可知，在相同中主应力比下，不同主应力偏转角的孔压发展趋势大致相同，幅值不同。与广义剪应变不同的是，随着广义剪应力的增加，孔压先缓慢增长，然后加速增长，达到峰值后，出现应变软化，广义剪应力降低，孔压保持不变或仍然保持增加的趋势，直到试样破坏。

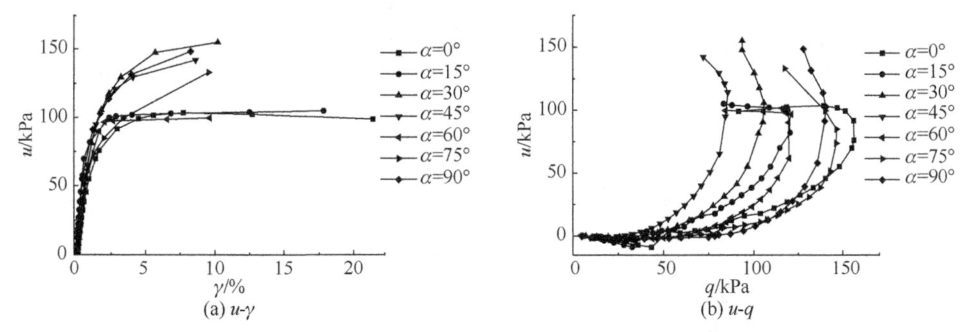

图 4.35　原状黄土在不同主应力偏转角下孔压变化曲线

图 4.36 为不同主应力偏转角下有效应力路径，由上述分析可知，原状黄土在不同主应力偏转角下孔压幅值和发展规律不同，峰值应力的大小不同，导致其应力路径不同，再次体现了该原状黄土强度的各向异性。

为了研究原状黄土在饱和状态下的结构性，开展与原状黄土具有相同干密度的重塑黄土在 α=0、b=0 时的不排水定向剪切试验，试验结果如图 4.37 所示。图 4.37(a) 为广义剪应力-广义剪应变曲线，由图 4.37(a) 可知，相比相同干密度重塑黄土的广义剪应力-广义剪应变曲线，原状黄土具有明显的应变软化特性，原状

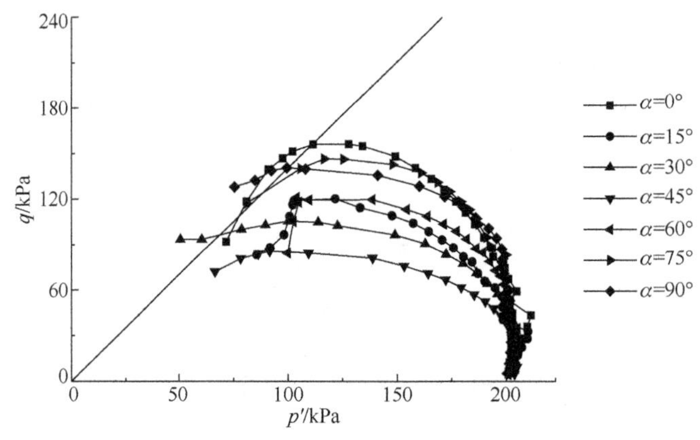

图 4.36　原状黄土在不同主应力偏转角下的有效应力路径

黄土的峰值强度明显大于相同干密度重塑黄土的峰值强度，强度之差即为原状黄土的结构强度。图 4.37(b)为广义剪应力比-广义剪应变曲线，由图可知，原状黄土的峰值强度比大于相同干密度重塑黄土，但是其临界强度比大致相同，这是因为当处于塑性流动状态时，土体结构性完全消失，处于重塑状态，因此具有相同的临界状态应力比。图 4.37(c)为孔压发展规律，由图可知，两种试样的孔压发展趋

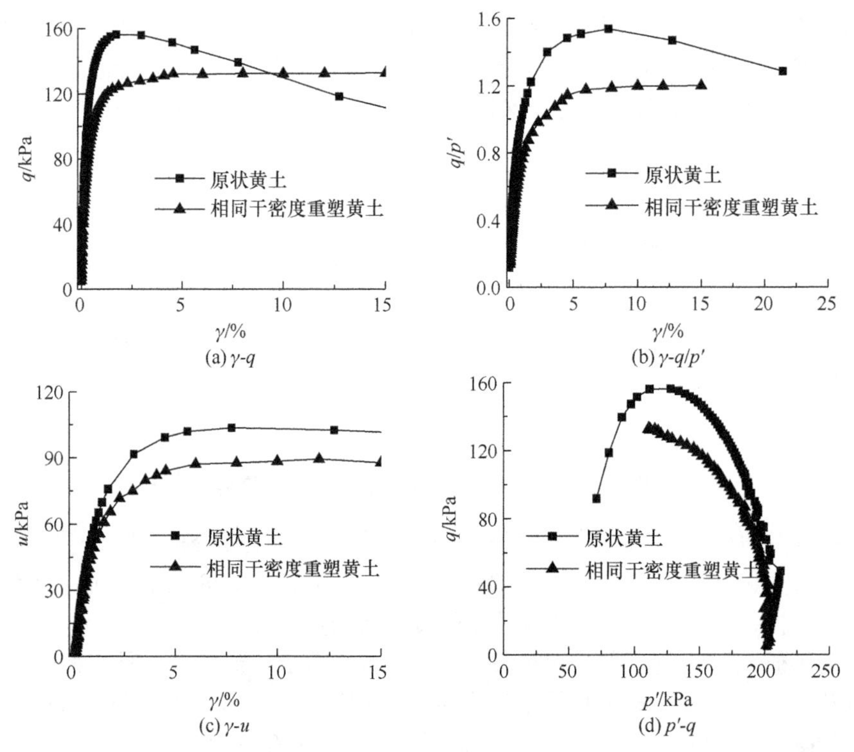

图 4.37　原状黄土和相同干密度重塑黄土的广义剪应力-广义剪应变曲线、孔压及有效应力路径

势相同，最终孔压稳定，原状黄土的孔压稳定值大于相同干密度重塑黄土，其相应的有效应力路径如图 4.37(d)所示。

4.4.4　非共轴特性

利用非共轴角的计算方法，根据试验数据计算该应力路径下的主应力方向角和应变增量方向角(非共轴角)。图 4.38 为原状黄土定向剪切非共轴应变增量的变化特性，由图可知，当 α=0° 和 90°时，不同中主应力比下该原状黄土应变增量方向角与主应力方向角相同，表现为共轴特性。整体上，非共轴的程度随着应力的加载先增大后减小，并趋于共轴。此外，由图可知，在主应力偏转角为 15～75° 时，随着主应力偏转角的增大，其非共轴性逐渐增加。

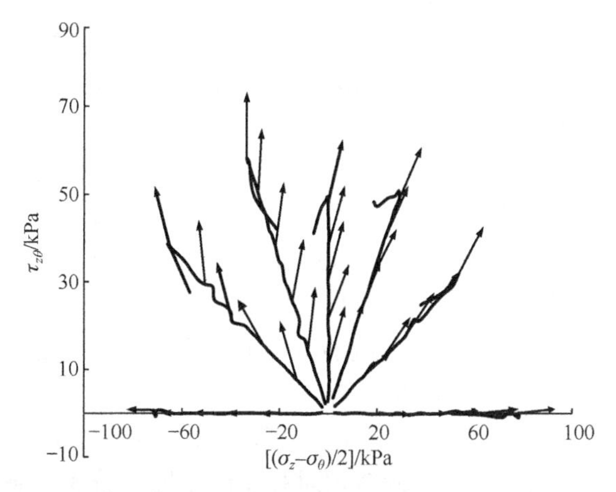

图 4.38　重塑黄土在不同中主应力比下的非共轴应变增量变化特性

图 4.39 为不同主应力偏转角下应变增量方向角的变化情况，由图可知，应变

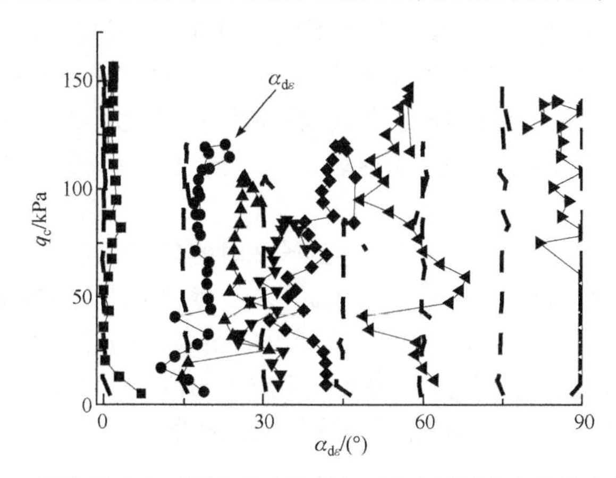

图 4.39　原状黄土在不同主应力偏转角下应变增量方向角的变化情况

增量方向角随着广义应力的增加先增大后减小，即非共轴性先增加后减弱。当 α 为 0° 和 15° 时，主应力偏转角小于主应变增量方向角，应变增量方向角随着主应力偏转角的增加而逐渐增加，非共轴性增强；当 α 为 30°～90°时，主应力偏转角大于应变增量方向角，应变增量方向角随着主应力偏转角的增加而逐渐减小，非共轴性减弱。原状黄土内部结构性差异导致试验数据离散性较大，规律性没有重塑黄土的强。

4.5　本章小结

本章利用 GCTS 空心圆柱扭剪系统对 Q_2 重塑黄土和 Q_2 原状黄土的饱和试样开展了主应力轴定向剪切试验。研究了主应力偏转角(0°、15°、30°、45°、60°、75°、90°)、中主应力比(0、0.5、1)对重塑黄土的孔压、应力-应变发展规律的影响，得到非共轴角随主应力偏转角和中主应力比的变化规律。主要结论如下：

(1) 对于重塑黄土，当中主应力比相同时，强度比随着主应力偏转角的增加先减小后增大，并在 α=45° 时取得最小值。当主应力偏转角 α 为 0°～45°时，相同主应力偏转角、不同中主应力比下强度比的表现为：b=0 时最大，b=1 时次之，b=0.5 时最小。当主应力偏转角 α 为 60°～90°时，三种应力比下的强度比表现为：b=0.5 时最大，b=1 时次之，b=0 时最小。对于本章的最大干密度重塑黄土建议以其广义剪应变为 6.5% 作为其破坏标准。

(2) 对于重塑黄土，在相同中主应力比下，不同主应力偏转角的孔压发展趋势大致相同，幅值不同，主应力偏转角对孔压的发展有较大影响。主应力偏转角 α=0° 时的孔压最小，当 b=0 时，随着 α 的增大其孔压发展加快，整体上孔压先增加，随着广义剪应变的增加达到峰值后再逐渐下降，并最终保持稳定。

(3) 对于重塑黄土，不同中主应力下应变增量方向角随着广义应力的增加先增大后减小，即非共轴性先增加后减弱。当 α 为 0°～45°时，应变增量方向角随着主应力偏转角的增加而逐渐增加，非共轴性增强；当 α 为 45°～90°时，应变增量方向角随着主应力偏转角的增加而逐渐减小，非共轴性减弱，不同中主应力比下的非共轴性表现不同。

(4) 相对于重塑黄土，原状黄土达到破坏时的总广义应变值较小，达到峰值强度的广义剪应变值也较小，通常为 2% 左右，然后迅速发生较大变形而破坏。

(5) 对于原状黄土，不同主应力偏转角的孔压发展趋势大致相同，幅值不同，主应力偏转角对孔压的发展有较大影响。主应力偏转角 α=0° 时的孔压最小，随着 α 的增大其孔压发展加快，整体上孔压先增加，随着广义剪应变的增加达到峰值，然后保持稳定。

(6) 对于原状黄土，应变增量方向角随着广义应力的增加先增大后减小，即非共轴性先增加后减弱。当 α 为 0° 和 15° 时，主应力偏转角小于主应变增量方向角，应变增量方向角随着主应力偏转角的增加而逐渐增加，非共轴性增强；当 α 为 30°～90°时，主应力偏转角大于主应变增量方向角，应变增量方向角随着主应力偏转角的增加而逐渐减小，非共轴性减弱。由于原状黄土内部结构性差异，导致试验数据离散性较大，规律性没有重塑土的强。

(7) 当不考虑主应力偏向角的影响时，相比于相同条件下的重塑黄土，原状黄土具有明显的结构性，具体表现为明显的应变软化特性，且峰值强度大于重塑黄土；塑性流动状态时，两种试样具有相同的临界状态强度比。

第5章　主应力轴连续旋转下黄土的变形及非共轴特性

5.1　概　　述

大多数工程土体的应力状态都存在主应力轴连续旋转，考虑土体主应力轴连续旋转能够更加真实地反映土体的应力状态，国内外对此开展了广泛的试验研究。相关研究多集中于砂土和软黏土，对黄土的研究较少，尤其是对主应力轴连续旋转下黄土的非共轴特性研究更少。而主应力轴定向剪切和主应力轴连续旋转的岩土材料表现出明显的非共轴性，非共轴性是由各向异性引起的，考虑各向异性会降低土体的强度。此外，目前针对砂土和软黏土主应力轴连续旋转的试验研究也仅局限于主应力轴方向的小幅旋转，主应力轴大幅旋转的土的非共轴性和应变累积特性还很少涉及。基于此，本章主要针对饱和重塑黄土和常含水率(最优含水率)重塑黄土进行主应力轴大幅旋转试验，研究其孔压、应变及非共轴等特性。

相比第4章重塑黄土的定向剪切试验，本章对重塑黄土进行了主应力轴连续旋转试验。主要研究内容有：开展饱和重塑黄土在不同偏应力和不同中主应力比下的主应力轴连续旋转720°的旋转试验，研究偏应力幅值、中主应力比对饱和重塑黄土的孔压、应变累积变化的影响，通过对试验结果进行计算分析，得到不同工况条件下重塑黄土的非共轴角，得出非共轴角随主应力轴旋转角度变化的规律；开展常含水率(最优含水率)重塑黄土在不同偏应力和不同中主应力比下的主应力轴连续旋转900°的旋转试验，研究偏应力幅值、中主应力比对该含水率下重塑黄土应变累积变化的影响，计算各种工况条件下重塑黄土的非共轴角，得到非共轴角随主应力轴旋转角度的变化规律。

5.2　主应力轴连续旋转应力路径和试验方案

5.2.1　应力路径

主应力轴连续旋转的应力路径如图3.4所示，主应力轴连续旋转的试验分为固结和旋转两个部分。由于仪器和实际试验条件的限制，将固结分为等向固结和偏压固结。等向固结如图3.4的 *O* 所示，偏压固结如图3.4的 *OA* 所示。偏压固

结的目的是保证 p 不变，通过调整内外围压或轴力来得到所需 q 值，固结完成后，从 A 点开始，逆时针沿 A—B—C—D—A 旋转，因为在 $\tau_{z\theta}$-$[(\sigma_z-\sigma_\theta)/2]$空间中的旋转角度为 2α，因此主应力轴旋转以 180° 为一个循环，如图 3.4 所示。

在试验过程中通过控制内外围压、轴向应力和扭剪应力的大小来保证平均主应力 p、偏应力 q 和中主应力比 b 为常值，通过控制上述四个加载分量的周期来控制主应力轴旋转速率，本章试验控制旋转速率为 0.2(°)/min。

5.2.2　试验方案

本章主要开展饱和重塑黄土和常含水率(最优含水率)重塑黄土分别在不同偏应力和不同中主应力比下的旋转试验，固结压力统一选取 200kPa，固结标准见 4.2 节。固结分等向固结和偏压固结两部分，旋转速率为 0.2(°)/min。本章一共做了两个系列 15 个试样的旋转试验。系列 I 有 6 个试样(饱和重塑黄土)，偏应力水平分别为 50kPa、75kPa，中主应力比 b 分别为 0、0.5 和 1；系列 II 有 9 个试样(常含水率重塑黄土)，偏应力水平分别为 50kPa、75kPa 和 100kPa，中主应力比分别为 0、0.5 和 1。试样在试验过程中均不排水，试验方案见表 5.1。常含水率试验是试样在固定含水率(非饱和)下直接旋转的试验，在常含水率 16.4% 的试验中，试样制好后直接安装到仪器上进行固结和旋转试验，试验过程中不产生孔压。

表 5.1　主应力轴连续旋转试验方案

试验	试样	含水率/%	p_0'/kPa	q/kPa	b	旋转角度/(°)
系列 I	饱和重塑黄土	饱和含水率 24.6	200	50	0	720
			200	50	0.5	720
			200	50	1	720
			200	75	0	720
			200	75	0.5	720
			200	75	1	720
系列 II	常含水率重塑黄土	最优含水率 16.4	200	50	0	900
			200	50	0.5	900
			200	50	1	900
			200	75	0	900
			200	75	0.5	900
			200	75	1	900
			200	100	0	900
			200	100	0.5	900
			200	100	1	900

5.3　饱和重塑黄土主应力轴连续旋转

5.3.1　应力路径实现

目前主应力轴连续旋转试验是应力路径相对较复杂的土工试验。试验过程中保证 p_0'、q、b 等值不变，仅改变主应力轴方向，因此，需要较好地控制四个外力输入的加载方式。在主应力轴旋转试验中，内外围压、轴力和扭矩的施加均采用正弦波输入，且具有相同的周期，与主应力轴旋转的周期相同，在试验前设置好具体方案由 GCTS 的运行程序实现。

以 q=50kPa 为例，图 5.1 给出了不同中主应力比条件下轴力和扭矩分量随循环次数的加载方式。由图可知，为了实现上述应力路径，不同中主应力比下轴力和扭矩的加载波形规律基本一致，但是其幅值不同，每个输入应力分量都可以独立控制，且控制结果较为稳定，可以实现上述路径。

图 5.2 给出了不同中主应力比条件下内外围压随循环次数的实际加载波形，由图可知，为了实现上述应力路径，不同中主应力比下轴力和扭矩的加载波形规律不同，其幅值也不同。内外围压可以独立控制，内外压的控制结果较为稳定，外围压在控制的路径上稍有小幅偏移，但是在误差范围之内。

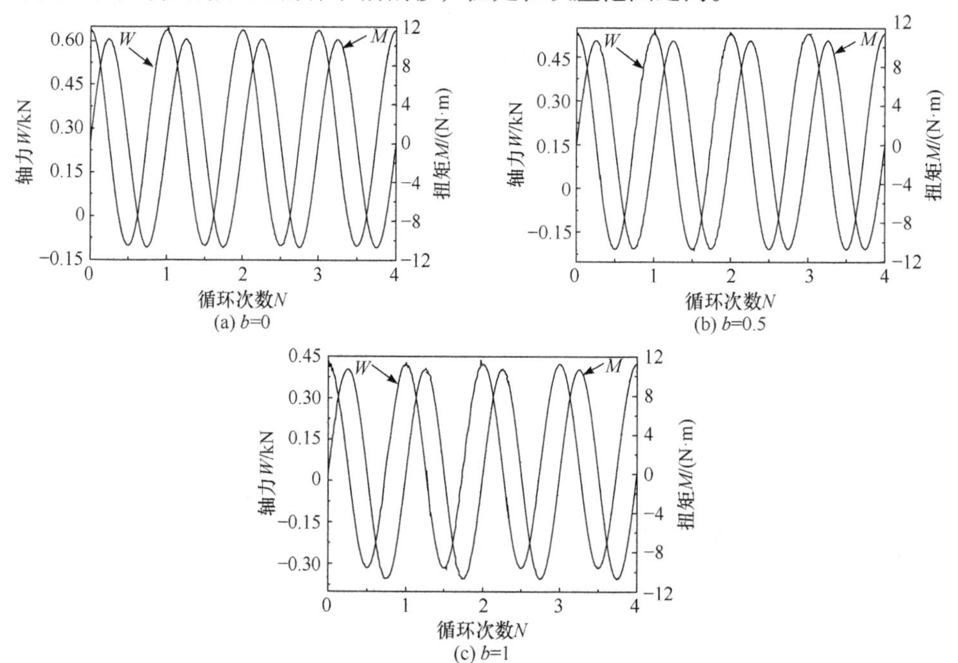

图 5.1　饱和重塑黄土在不同中主应力比下主应力轴连续旋转轴力和扭矩实际加载波形(q=50kPa)

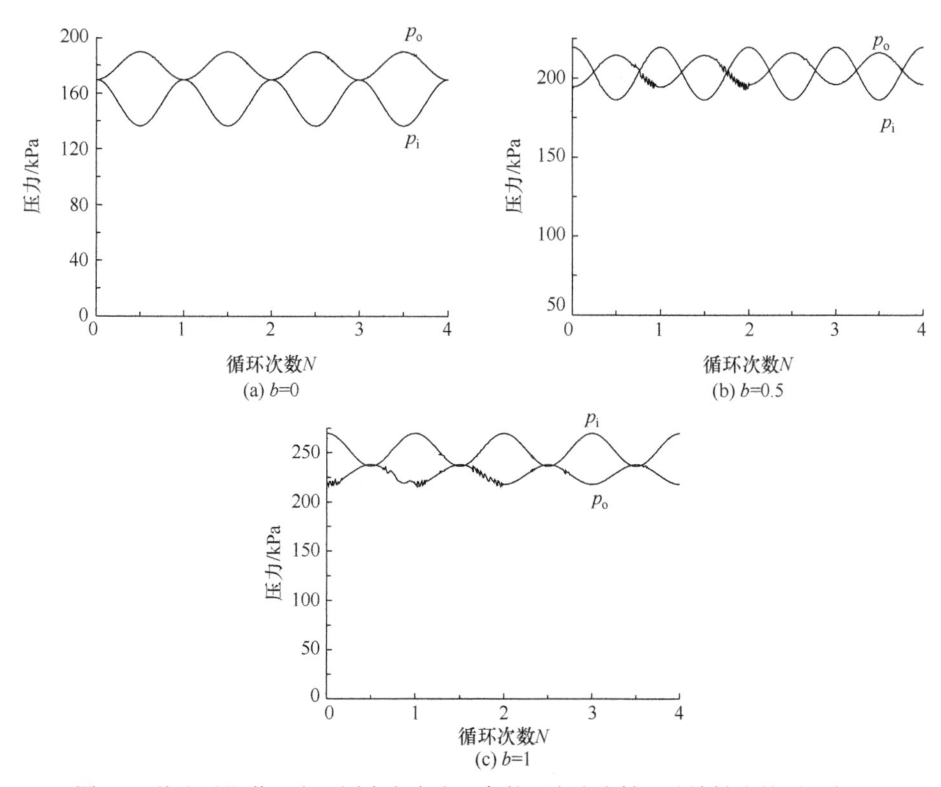

图 5.2　饱和重塑黄土在不同中主应力比条件下主应力轴连续旋转内外围压实际加载波形(q=50kPa)

图 5.3 给出了不同中主应力比条件下各主应力随循环次数的变化，由图可知，上述加载方式可以在不同中主应力比下使主应力保持稳定。

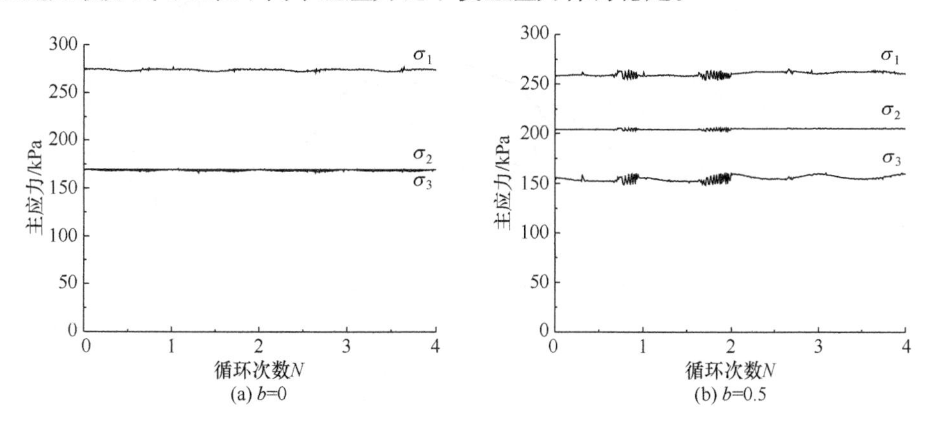

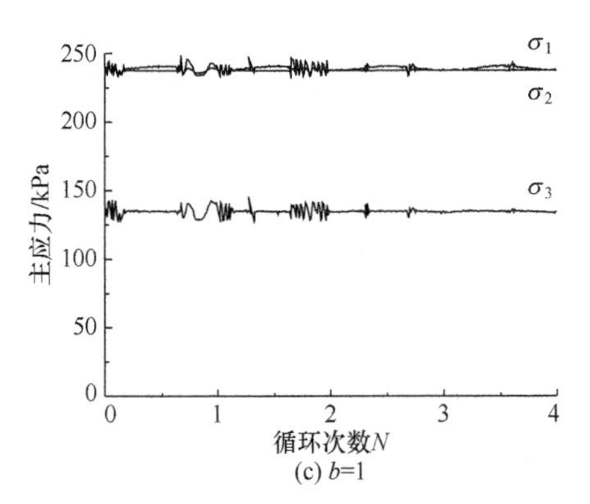

(c) b=1

图 5.3　饱和重塑黄土在不同中主应力比条件下各主应力随循环次数的变化(q=50kPa)

图 5.4 为不同中主应力比条件下偏平面内的应力路径,与图 3.4 的理想应力路径一致。

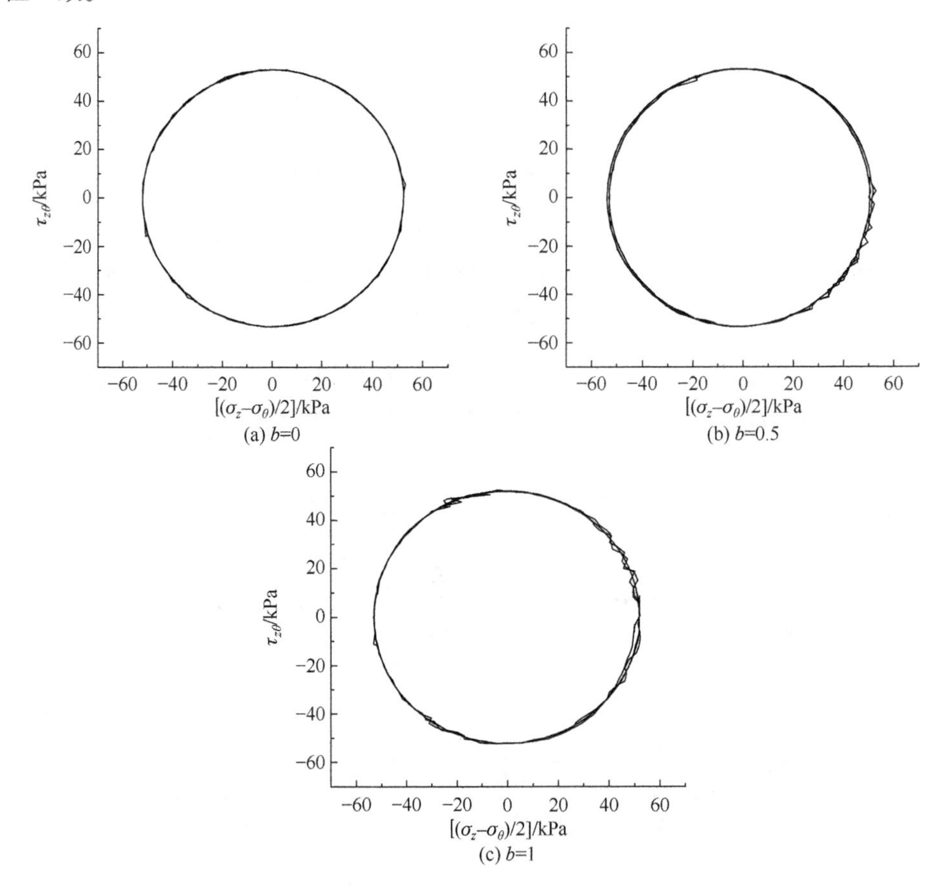

(a) b=0

(b) b=0.5

(c) b=1

图 5.4　饱和重塑黄土在不同中主应力比条件下偏平面内的应力路径(q=50kPa)

5.3.2　孔压发展规律

图 5.5 为不同中主应力比和不同偏应力下孔压随循环次数的累积曲线。由图可知，随着主应力轴的连续旋转，孔压呈现规律性循环累积增大，且在相同偏应力条件下不同中主应力比的孔压累积规律一致，但大小不同，最终稳定的孔压值随着中主应力比的增大而增大。这可能是因为当 b=0 时，最大主应力方向与沉积面垂直，材料的剪缩性小，因此孔压发展小。相对于中主应力比 b=0.5 和 1，材料在主应力轴旋转过程中减缩性大，因此孔压发展较快，砂土也得到类似的发展规律。由不同循环次数的孔压累积规律可知，孔压的增长随着循环次数的增大累积速率减小，在第一次循环后的累积孔压占总孔压的比例最大。由图 5.5 可知，偏应力越大其孔压累积越快，稳定孔压值越大。此外，由图 5.5(b)可知，在相同偏应力下，中主应力比越大，其循环次数越小，表明强度越小。

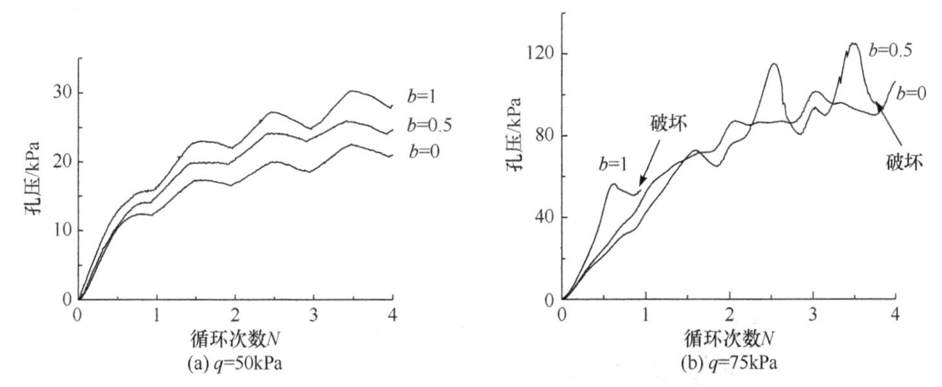

图 5.5　饱和重塑黄土在不同中主应力比和不同偏应力下孔压随旋转次数的累积曲线

将孔压与平均有效应力的比值定义为孔压比 (PWPR=u/p')，不同偏应力和中主应力比下不同循环次数的孔压比随主应力方向角的变化如图 5.6 和图 5.7 所示。由图 5.6 可知，当 q=50kPa 时，不同中主应力比下的孔压比表现出相同的变化规律，在第 1 次循环内孔压比随着主应力方向角的增加逐渐累积增大，从第 2 次循环以后，孔压比随着主应力方向角的增加先增大后减小，但整体上每次循环过后孔压比都有累积增大。旋转初期孔压累积速率较快，随着循环次数的增加，孔压累积速率减小，如果试样没有破坏，孔压将向着逐渐稳定的方向发展。

需要说明的是，主应力方向角与偏平面内主应力的方向与横轴的夹角是两倍的关系，如图 3.4 所示。因此，主应力方向角为 180° 时在偏平面内为一个循环，孔压的发展在 0°～180° 为一个循环($u_{\sigma=0°}=u_{\sigma=180°}$)，且孔压随着主应力方向角的增加是连续的。由于数据点量较大，图 5.6 是选取试验过程中的部分点做出的孔压比发展图，图中点的波动是试验仪器量测过程中的误差所致。

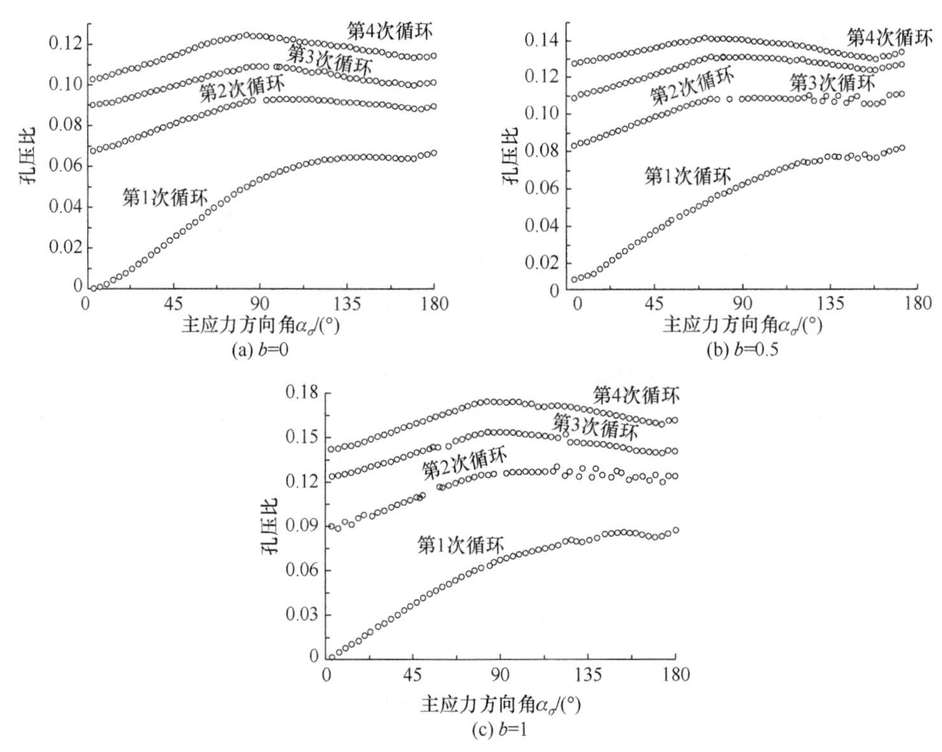

图 5.6　饱和重塑黄土孔压比随主应力方向角的变化(q=50kPa)

当偏应力 q 增大至 75kPa 时，孔压累积速率加快，试样将处于不稳定状态。孔压比随主应力方向角的发展规律如图 5.7 所示。当 b=0 时，在第 1 次循环和第 2 次循环中孔压比都表现为逐渐增大，第 3 次循环和第 4 次循环孔压比先减小后增大，最终都有累积。当 b=0.5 时，在第 1 次循环和第 2 次循环中孔压比都表现为逐渐增大，第 3 次循环和第 4 次循环孔压比先增大后减小，直到试样破坏，但最终都有累积。孔压比的发展与孔压的发展规律有关，出现这种情况的原因为孔压的突然增大与减小，如图 5.7(b) 所示。当 b=1 时，试样在第 1 次循环已破坏，孔压比随着主应力方向角的增加而增大，孔压累积较小。

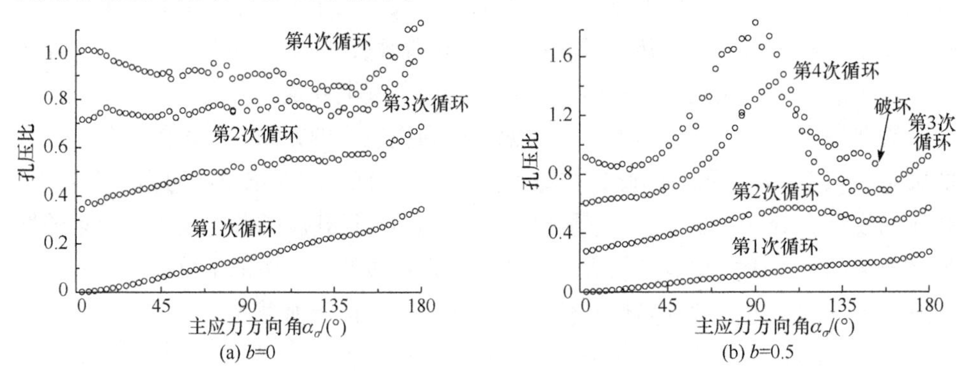

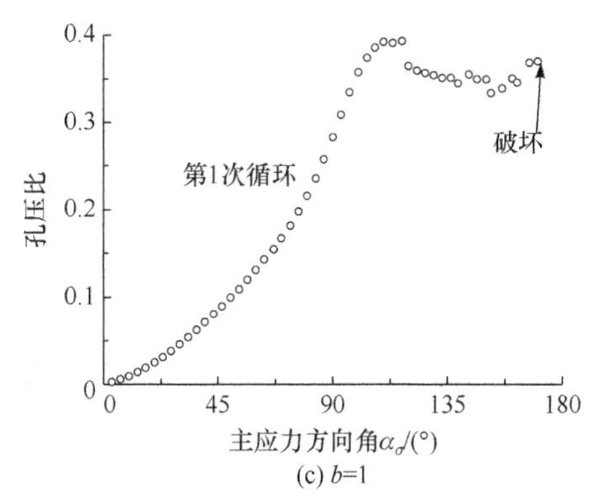

(c) b=1

图 5.7　饱和重塑黄土孔压比随主应力方向角的变化(q=75kPa)

不同偏应力和中主应力比下平均有效应力随主应力方向角的变化如图 5.8 和图 5.9 所示。由图 5.8 可知，平均有效应力随着循环次数的增大逐渐向左移动，平均有效应力减小，原因是孔压增大。当 q=50kPa 时，不同中主应力比下的平均有效应力变化规律相似，在第 1 次循环内平均有效应力随着主应力方向角

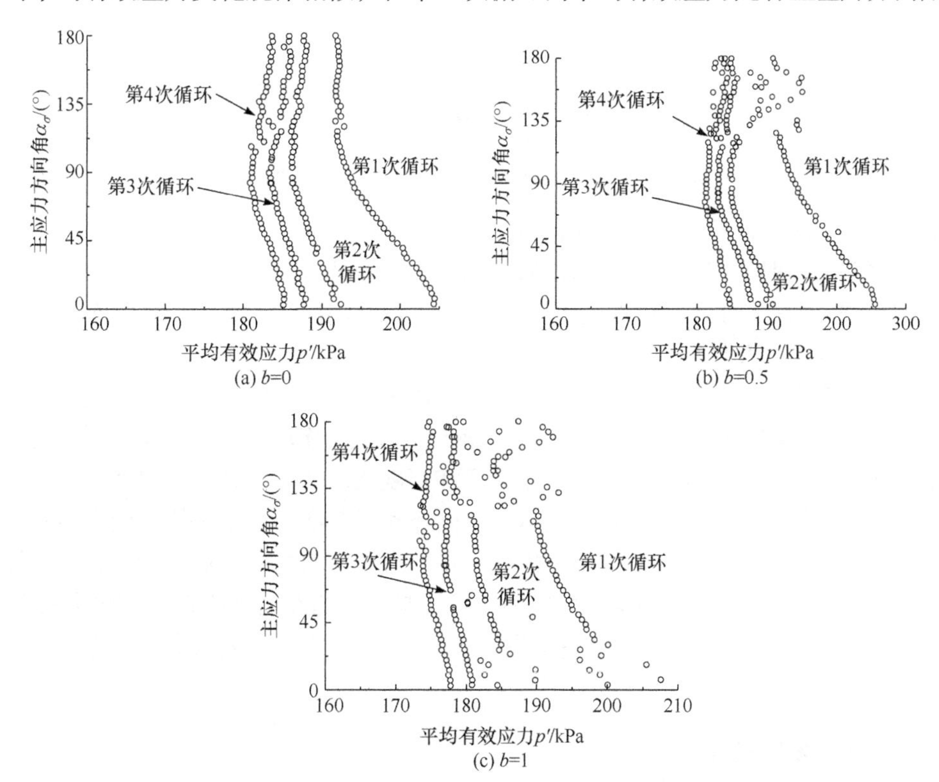

(a) b=0
(b) b=0.5
(c) b=1

图 5.8　饱和重塑黄土平均有效应力随主应力方向角的变化(q=50kPa)

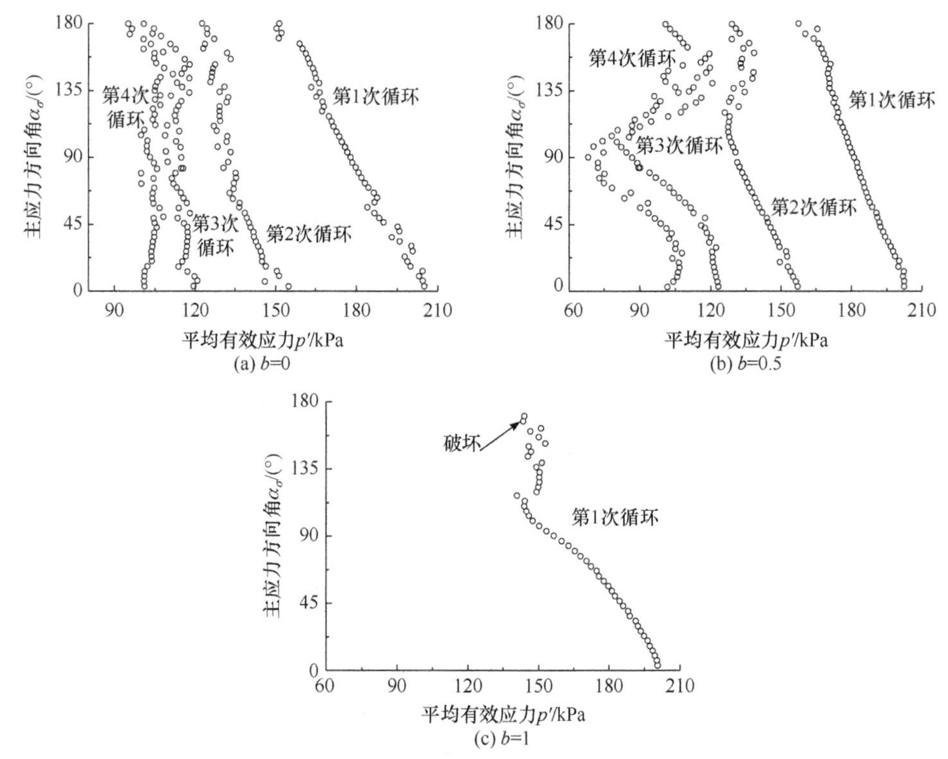

图 5.9　饱和重塑黄土平均有效应力随主应力方向角的变化(q=75kPa)

的增加逐渐减小，从第 2 次循环以后，平均有效应力随着主应力方向角的增加先减小后增大，但整体上每次循环过后平均有效应力都减小，原因是孔压的累积。平均有效应力在旋转初期的减小速率较快，随着旋转次数的增加，平均有效应力减小速率变小，并保持稳定。

当偏应力 q 增大至 75kPa 时，孔压累积速率加快，试样将处于不稳定状态，平均有效应力随主应力方向角的变化如图 5.9 所示。当 b=0 时，在 4 个循环旋转中平均有效应力均逐渐减小，但减小速率和幅度逐渐变小，减小主要在第 1 次循环和第 2 次循环。当 b=0.5 时，在第 1 次循环和第 2 次循环中平均有效应力都表现为逐渐减小，第 3 次循环和第 4 次循环平均有效应力先减小后增大，直到试样破坏，但最终都有累积，平均有效应力的发展与孔压的发展规律有关，如图 5.9(b)所示。当 b=1 时，试样在第 1 次循环已破坏，平均有效应力随着主应力方向角的增加而减小，如图 5.9(c)所示。

5.3.3　应变发展规律

不同应力路径下应变分量随主应力轴旋转次数的变化曲线如图 5.10 和图 5.11 所示。当 b=0 时，如图 5.10(a)所示，轴向应变 ε_z 和径向应变 ε_r 随循环次数的增加先有少量的累积，然后保持稳定，其余应变分量随着循环次数的增加均保持稳定，处于弹性变形范围内，原因主要是开始阶段随着应力的施加土体被压缩变形，产生部分应变，随后土体硬化，所产生的应变均为弹性应变。当 b=0.5 时，如图 5.10(b)所示，径向应变 ε_r 随循环次数的增加先有少量的累积，然后保持稳定，其余应变分量随着循环次数的增加均保持稳定，且处于弹性变形范围内，土体硬化。当 b=1 时，如图 5.10(c)所示，环向应变 ε_θ 和径向应变 ε_r 随循环次数的增加逐渐增加并累积，然后保持稳定，其余应变分量随循环次数的增加均保持稳定。由此可见，在主应力轴连续旋转试验中，当偏应力相同时，中主应力比对应变分量的发展有显著影响。

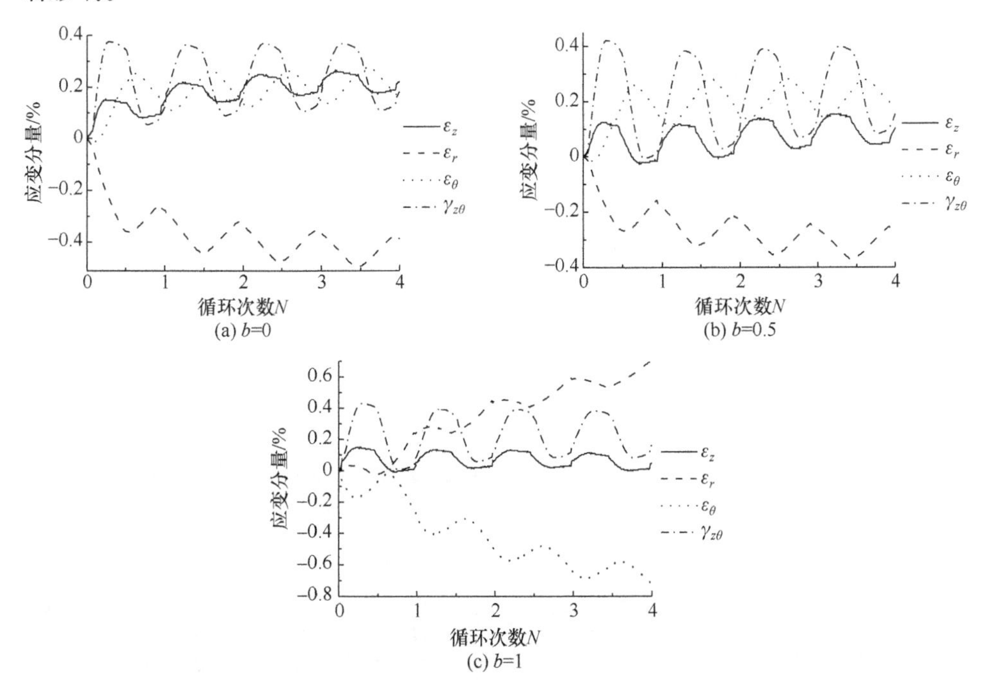

图 5.10　饱和重塑黄土在不同中主应力比下应变分量随循环次数的变化曲线(q=50kPa)

当 q=75kPa 时，如图 5.11 所示，应变分量随着循环次数的增加逐渐累积，不同中主应力比下的累积程度不同，且随着中主应力比的增加累积程度逐渐增大，直到产生较大的应变累积试样破坏，如图 5.11(b)、(c)所示。由于偏应力 q 较大，产生较大的塑性应变累积，进而试样破坏，不同中主应力比下应变分量的发展规律不同，发展程度也有区别，在同等条件下中主应力比对应变分量的发展有显著影响。

为了研究相同条件下中主应力比对应变发展的影响，图 5.12 和图 5.13 给出了相同偏应力下不同中主应力比时轴向应变 ε_z 和扭剪应变 $\gamma_{z\theta}$ 的变化曲线。当 q=50kPa 时，随着中主应力比的增大，轴向应变逐渐减小，中主应力比对扭剪应变的影响较小。原因是相同偏应力、不同中主应力比下所施加扭剪应力的大小是相同的，因此，扭剪应变的发展受中主应力比的影响较小。当 q=75kPa，b=0 时，轴向应变 ε_z 增加，试样产生压应变，当 b=0.5 和 b=1 时，试样产生拉应变并逐渐增加，直到试样破坏，文献[24]对砂土的研究得到类似的规律。

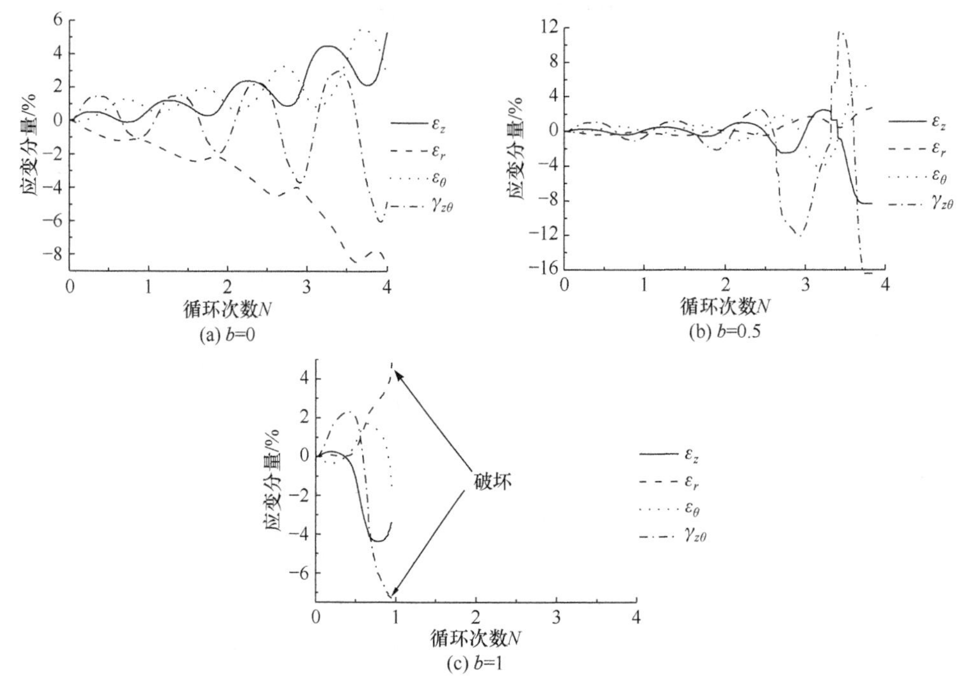

图 5.11 饱和重塑黄土在不同中主应力比下应变分量随循环次数的变化曲线(q=75kPa)

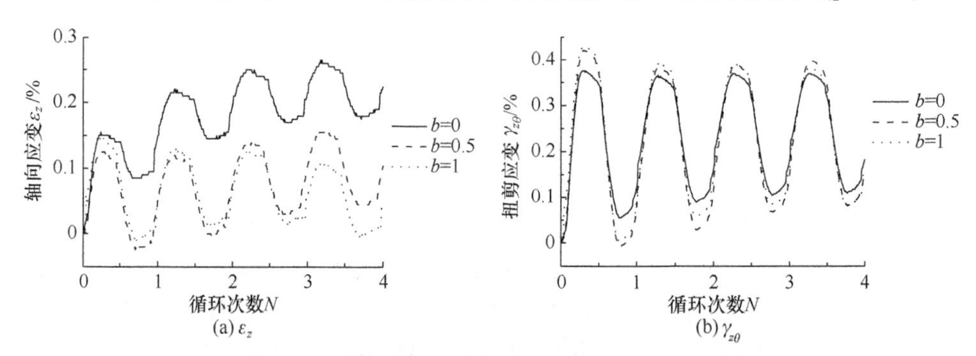

图 5.12 饱和重塑黄土轴向应变和扭剪应变随循环次数的变化曲线(q=50kPa)

在 $\gamma_{z\theta}$-(ε_z−ε_θ)平面内的应变路径发展规律如图 5.14 和图 5.15 所示。当 q=50kPa 时，如图 5.14 所示，应变发展较小，处于弹性范围内，随着主应力轴循环旋转，应变路径的面积变小，最终大小稳定，应变面积平面沿着(ε_z−ε_θ)移动。b=0 和 b=0.5 时向左移动，b=1 时向右移动，并最终都处于稳定状态。由此可知，当 q=50kPa 时，未达到破坏应力，材料硬化，处于循环安定状态。

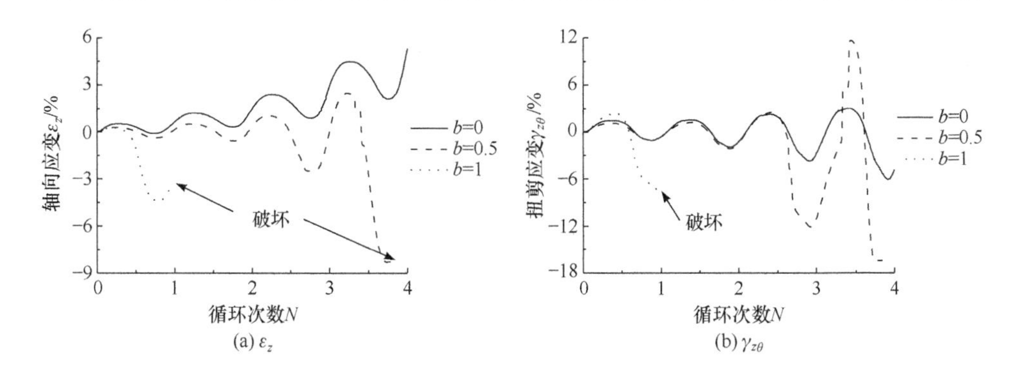

图 5.13　饱和重塑黄土轴向应变和扭剪应变随循环次数的变化曲线(q=75kPa)

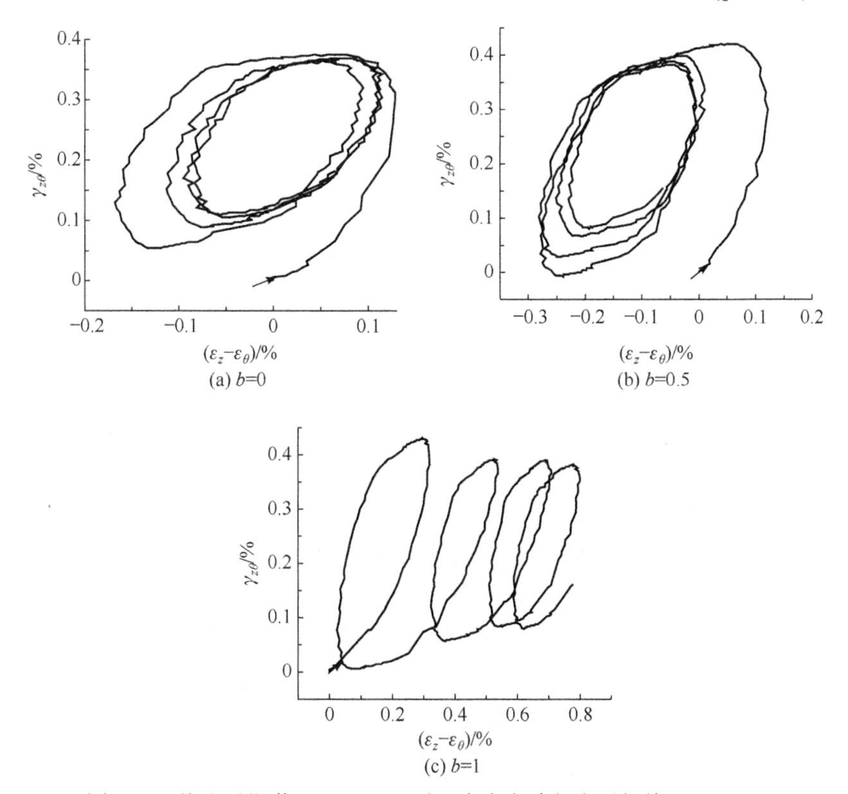

图 5.14　饱和重塑黄土$\gamma_{z\theta}$-$(\varepsilon_z-\varepsilon_\theta)$平面内应变路径发展规律($q$=50kPa)

当偏应力 q 增加至 75kPa 时，如图 5.15 所示，应变路径在 $\gamma_{z\theta}$-$(\varepsilon_z-\varepsilon_\theta)$平面内呈螺旋线逐渐扩大直到破坏，说明重塑黄土在该偏应力下塑性应变累积循环扩大并破坏。不同中主应力比下应变路径发展规律相似，但随着中主应力比的增大，其应变发展速度加快，破坏时间提前。

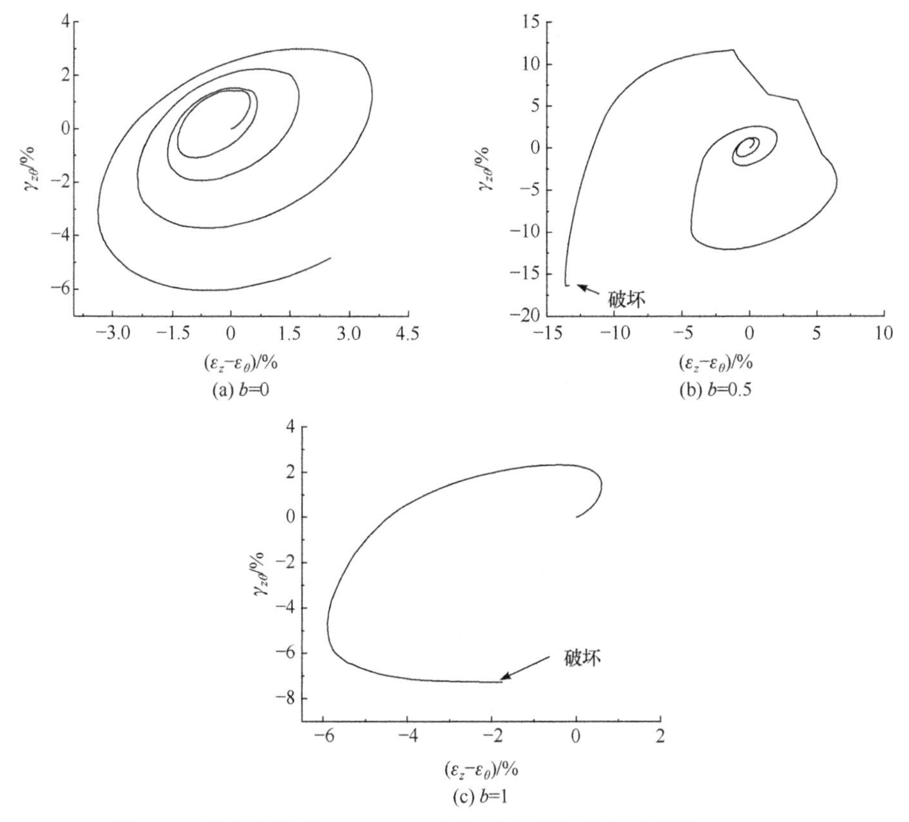

图 5.15　饱和重塑黄土$\gamma_{z\theta}$-($\varepsilon_z-\varepsilon_\theta$)平面内应变路径发展规律($q$=75kPa)

5.3.4　应力-应变发展规律

图 5.16 和图 5.17 为偏应力 q=50kPa、75kPa 时不同中主应力比下的应力-应变曲线。由图 5.16 可知，当 q=50kPa 时，随着主应力轴连续旋转，扭剪应力-应变滞回圈逐渐变小，整个过程应力-应变表现为循环强化，并最终趋于稳定状态。滞回曲线的割线刚度逐渐增大并趋于稳定值，滞回曲线最终表现为黏弹性。整个过程应力-应变曲线向右移动，剪应变累积并最终稳定，即表现为循环蠕变特性，相对应的剪正应力-应变曲线具有类似的规律。

当 q=75kPa 时，由图 5.17 可知，随着主应力轴连续旋转，应力-应变滞回圈逐渐扩大，整个过程应力-应变表现为循环弱化，最终应变增加导致试样破坏。滞回曲线的割线刚度逐渐减小。整个过程应力-应变曲线向左移动，随着塑性应变的快速累积，应力-应变滞回圈逐渐开放扩大，相对应的剪正应力-应变曲线具有类似的规律。在以往对砂土或黏土的主应力轴连续旋转研究中，均表现出循环弱化现象。由上述两种试验结果可以看到循环强化和循环弱化两种应力-应变发展模式。因此，对于饱和重塑黄土而言，理论上偏应力应存在界限值，且该值在 50～75kPa，当偏应力水平大于该值时，饱和重塑黄土表现为循环弱化；当偏应力水平小于该值时，表现为循环强化。

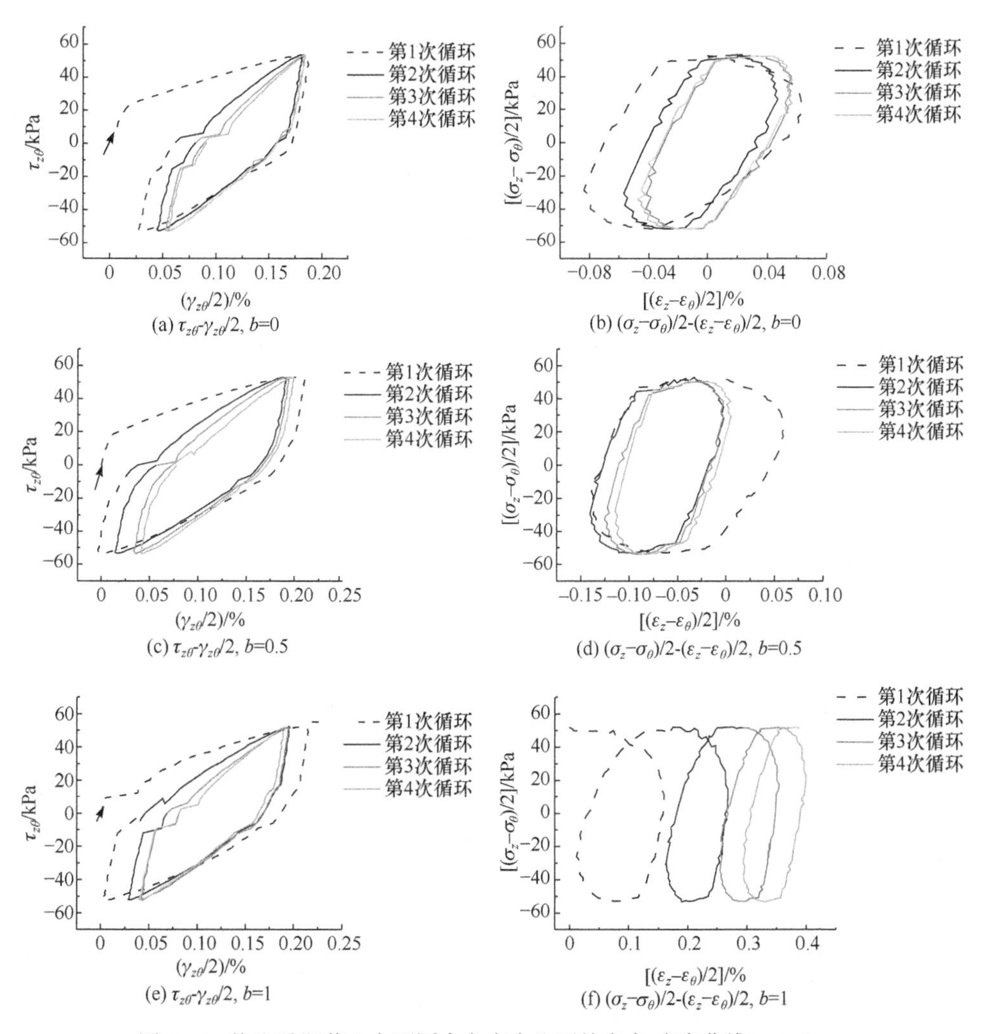

(a) $\tau_{z\theta}$-$\gamma_{z\theta}/2$, b=0　(b) $(\sigma_z-\sigma_\theta)/2$-$(\varepsilon_z-\varepsilon_\theta)/2$, b=0

(c) $\tau_{z\theta}$-$\gamma_{z\theta}/2$, b=0.5　(d) $(\sigma_z-\sigma_\theta)/2$-$(\varepsilon_z-\varepsilon_\theta)/2$, b=0.5

(e) $\tau_{z\theta}$-$\gamma_{z\theta}/2$, b=1　(f) $(\sigma_z-\sigma_\theta)/2$-$(\varepsilon_z-\varepsilon_\theta)/2$, b=1

图 5.16　饱和重塑黄土在不同中主应力比下的应力-应变曲线(q=50kPa)

为了进一步说明不同偏应力时饱和重塑黄土在主应力轴连续旋转下的循环强化或循环弱化的性质，根据文献[166]的定义，取第 i 次循环的割线模量作为饱和重塑黄土的剪切刚度 G_i，以 G_i/G_1 随循环次数的变化作为主应力轴旋转过程中剪切刚度的演化规律，如图 5.18 所示。当 q=50kPa 时，刚度比大于 1，且刚度比随着循环次数的增加逐渐增加，呈现刚度强化的现象；当 q=75kPa 时，刚度比小于 1，刚度比随着循环次数的增加逐渐降低，呈现刚度弱化的现象。由图可知，两种情况下中主应力比对刚度比的变化有减弱的作用，b<1 时，随着中主应力比的增加其刚度比减小。综上所述，对于饱和重塑黄土，其刚度比随循环次数的增加既有刚度强化现象也有刚度弱化现象，与偏应力大小有关，而对于砂土[24]则出现循环弱化现象，与偏应力大小无关，这是重塑黄土与砂土的一个重要区别。

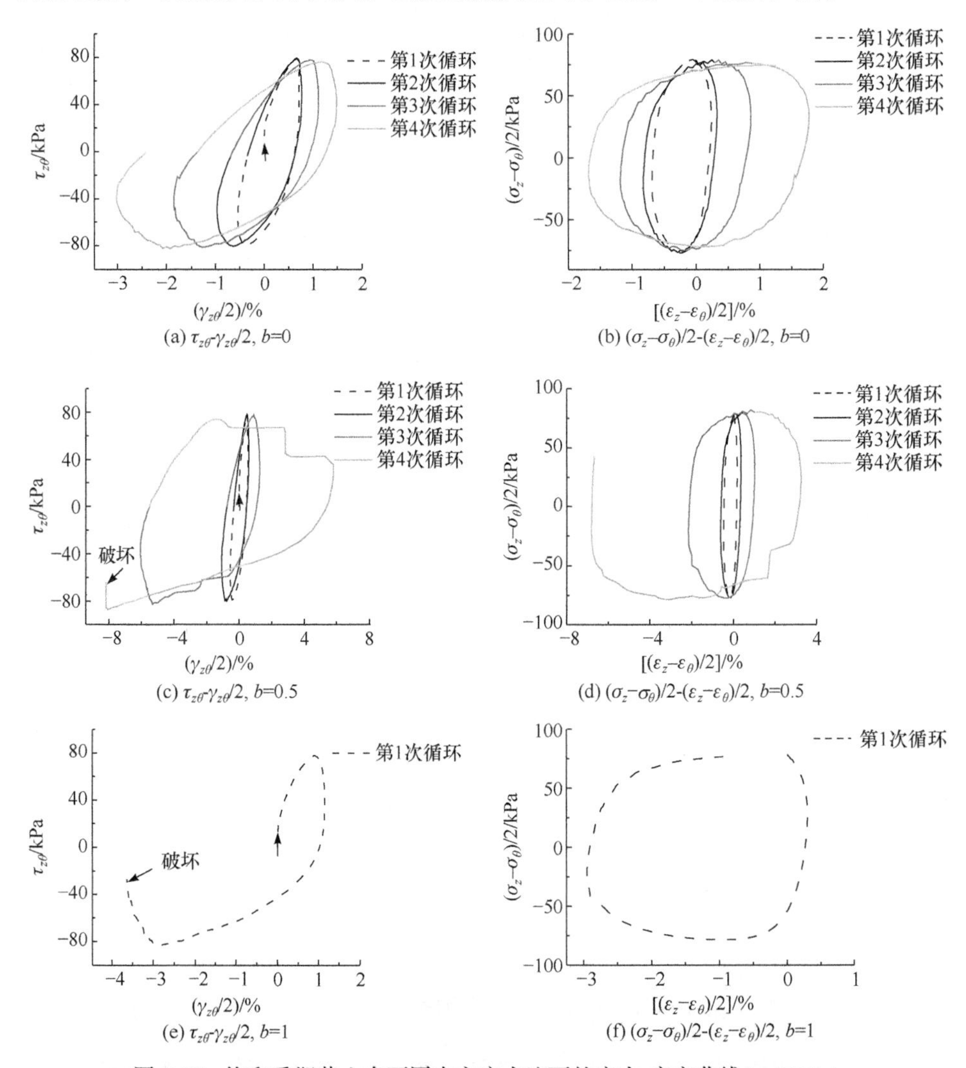

(a) $\tau_{z\theta}$-$\gamma_{z\theta}/2$, b=0　(b) $(\sigma_z-\sigma_\theta)/2$-$(\varepsilon_z-\varepsilon_\theta)/2$, b=0

(c) $\tau_{z\theta}$-$\gamma_{z\theta}/2$, b=0.5　(d) $(\sigma_z-\sigma_\theta)/2$-$(\varepsilon_z-\varepsilon_\theta)/2$, b=0.5

(e) $\tau_{z\theta}$-$\gamma_{z\theta}/2$, b=1　(f) $(\sigma_z-\sigma_\theta)/2$-$(\varepsilon_z-\varepsilon_\theta)/2$, b=1

图 5.17　饱和重塑黄土在不同中主应力比下的应力-应变曲线(q=75kPa)

5.3.5　非共轴特性

塑性力学中将当前主应力方向与应变增量方向不一致的情况称为非共轴特性，土体在主应力轴连续旋转情况下具有明显的非共轴特性，4.3.4 节中主应力轴定向剪切试验表明重塑黄土具有明显的非共轴性。本章同样取总应变增量代替塑性应变增量，应变矢量图如图 4.26 所示，图中的主应力方向角为 α_σ，主应变增量方向角为 $\alpha_{d\varepsilon}$，非共轴角为 δ，$\delta=\alpha_{d\varepsilon}-\alpha_\sigma$。

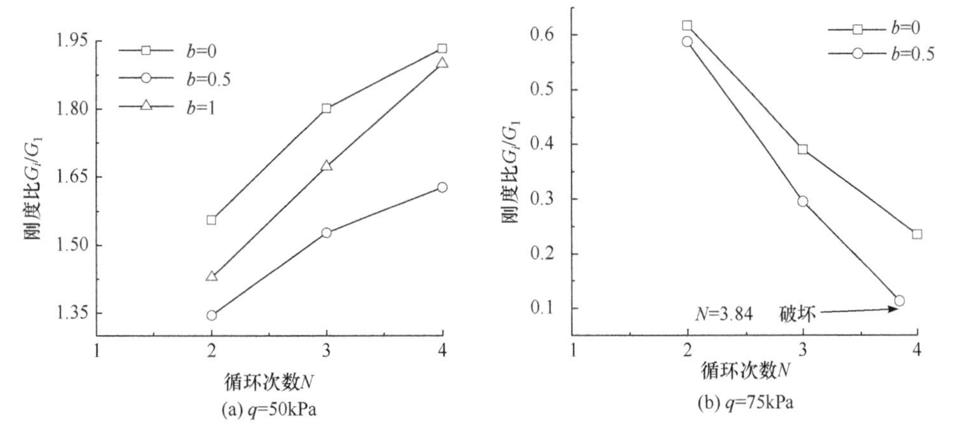

图 5.18　饱和重塑黄土在不同中主应力比下刚度比的变化曲线

图 5.19 和图 5.20 为主应力轴旋转下不同偏应力的每个循环应变增量的变化情况。当 q=50kPa 时，由图 5.19 可知，主应力方向角 α_σ 在[0°, 45°]和[90°, 135°]时，$\tau_{z\theta}$ 增大，$\sigma_z-\sigma_\theta$ 减小，导致应变增量增大，与本章试验结果一致。该段时间内，变形刚度减小，非共轴特性减弱，因此非共轴角减小。当主应力方向角 α_σ 在[45°, 90°]和[135°, 180°]时，$\tau_{z\theta}$ 减小，$\sigma_z-\sigma_\theta$ 增大，导致应变增量减小。相反，该段时间内，变形刚度增大，非共轴特性增强，因此非共轴角增大。此外，随着中主应力比的增大，应变增量有逐渐增大的趋势，在低偏应力 q=50kPa 水平下，随着循环次数的增加，其应变增量逐渐减小，主要是因为随着循环次数的增加，刚度强化导致其应变增量降低。当 q=75kPa 时，由图 5.20 可知，在该高偏应力水平下应变增量

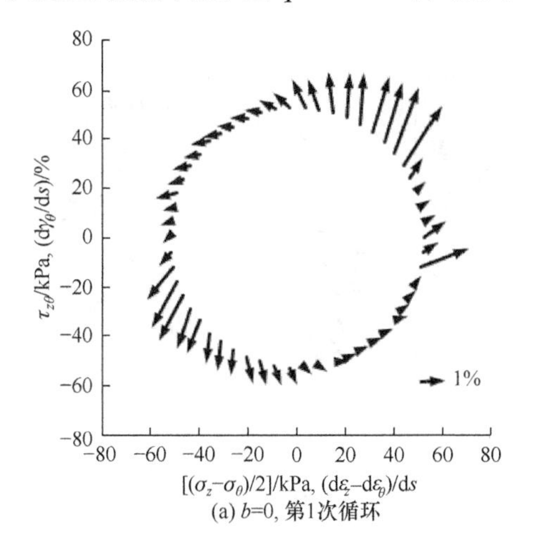

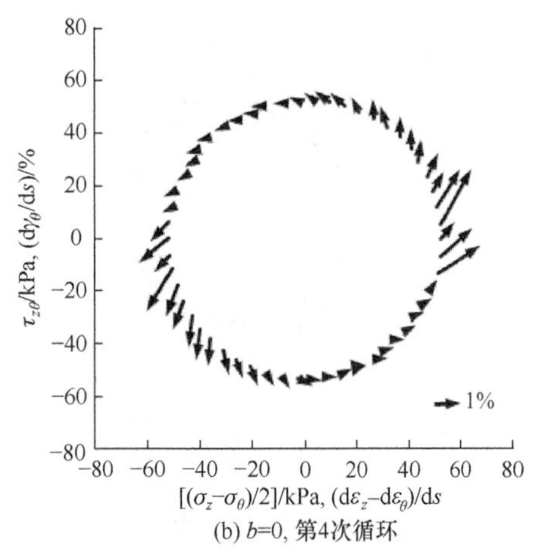

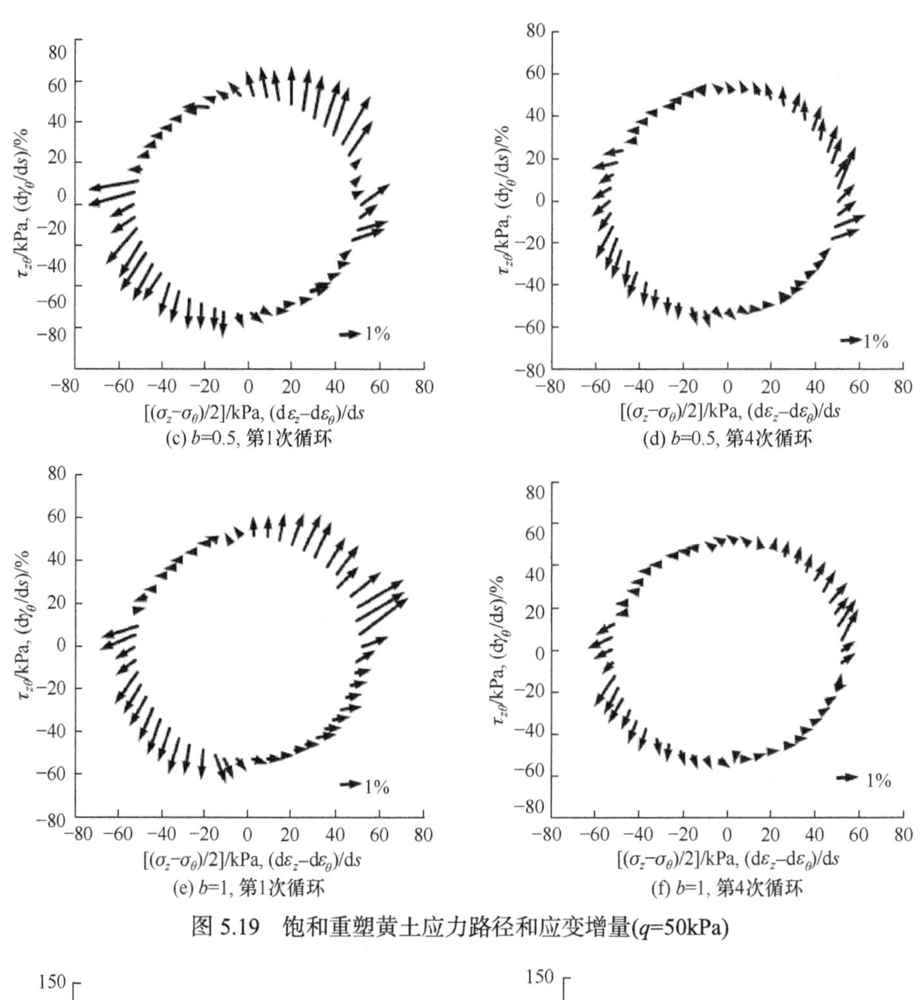

(c) b=0.5, 第1次循环

(d) b=0.5, 第4次循环

(e) b=1, 第1次循环

(f) b=1, 第4次循环

图 5.19　饱和重塑黄土应力路径和应变增量(q=50kPa)

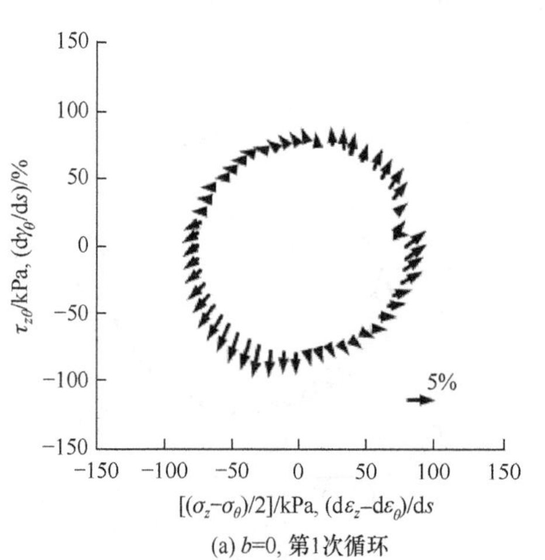

(a) b=0, 第1次循环

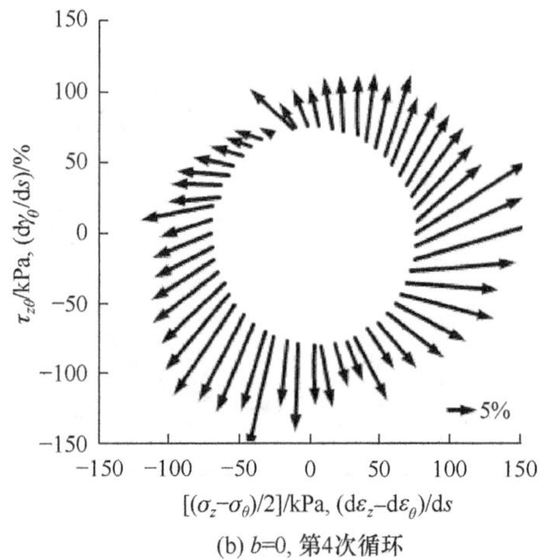

(b) b=0, 第4次循环

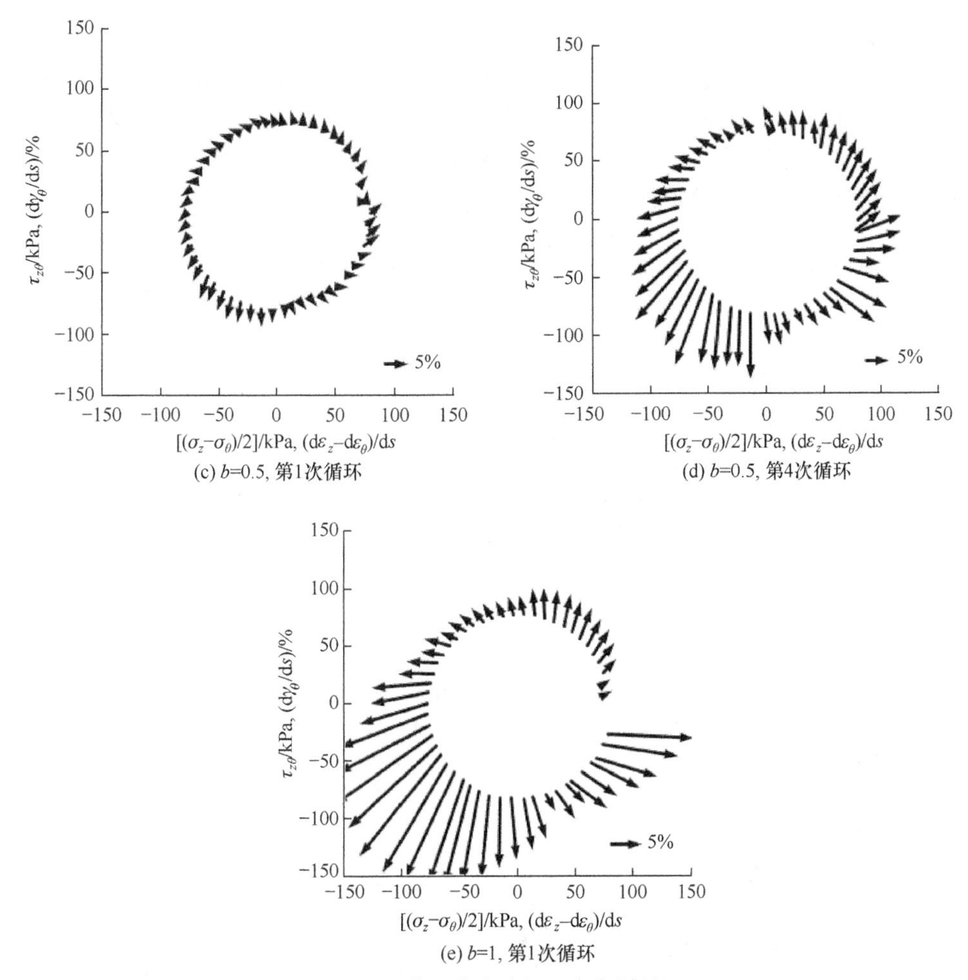

(c) b=0.5, 第1次循环

(d) b=0.5, 第4次循环

(e) b=1, 第1次循环

图 5.20　饱和重塑黄土应力路径和应变增量(q=75kPa)

和非共轴角的发展与相对低偏应力水平 q=50kPa 时保持一致，都具有明显的分段特征。但是，随着循环次数的增加，其应变增量逐渐增大，主要是因为随着循环次数的增加，刚度弱化导致其应变增量增加。通过比较不同偏应力下的主应力轴旋转试验可以发现，q=50kPa 时的非共轴性要大于 q=75kPa 时的非共轴性，即应力水平越低，其变形刚度越强，非共轴性越强。Gutierrez 等[163]对砂土的旋转试验，Qian 等[43]对饱和软黏土的旋转试验也发现了类似的规律。

图 5.21 和图 5.22 分别为不同偏应力下非共轴角和应变增量大小随主应力方向角的变化规律，当主应力方向角 α_σ 在[0°, 45°]和[90°, 135°]时，变形刚度减小，非共轴角减小，应变增量数值增大。当主应力方向角 α_σ 在[45°, 90°]和[135°, 180°]时，变形刚度增大，非共轴角增大，应变增量数值减小。此外，随着中主应力比的增大，应变增量有逐渐增大的趋势，如图 5.21(b)所示。当偏应力 q=50kPa 时，

随着循环次数的增加，其应变增量逐渐减小；当偏应力 q=75kPa 时，随着循环次数的增加，其应变增量逐渐增大。不同偏应力下的主应力轴旋转试验，q=50kPa 时的非共轴性要大于 q=75kPa 时的非共轴性，产生这种现象与该饱和重塑黄土在两种偏应力水平下的循环强化和循环弱化有关。因此，主应力轴连续旋转试验中，循环刚度的变化特性对非共轴性的强弱有重要影响。

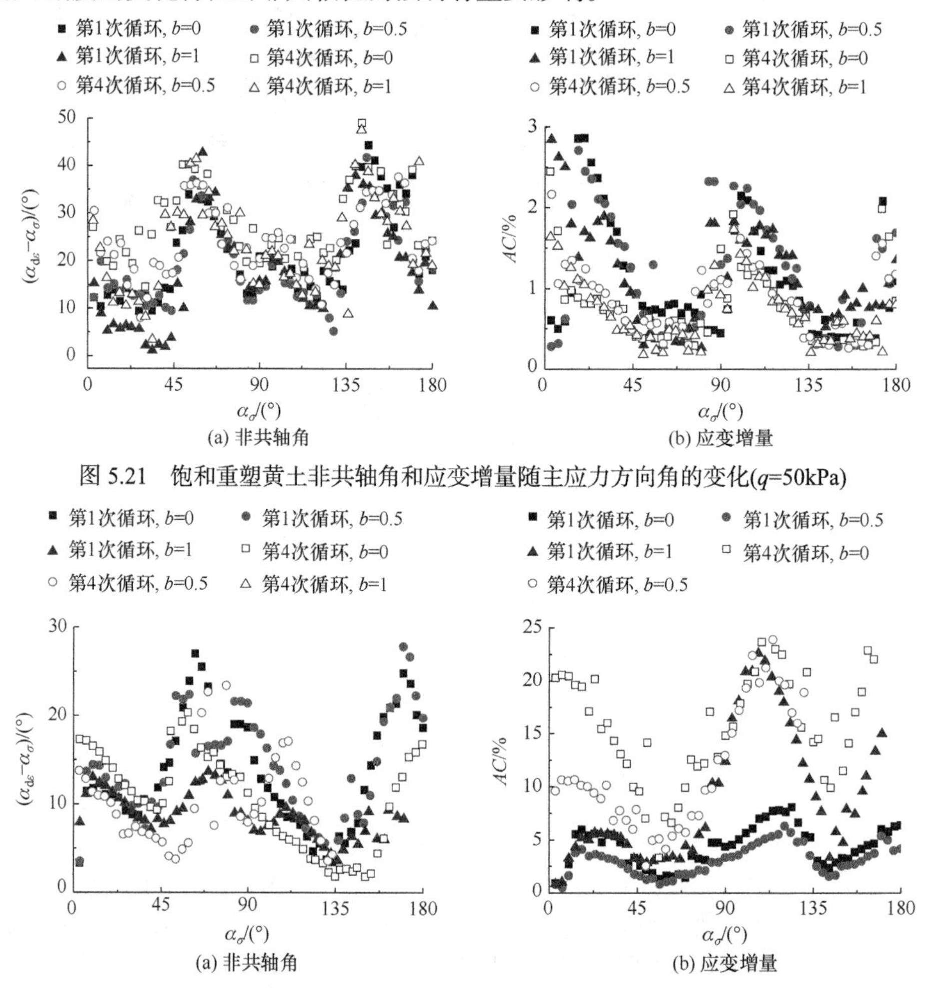

图 5.21　饱和重塑黄土非共轴角和应变增量随主应力方向角的变化(q=50kPa)

图 5.22　饱和重塑黄土非共轴角和应变增量随主应力方向角的变化(q=75kPa)

5.4　常含水率重塑黄土主应力轴连续旋转

5.4.1　应力路径实现

本节主要研究重塑黄土在固定含水率(最优含水率 16.4%)条件下不同偏应力

(q=50kPa、75kPa、100kPa)和不同中主应力比(b=0、0.5、1)时主应力轴连续大幅旋转(900°)特性，主要研究其应变发展规律、应力-应变发展规律及非共轴特性。本节主应力轴旋转试验为不排水试验，由于含水率较低，在试验过程中没有产生孔压，在试验过程中控制 p、q、b 为定值，其中 p=200kPa，只改变主应力方向，且旋转速率为 0.2(°)/min，由于 5.3 节对该应力路径下的加载方式和加载曲线已做验证，本节只给出 q=75kPa 时不同中主应力比下主应力的加载曲线(图 5.23)和应力路径曲线(图 5.24)。

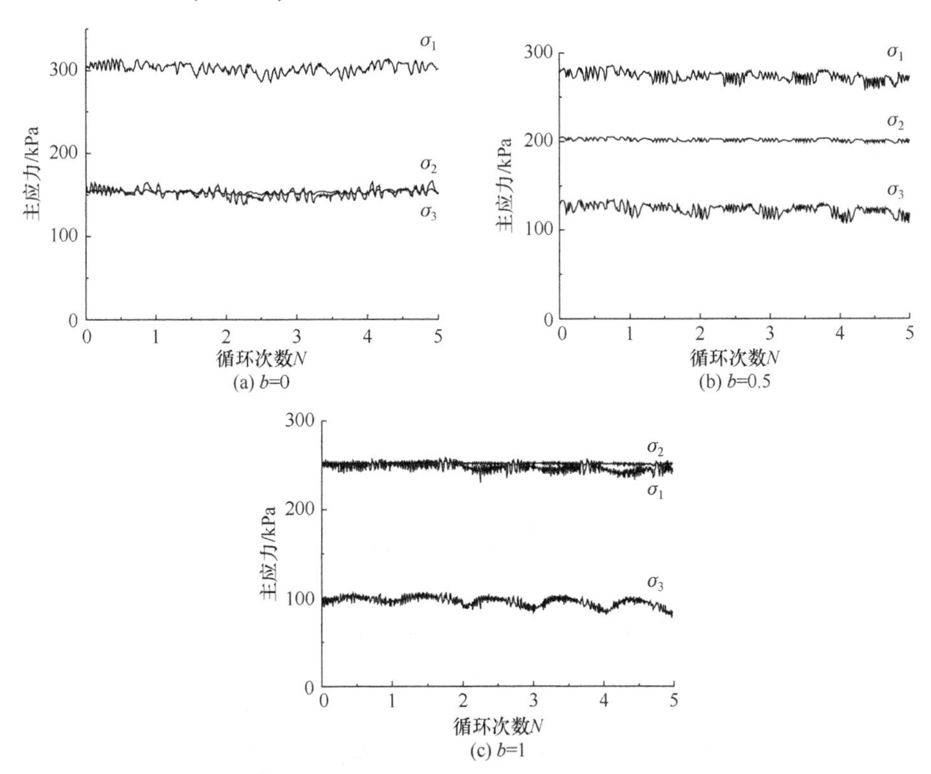

图 5.23　常含水率重塑黄土在不同中主应力比下各主应力随循环次数的变化(q=75kPa)

图 5.23 给出了不同中主应力比条件下各主应力随循环次数的变化。需要说明的是，该试验中外围压在实际加载控制过程中出现了不稳定的情况，因此，第一主应力和第三主应力出现小幅上下浮动，但能保持中主应力比为定值，且浮动范围均在误差范围之内。由于内外围压控制较为精确，所以本节中第二主应力浮动较好，控制较为精确。

图 5.24 为当 q=75kPa 时不同中主应力比条件下偏平面内的应力路径，与图 3.4 的理想应力路径基本一致，在误差范围内可以实现主应力轴连续旋转的应力路径。

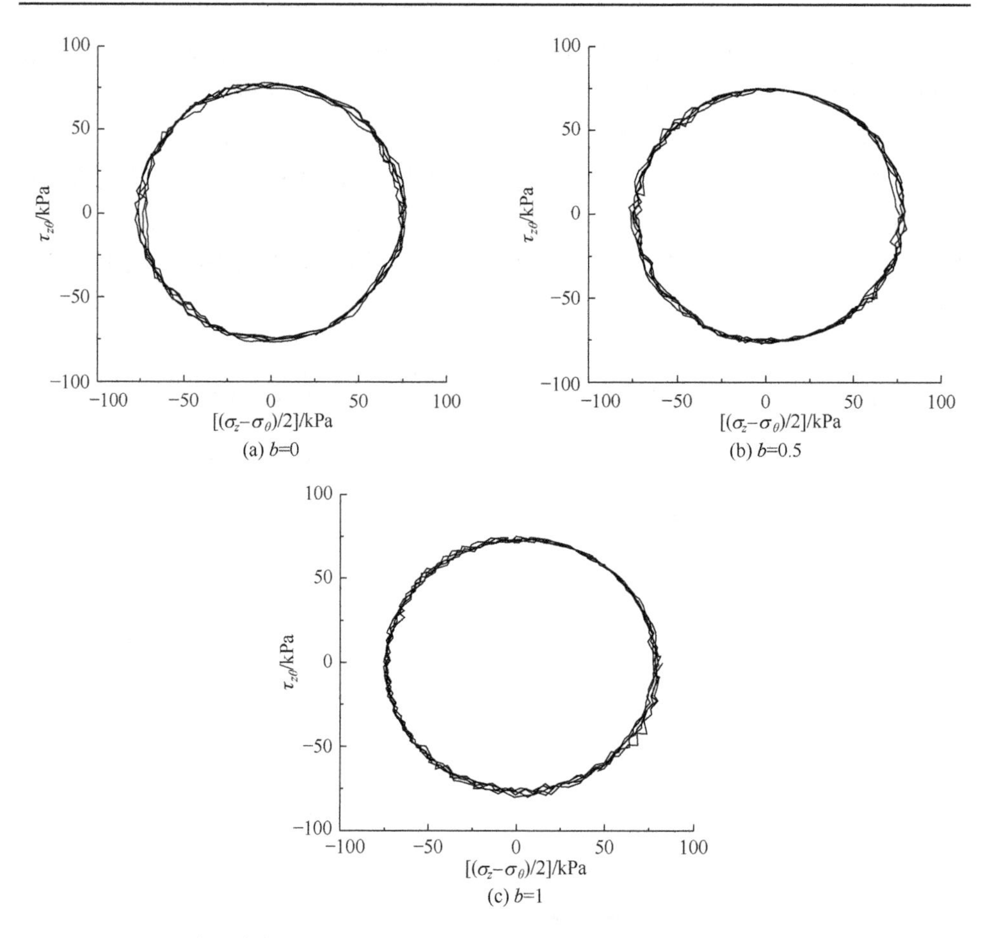

图 5.24　常含水率重塑黄土在不同中主应力比下偏平面内的应力路径(q=50kPa)

5.4.2　应变发展规律

常含水率重塑黄土不同应力路径下的应变分量随主应力轴旋转次数的变化曲线如图 5.25～图 5.27 所示。q=50kPa，当 b=0 时，如图 5.25(a)所示，轴向应变ε_z和径向应变ε_r随循环次数的增加先有少量的累积，第 4 次循环后基本保持稳定，其余应变分量随着循环次数的增加均保持稳定，这一方面是因为开始阶段随着应力的施加土体被压缩变形，产生部分应变，随后土体硬化应变累积逐渐减小；另一方面是因为该含水率下的试样存在孔隙，开始阶段孔隙的压缩产生变形，该变形为轴向永久应变的主要来源。当 b=0.5 时，如图 5.25(b)所示，同样的，轴向应变 ε_z 和径向应变 ε_r 随循环次数的增加先有少量的累积，然后保持稳定，其余应变分量随着循环次数的增加均保持稳定，土体硬化，与饱和重塑黄土的差别主要是轴向应变的累积，这与孔隙压缩产生的变形有关。当 b=1 时，如图 5.25(c)所示，

轴向应变 ε_z 和环向应变 ε_θ 随循环次数的增加逐渐累积，然后保持稳定，其余应变分量随着循环次数的增加均保持稳定。由此可见，在主应力轴旋转试验中，当偏应力相同时，除中主应力比外，含水率对应变分量的初期发展也有显著影响。

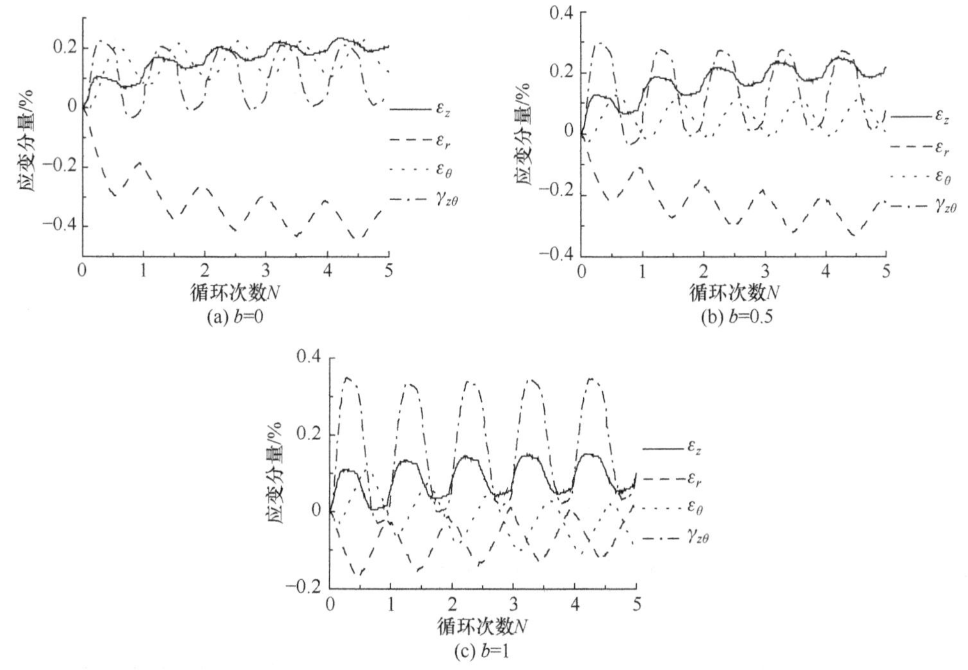

图 5.25　常含水率重塑黄土在不同中主应力比下应变分量随循环次数的变化曲线(q=50kPa)

当 q=75kPa 时，如图 5.26 所示，当 b=0 时，轴向应变 ε_z 先有少量累积后保持稳定，扭剪应变 $\gamma_{z\theta}$ 随循环次数的增加基本保持稳定，环向应变 ε_θ 和径向应变 ε_r 随着循环次数的增加都逐渐累积。当 b=0.5 和 1 时各个应变分量的累积程度不同，且随着中主应力比的增加累积程度逐渐增大。由于只进行了 5 次循环，如果进行更多次循环应变可能会有进一步的累积，如图 5.26(b)、(c)所示。与饱和含水率下的应变发展相比，由于常含水率试样中孔隙气的存在，除了应变累积程度不同(同等条件下饱和重塑黄土已破坏)，应变的发展趋势也有所差别，而对于黄土来讲这种情况更加符合工程实际，具有一定的工程意义。

当 q=100kPa 时，由图 5.27 可知，应变分量随着主应力轴旋转次数的增加都有不同程度的累积，且随着中主应力比的增加累积程度变大，径向应变的发展受中主应力比影响较大。b 从 0 到 1 时，径向应变 ε_r 由负值累积增大到正值累积增大，如图 5.27 所示，中主应力比对环向应变的影响相对其他应变分量较小。而轴向应变随着中主应力比的增加由正值累积向负值累积变化，因为随着中主应力比的增加试样由压缩状态变为拉伸状态。

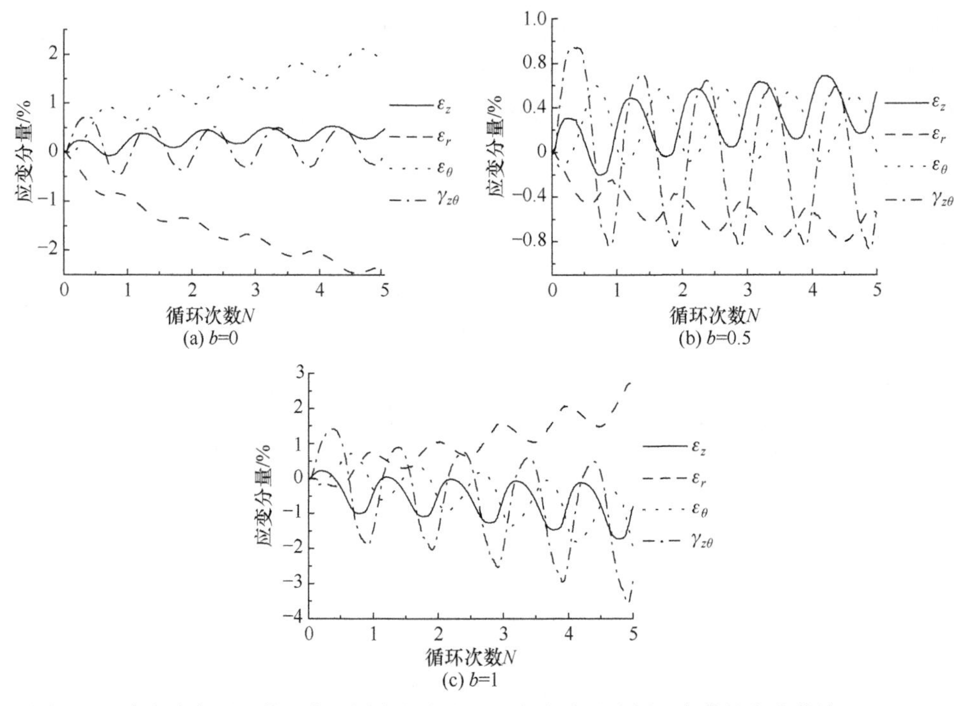

图 5.26　常含水率重塑黄土在不同中主应力比下应变分量随循环次数的变化曲线(q=75kPa)

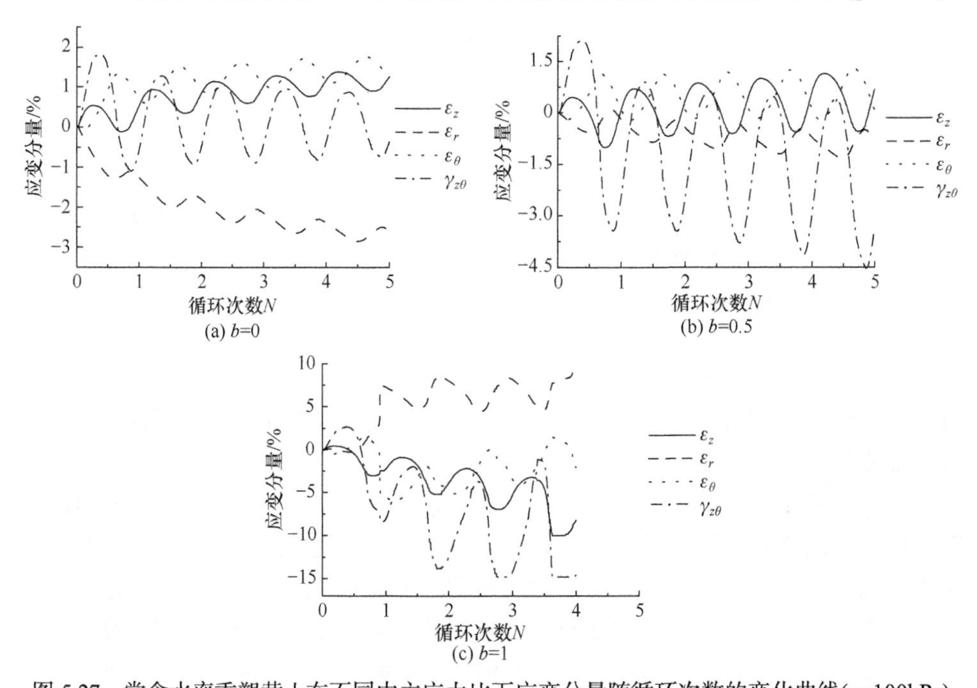

图 5.27　常含水率重塑黄土在不同中主应力比下应变分量随循环次数的变化曲线(q=100kPa)

同样，为了研究相同条件下常含水率重塑黄土中主应力比对应变发展的影响，图 5.28～图 5.30 给出了相同偏应力下不同中主应力比时轴向应变ε_z和扭剪应变$\gamma_{z\theta}$的变化曲线。q=50kPa 时，b=0 和 b=0.5 的轴向应变累积规律基本相似。当 b=1 时，轴向应变降低，因为 b=1 时试样处于拉伸状态，此时的轴向应变累积是由于孔隙压缩造成的，而扭剪应变随着中主应力比的增加而增加，但都处于稳定阶段。当 q=75kPa 时，轴向应变和扭剪应变的发展与 q=50kPa 时类似，但是其各个应变值较 b=50kPa 时大，扭剪应变在 b=1 时有明显累积，而此时的轴向应变有负的累积，随着循环次数的增加累积增加。当 q=100kPa 时，轴向应变 ε_z 和扭剪应变 $\gamma_{z\theta}$ 均有较大程度的累积，且随着中主应力比的增加累积程度逐渐加大。

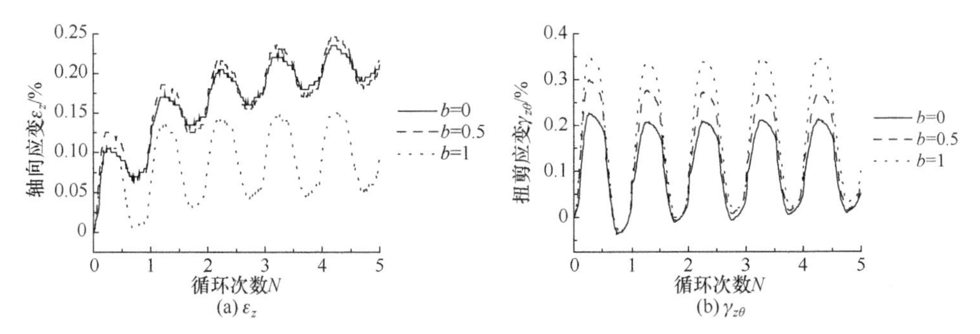

图 5.28　常含水率重塑黄土轴向应变和扭剪应变随循环次数的变化曲线(q=50kPa)

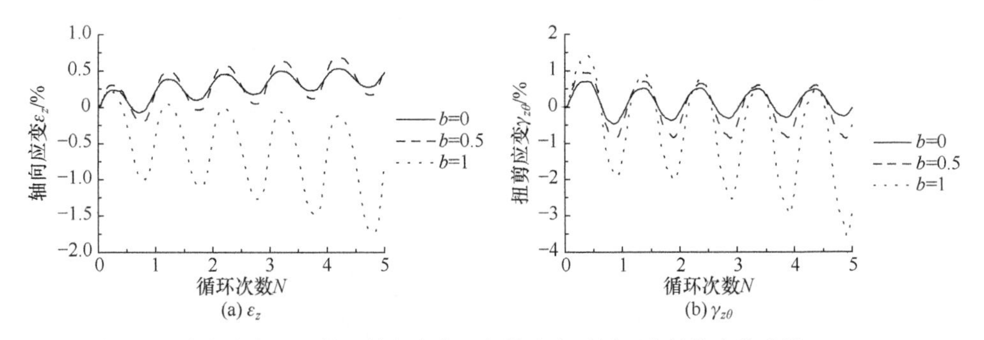

图 5.29　常含水率重塑黄土轴向应变和扭剪应变随循环次数的变化曲线(q=75kPa)

由上述应变分量的发展规律可知，当偏应力相同时，中主应力比对应变分量的发展趋势有不同程度的影响。总体来说，随着中主应力比的增大有加快应变发展的趋势，这种趋势随着偏应力的增大而增大。各个应变分量的发展随着偏应力的增大而逐渐增大。常含水率重塑黄土主应力轴连续旋转与饱和重塑黄土的应变发展规律有较大区别，同等条件下与饱和重塑黄土相比，常含水率重塑黄土的应变累积程度小，因为常含水率下重塑黄土的强度大，旋转初始无论偏应力大小，轴向应变均有部分初始压缩变形，产生这种现象的原因是初始阶段土体内孔隙压缩，产生部分压缩变形。此外，两种条件下应变分量的发展趋势有差别。因此，有必要研究常含水率下主应力轴连续旋转试验。

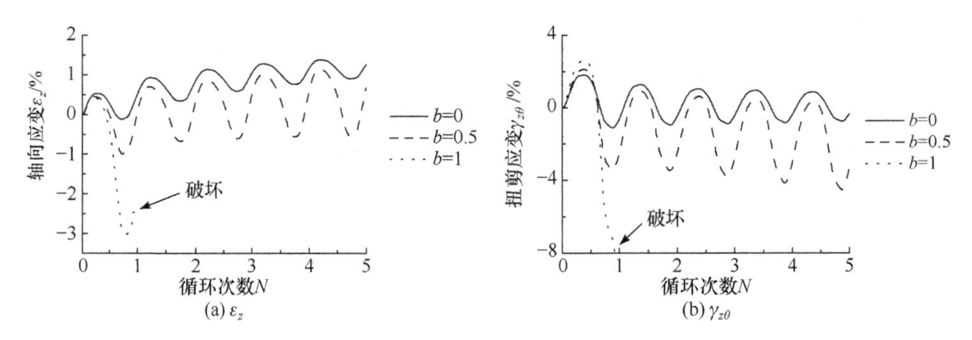

图 5.30　常含水率重塑黄土轴向应变和扭剪应变随循环次数的变化曲线(q=100kPa)

常含水率重塑黄土在 $\gamma_{z\theta}$-(ε_z−ε_θ)平面内的应变路径发展规律如图 5.31～图 5.33 所示。当 q=50kPa 时，如图 5.31 所示，应变发展较小，随着主应力轴循环旋转，

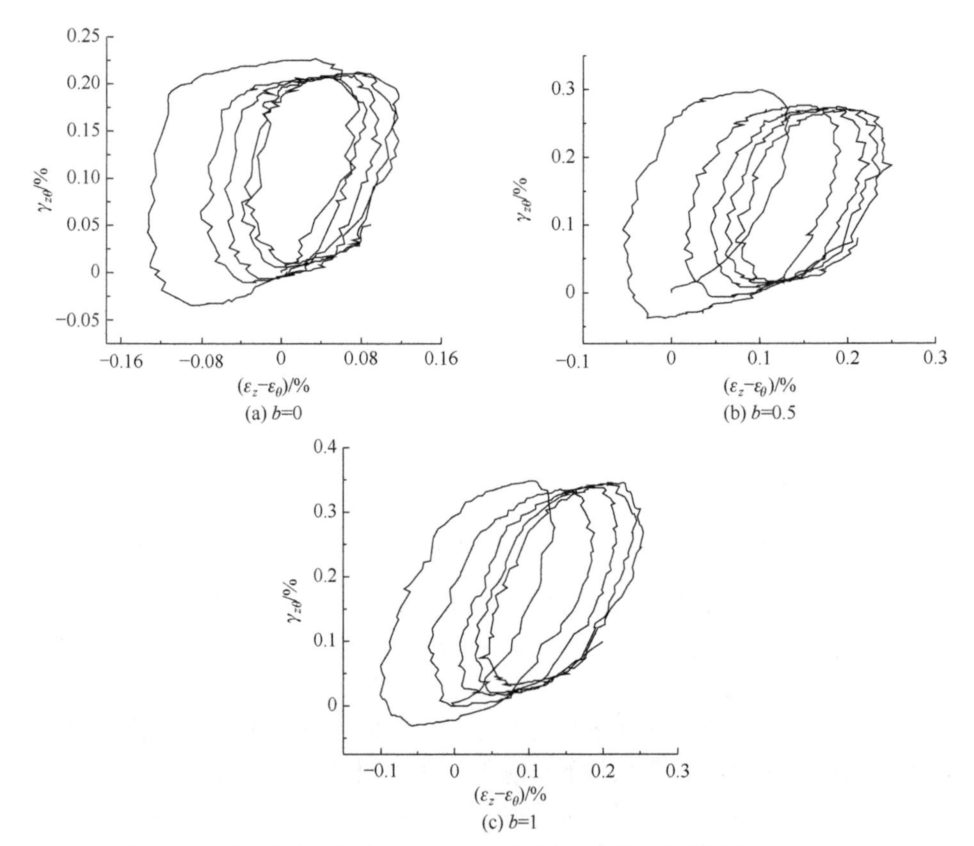

图 5.31　常含水率重塑黄土$\gamma_{z\theta}$-(ε_z−ε_θ)平面内应变路径发展规律(q=50kPa)

应变路径的面积变小，最终大小稳定，不同中主应力比下的应变面积平面均沿着$(\varepsilon_z-\varepsilon_\theta)$轴向右移动并最终趋于稳定状态，这与饱和重塑黄土主应力轴连续旋转的应变路径稍有区别，且随着中主应力比的增加，向右移动的程度增大。由此可知，当 q=50kPa 时，随着循环次数的增加，材料强度得到强化，该常含水率重塑黄土未达到破坏应力，材料硬化，处于循环稳定状态。

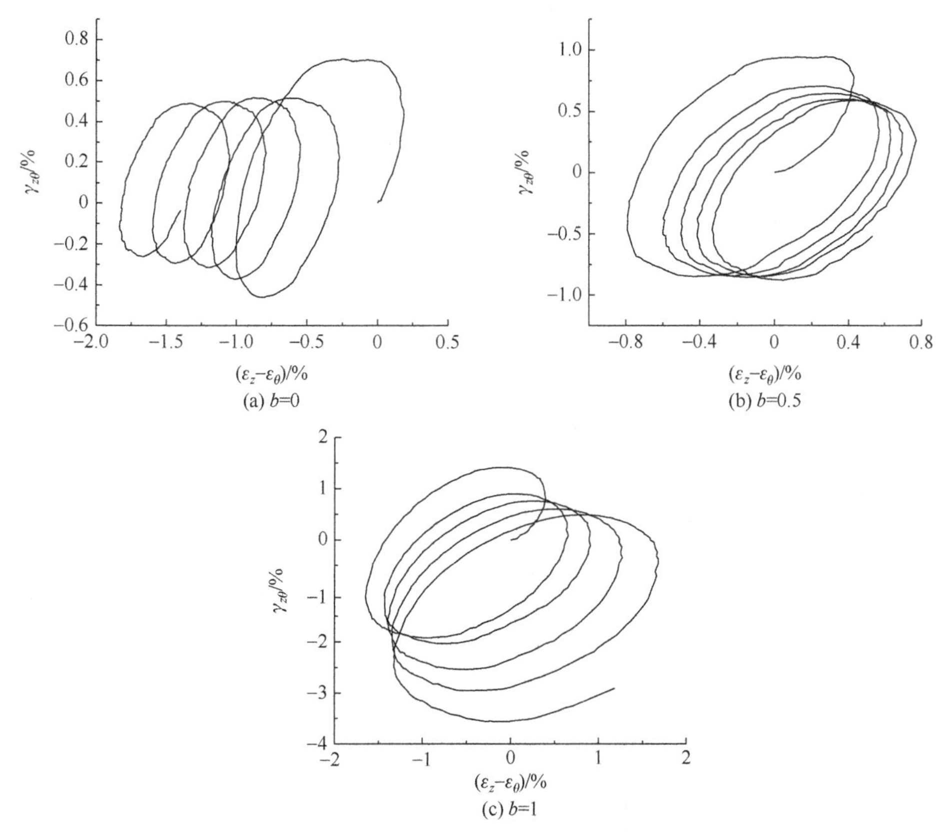

图 5.32　常含水率重塑黄土$\gamma_{z\theta}$-$(\varepsilon_z-\varepsilon_\theta)$平面内应变路径发展规律($q$=75kPa)

当偏应力增加至 q=75kPa 时，如图 5.32 所示，当 b=0 时，随着主应力轴循环旋转，应变路径的面积变小，最终大小稳定，应变面积平面沿着$(\varepsilon_z-\varepsilon_\theta)$轴向左移动，最终处于稳定状态。这是由于轴向应变的累积速率小于环向应变的累积速率，如图 5.32(a)所示。当 b=0.5 时，应变路径发展与 b=0 类似，但轴向应变累积速率大于环向应变累积速率，如图 5.33(b)所示，该应变路径下应变面积平面沿着$(\varepsilon_z-\varepsilon_\theta)$轴向左移动，应变路径的面积变小，最终大小稳定。当 b=1 时，应变路径在 $\gamma_{z\theta}$-$(\varepsilon_z-\varepsilon_\theta)$平面内呈螺旋线逐渐扩大，说明常含水率重塑黄土在该应力路径下塑性应变累积循环扩大，强度循环弱化。由此可知，当 q=75kPa 时应变路径的发展与中主应力比有关，随着中主应力比的增加，常含水率重塑黄土随着主应力轴连续旋转由循环强化向循环弱化发展，此过程中的应变累积逐渐增大。

当偏应力增加至 q=100kPa 时，如图 5.33 所示，当 b=0 时，随着主应力轴循环旋转，应变路径的面积迅速变小，最终大小稳定，应变面积平面沿着($\varepsilon_z-\varepsilon_\theta$)轴向右移动，最终处于稳定状态，属于强度强化，如图 5.33(a)所示。当 b=0.5 时，应变路径发展与 b=0 类似，应变路径的面积变小，但有逐渐发展累积的趋势。当 b=1 时，应变路径在 $\gamma_{z\theta}$-($\varepsilon_z-\varepsilon_\theta$)平面内呈螺旋线逐渐扩大并破坏，说明常含水率重塑黄土在该应力路径下塑性应变累积循环扩大，强度循环弱化。与 q=75kPa 规律相同，当 q=100kPa 时应变路径的发展与中主应力比有关，随着中主应力比的增加，常含水率重塑黄土随着主应力轴连续旋转由循环强化到循环弱化发展，此过程中应变累积逐渐增大。

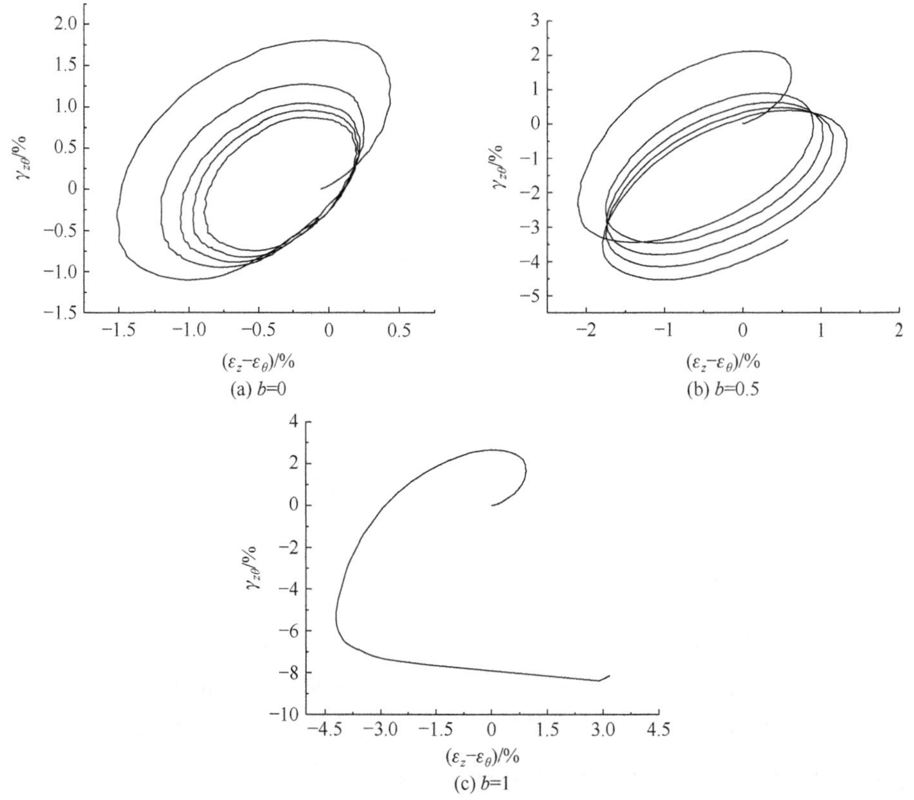

图 5.33 常含水率重塑黄土 $\gamma_{z\theta}$-($\varepsilon_z-\varepsilon_\theta$)平面内应变路径发展规律($q$=100kPa)

由上述应变路径发展规律可知，常含水率重塑黄土的应变发展不仅与偏应力的大小有关，而且与中主应力比的大小有关。当 b=1 时，试样处于拉伸状态，由于土体的拉伸强度较低，此时应变的累积速率较大，试样更容易产生较大变形而破坏。在中主应力比从 0 到 1 的过程中，试样的状态由压缩向拉伸变化，因此其累积速度逐渐加快。此外，通过与饱和重塑黄土对比，中主应力比对常含水率重塑黄土的应变发展影响较大。

5.4.3　应力-应变发展规律

图 5.34～图 5.36 为偏应力 q=50kPa、75kPa 和 100kPa 时不同中主应力比下的应力-应变曲线。由图 5.34 可知，当 q=50kPa 时，随着主应力轴连续旋转，应力-应变滞回圈逐渐变小，整个过程应力-应变表现为循环强化，并最终趋于稳定状态。

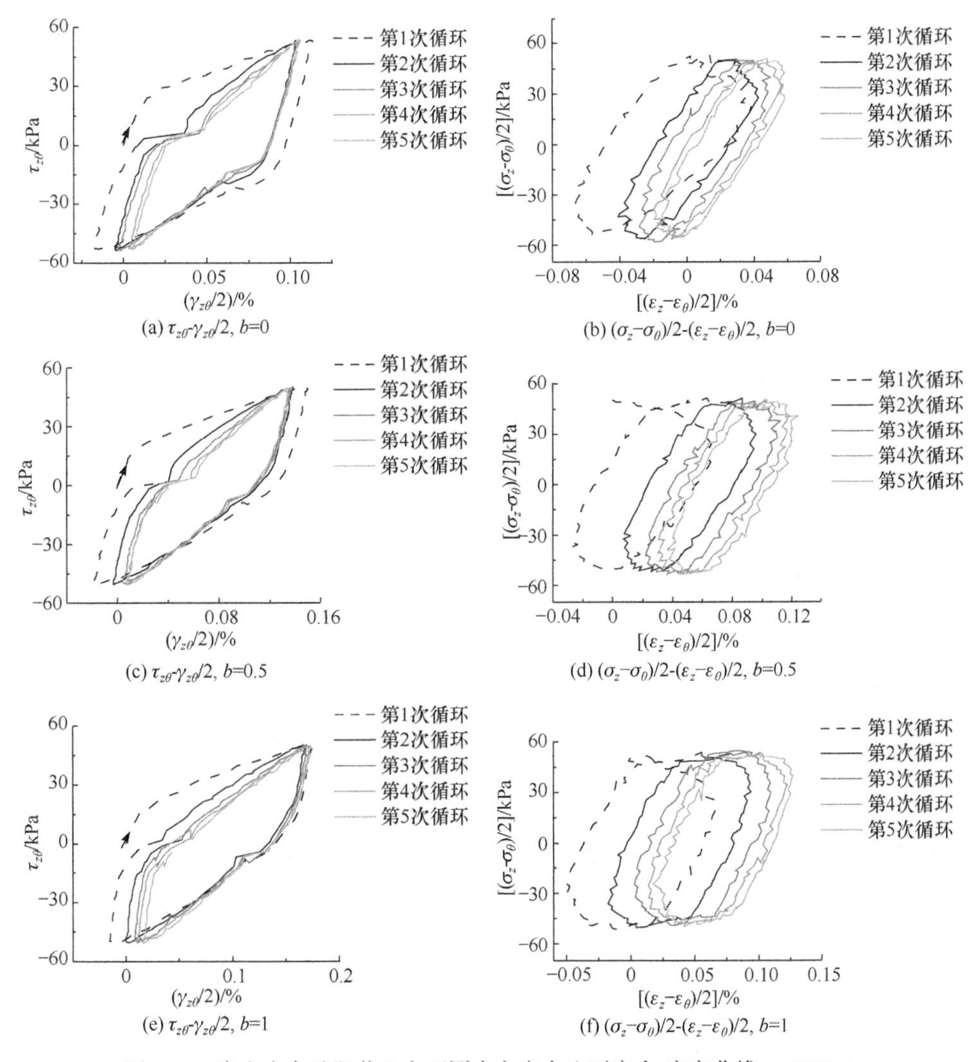

(a) $\tau_{z\theta}$-$\gamma_{z\theta}/2$, b=0　(b) $(\sigma_z-\sigma_\theta)/2$-$(\varepsilon_z-\varepsilon_\theta)/2$, b=0

(c) $\tau_{z\theta}$-$\gamma_{z\theta}/2$, b=0.5　(d) $(\sigma_z-\sigma_\theta)/2$-$(\varepsilon_z-\varepsilon_\theta)/2$, b=0.5

(e) $\tau_{z\theta}$-$\gamma_{z\theta}/2$, b=1　(f) $(\sigma_z-\sigma_\theta)/2$-$(\varepsilon_z-\varepsilon_\theta)/2$, b=1

图 5.34　常含水率重塑黄土在不同中主应力比下应力-应变曲线(q=50kPa)

滞回曲线的割线刚度逐渐增大并趋于稳定值，滞回曲线最终表现为黏弹性。整个过程应力-应变曲线向右移动，剪应变在经过 5 次旋转循环时已基本稳定，即表现为循环蠕变特性。在该相对低偏应力水平下不同中主应力比时的应力-应变曲线有类似发展趋势，且都属于刚度强化阶段。相对应的剪正应力-应变曲线具有类似的规律，但剪正应力-应变滞回圈的移动幅度相对较大，原因是轴向应变与环向应变的差值相对较大，滞回圈移动明显。

当 q=75kPa 时，由图 5.35 可知，随着主应力轴连续旋转，应力-应变滞回圈的大小很快趋于稳定，但整体位置随着旋转次数的增加逐渐向左移动，移动程度的大小与中主应力比有关。中主应力比越大其向左移动越多，整个过程应力-应变表现为循环强化，滞回曲线的割线刚度逐渐增大。相对应的剪正应力-应变曲线具有类似规律，但剪正应力-应变滞回圈的移动幅度相对较大，且不同中主应力比下滞回圈的移动方向有差异。当 b=0 时，剪正应力-应变滞回圈向左移动，且滞回圈逐渐变小；当 b=0.5 和 1 时，剪正应力-应变滞回圈向右移动，滞回圈有扩大的趋势，说明此时常含水率重塑黄土已处于强度极限状态。一方面轴向应变与环向应变的差值相对较大，滞回圈移动明显；另一方面，b=0 时压缩状态轴向应变累积明显。整体上当 q=75kPa 时，土体随着主应力轴的循环旋转呈循环强化，刚度变大，没有产生较大变形，处于稳定状态。

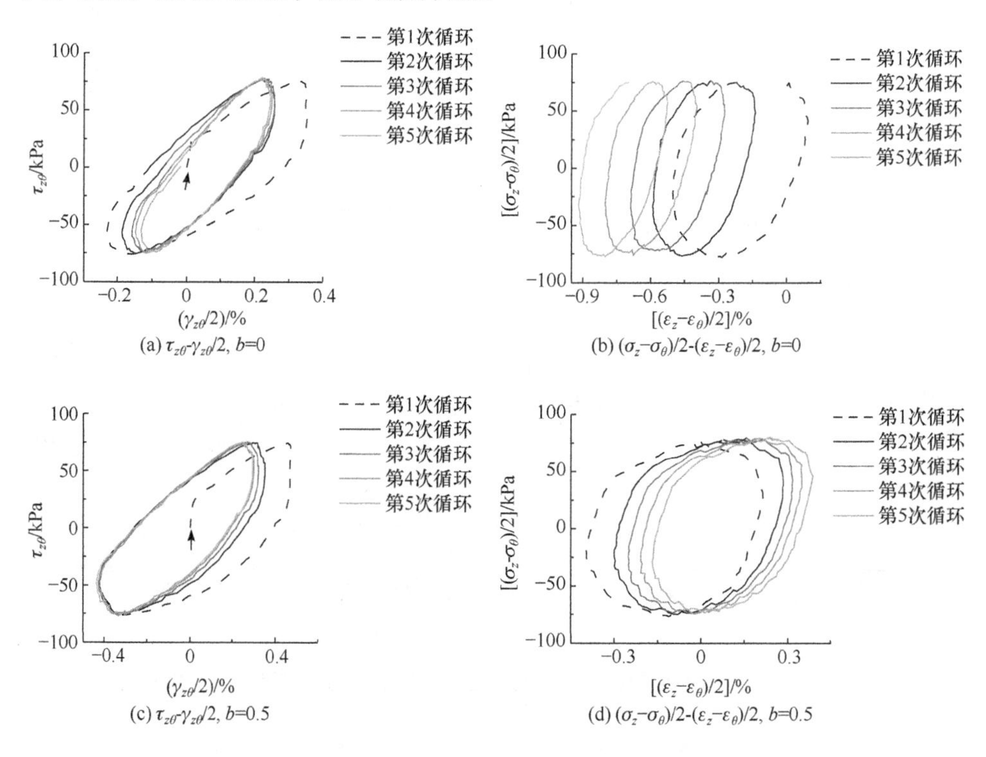

(a) $\tau_{z\theta}$-$\gamma_{z\theta}/2$, b=0

(b) $(\sigma_z-\sigma_\theta)/2$-$(\varepsilon_z-\varepsilon_\theta)/2$, b=0

(c) $\tau_{z\theta}$-$\gamma_{z\theta}/2$, b=0.5

(d) $(\sigma_z-\sigma_\theta)/2$-$(\varepsilon_z-\varepsilon_\theta)/2$, b=0.5

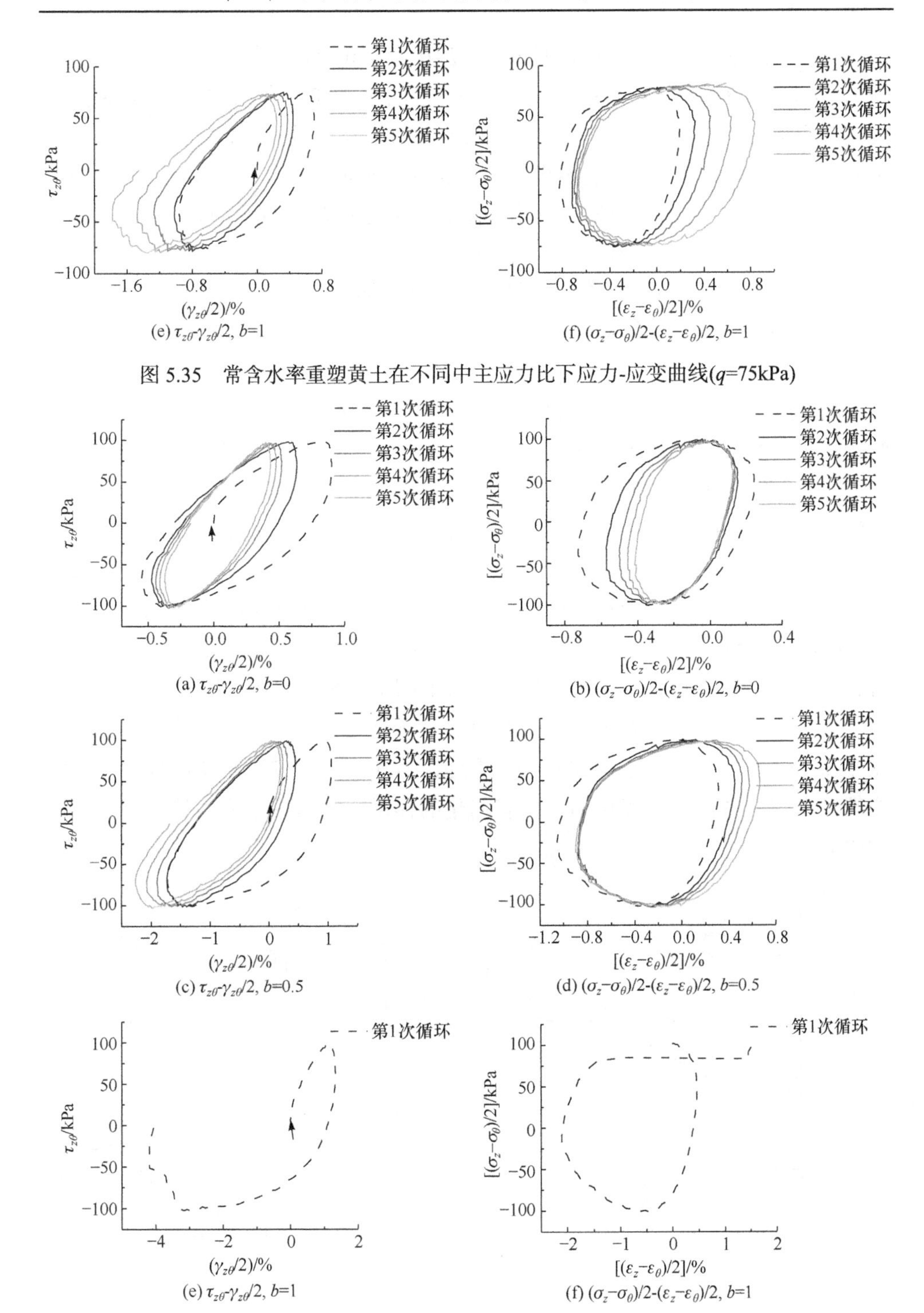

图 5.36　常含水率重塑黄土在不同中主应力比下应力-应变曲线(q=100kPa)

当 q=100kPa 时，由图 5.36 可知，当 b=0 和 b=0.5 时随着主应力轴连续旋转，应力-应变滞回圈的发展趋势与 q=75kPa 时相同，但应变变化相对较大。滞回圈随着主应力轴的循环旋转逐渐向左移动，土体强度强化，滞回圈面积循环变小。当 b=1 时，随着塑性应变的快速累积，应力-应变滞回圈逐渐扩大，最终应变增加，试样破坏，说明中主应力比对常含水率重塑黄土的应力-应变影响较大。相对应的剪正应力-应变曲线具有类似规律。当 b=0 和 0.5 时，剪正应力-应变滞回圈闭合，土体强度强化，当 b=1 时，滞回圈扩大，土体破坏。

为了进一步说明常含水率重塑黄土在不同偏应力时主应力轴连续旋转下的循环强化或循环弱化的性质，同样取第 i 次循环的割线模量作为常含水率重塑黄土的剪切刚度 G_i，以 G_i/G_1 随循环次数的变化作为主应力轴旋转过程中剪切刚度的演化规律，如图 5.37 所示。当 q=50kPa 时，刚度比大于 1，且不同中主应力比下刚度比随着循环次数的增加逐渐增加，呈现刚度强化的现象。q=75kPa，b=0 和 b=0.5 时，刚度比随主应力轴旋转次数的增加而增大，刚度强化。当 b=1 时，在第 3 次循环后刚度比逐渐减小，呈现刚度弱化，不同中主应力比下随循环次数的增加刚度比有所差异，整体上刚度比随着中主应力比的增加而降低，且第 2 次循环的刚度比均小于 1，然后随着循环次数的增加刚度强化或刚度弱化。当 q=100kPa 时，b=0 时，刚度比随主应力轴旋转次数的增加而增大，刚度强化，b=0.5 时刚度比近似保持不变，当 b=1 时，试样第 1 次循环后即产生较大变形而破坏。由图可知，除了较小偏应力(q=50kPa)水平外，另外两种偏应力(q=75kPa、100kPa)条件下中主应力比对刚度比的变化有弱化的作用，随着中主应力比的增加其刚度比减小。

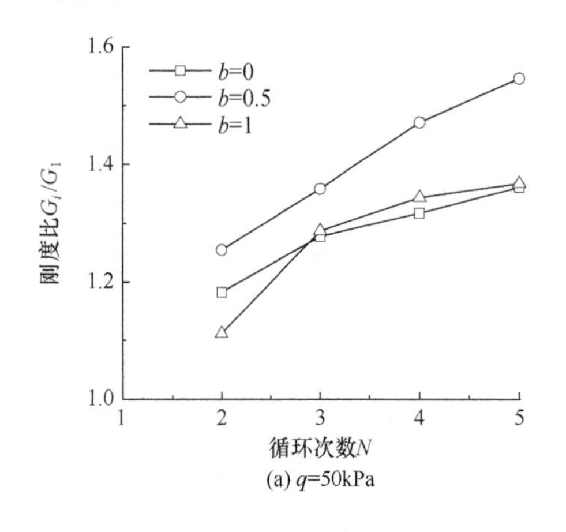

(a) q=50kPa

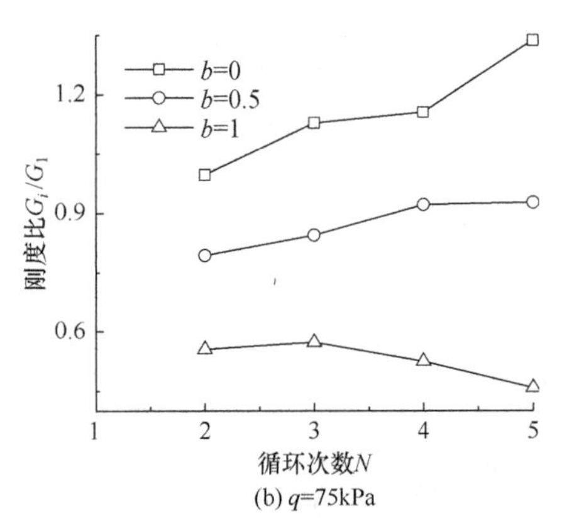

(b) q=75kPa

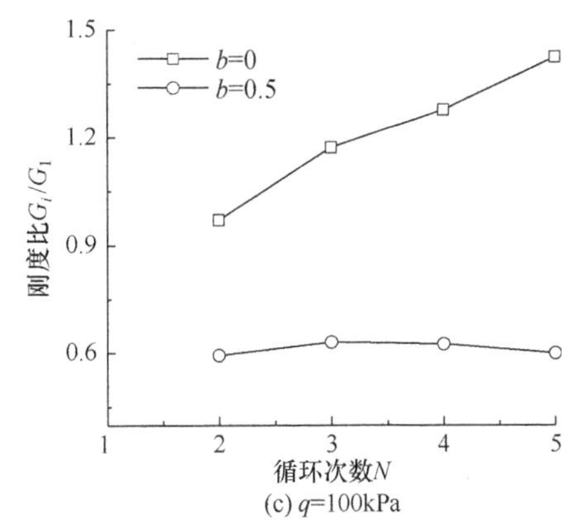

(c) q=100kPa

图 5.37　常含水率重塑黄土不同中主应力比下刚度比的变化曲线

综上所述，对于常含水率重塑黄土的主应力轴旋转试验，不同偏应力大小时刚度比大都呈现循环强化，中主应力比不同，其循环强化程度不同。循环弱化的情况与饱和重塑黄土的旋转试验不同，尽管随着偏应力的增大其弱化水平也很小，或者直接产生较大变形而破坏，例如，当 q=100kPa，b=1 时，试样处于拉伸状态，而常含水率重塑黄土拉伸强度比较低，因此较容易产生破坏。

5.4.4　非共轴特性

饱和重塑黄土的试验证明该土体在主应力轴连续旋转情况下具有明显的非共轴特性，且其非共轴的强弱与应力水平和旋转次数有关。本节同样取总应变增量代替塑性应变增量，应变矢量图如图 4.26 所示，图中的主应力方向角为 α_σ，主应变增量方向角为$\alpha_{d\varepsilon}$，非共轴角为δ，$\delta=\alpha_{d\varepsilon}-\alpha_\sigma$。

图 5.38～图 5.40 为主应力轴旋转下不同偏应力的第 1 次循环和第 5 次循环时应变增量的变化情况。当 q=50kPa 时，由图 5.38 可知，主应力方向角α_σ在[0°, 45°]和[90°, 135°]时，$\tau_{z\theta}$增大，$\sigma_z-\sigma_\theta$减小，导致应变增量增大，与本章试验结果一致。该段时间内，变形刚度减小，非共轴特性减弱，因此非共轴角减小。当主应力方向角α_σ在[45°, 90°]和[135°, 180°]时，$\tau_{z\theta}$减小，$\sigma_z-\sigma_\theta$增大，导致应变增量减小。相反，该段时间内，变形刚度增大，非共轴特性增强，因此非共轴角增大。此外，随着中主应力比的增大，应变增量有逐渐增大的趋势，在低偏应力 q=50kPa 水平下，随着循环次数的增加，其应变增量逐渐减小，主要是因为随着循环次数的增加，刚度强化导致其应变增量降低。本节常含水率重塑黄土非共轴性与 5.3.5 节中饱和重塑黄土的非共轴性发展规律类似，说明含水率对非共轴性的影响较小。当 q=75kPa 和 q=100kPa 时，由图 5.39 和图 5.40 可知，在该偏应力水平下应变增量和非共轴角的发展与偏应力水平 q=50kPa 时保持一致，都具有明显的分段特征。但是，随着循环次数的增加，其非共轴性与中主应力比有关。当 b=0 和 0.5 时，

随着旋转次数的增加非共轴性减弱，当 b=1 时随着旋转次数的增加非共轴性增强。产生这种变化与土体在旋转过程中刚度比的变化有关，如图 5.37 所示，若刚度循

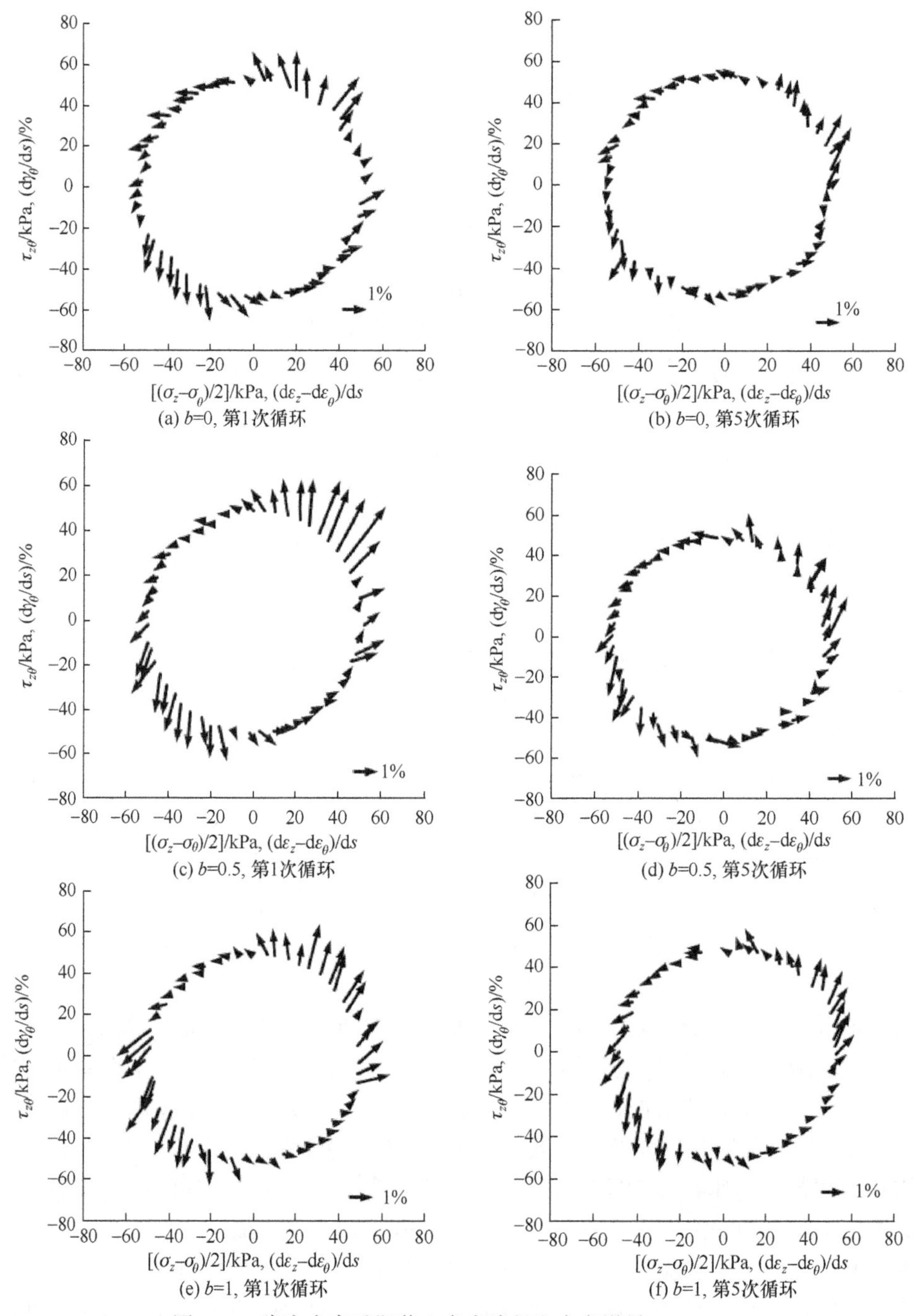

图 5.38　常含水率重塑黄土应力路径和应变增量(q=50kPa)

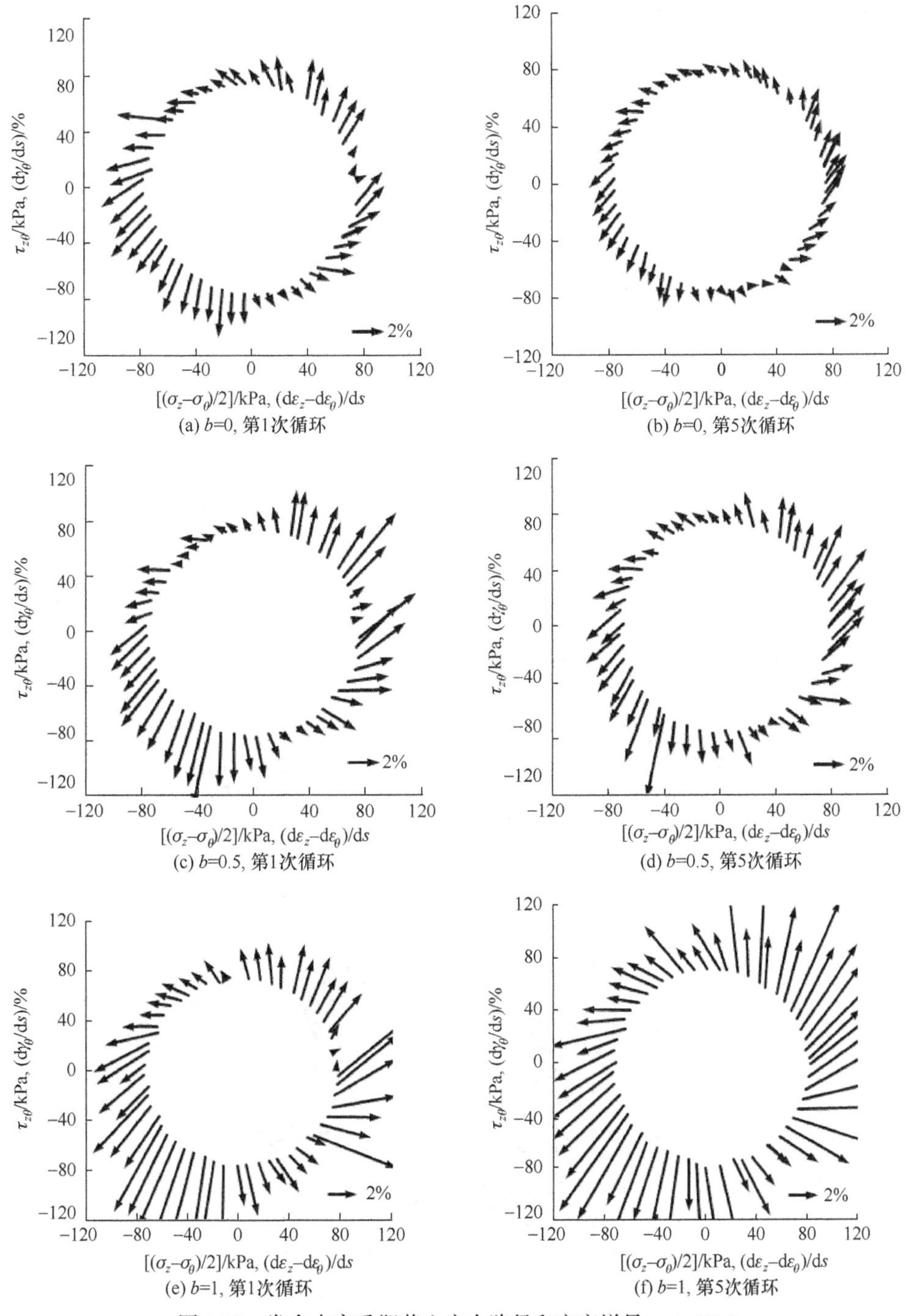

图 5.39　常含水率重塑黄土应力路径和应变增量(q=75kPa)

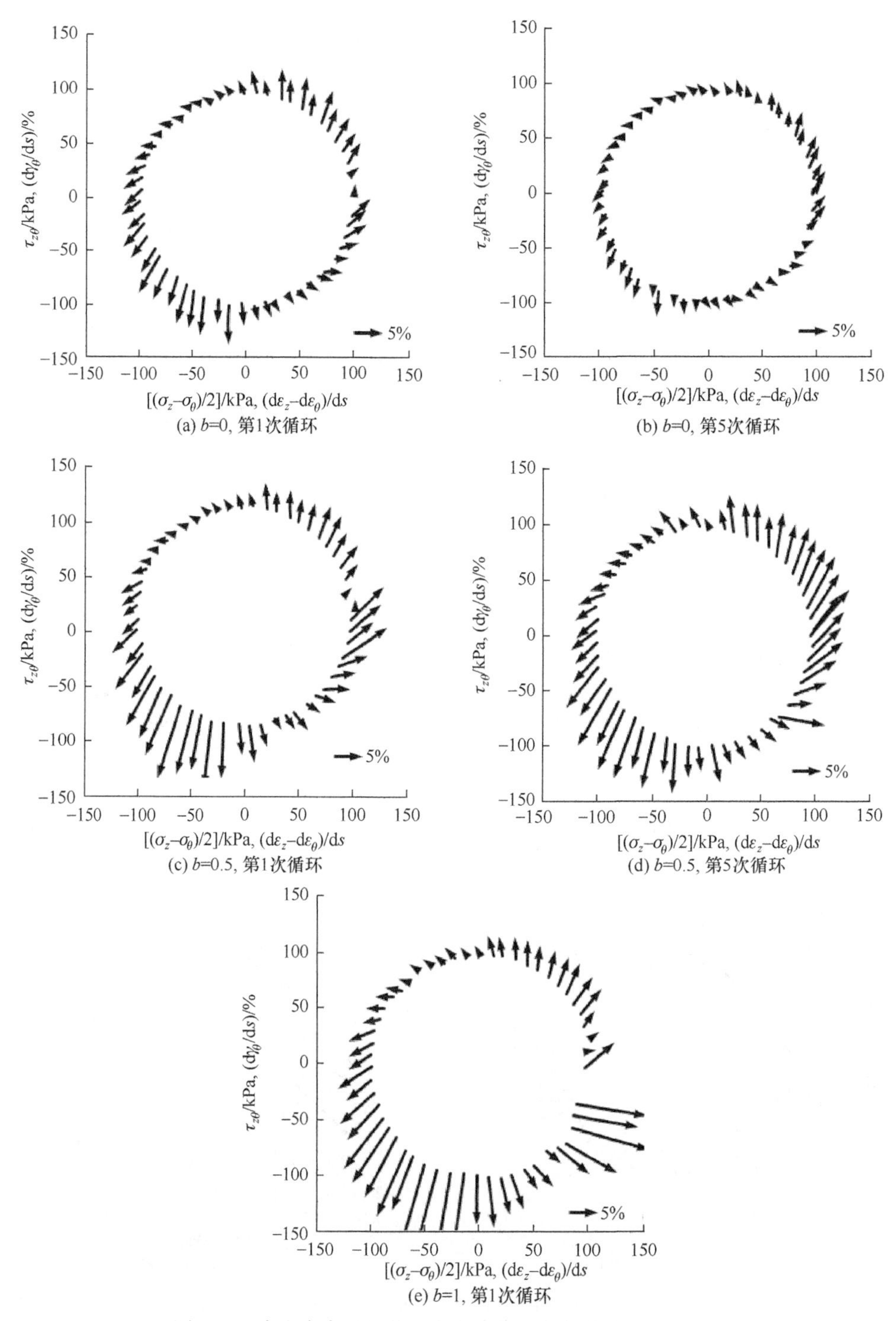

图 5.40　常含水率重塑黄土应力路径和应变增量(q=100kPa)

环强化，则非共轴性减弱，若刚度循环弱化则非共轴性增强。

图 5.41～图 5.43 为不同偏应力下非共轴角和应变增量大小随主应力方向角的变化规律。当主应力方向角 α_σ 在[0°, 45°]和[90°, 135°]时，变形刚度减小，柔度(AC)增大，非共轴角减小，应变增量数值增大。当主应力方向角 α_σ 在[45°, 90°]和[135°, 180°]时，变形刚度增大，柔度(AC)减小，非共轴角增大，应变增量数值减小，由图可知，中主应力比对非共轴角大小的影响不显著。此外，随着中主应力比的增大，应变增量有逐渐增大的趋势，如图 5.41(b)所示。当偏应力 q= 50kPa 时，随着循环次数的增加，应变增量逐渐减小；当偏应力 q=75kPa，b=1 及 q=100kPa，b=0.5、1 时，随着循环次数的增加，应变增量逐渐增大。常含水率重塑黄土的不同偏应力下主应力轴旋转试验的结果表明，随着偏应力增大，其非共轴角逐渐减小，与饱和重塑黄土的试验结果一致。

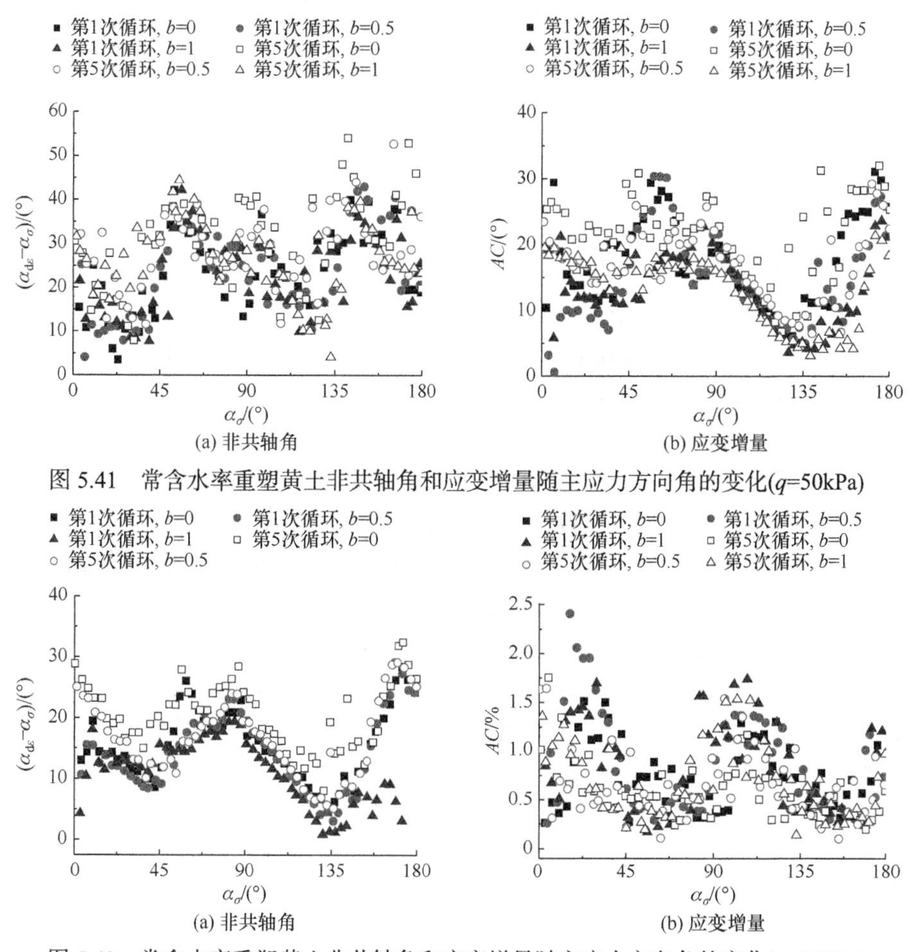

图 5.41　常含水率重塑黄土非共轴角和应变增量随主应力方向角的变化(q=50kPa)

图 5.42　常含水率重塑黄土非共轴角和应变增量随主应力方向角的变化(q=75kPa)

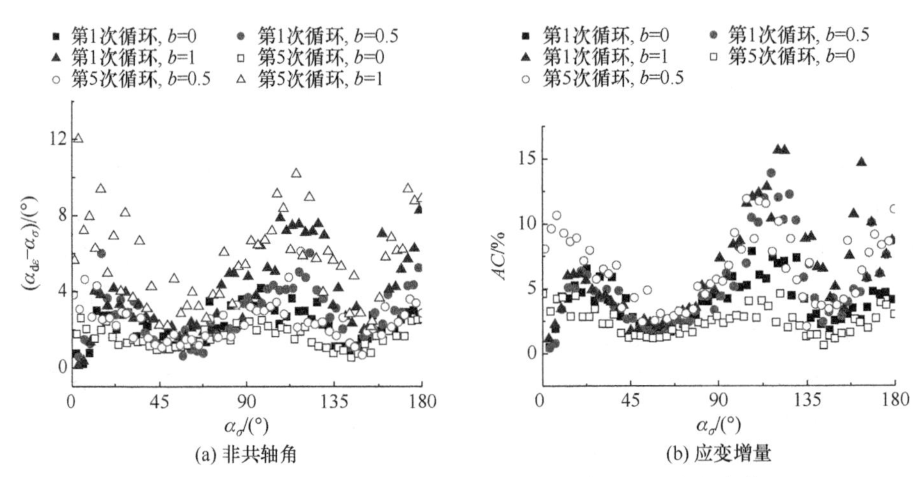

图 5.43　常含水率重塑黄土非共轴角和应变增量随主应力方向角的变化(q=100kPa)

5.5　本 章 小 结

本章利用 GCTS 空心圆柱扭剪系统对 Q_2 重塑黄土的饱和样和常含水率试样开展了主应力轴连续旋转试验。研究了主应力幅值和中主应力比对重塑黄土的孔压、应变累积变化规律，以及应力-应变演化规律的影响，得到非共轴角随主应力方向角的变化规律。主要结论如下：

(1) 随着主应力轴连续旋转，饱和重塑黄土的孔压呈现规律性循环累积增大，且在偏应力相同、中主应力比不同的条件下孔压累积规律一致，但大小不同，孔压的增长随着循环次数的增大，累积速率减小。

(2) 低偏应力水平时，材料硬化处于循环稳定状态，应变分量随着主应力轴的连续旋转保持稳定，应变路径的面积变小，最终大小稳定。高偏应力水平时，材料强度循环弱化，应变分量随着主应力轴连续旋转逐渐累积，应变路径在 $\gamma_{z\theta}$-$(\varepsilon_z-\varepsilon_\theta)$ 平面内呈螺旋线逐渐扩大直到破坏，随着中主应力比的增大，其应变发展速度加快，破坏提前。

(3) 重塑黄土旋转试验中切线刚度的循环强化或循环弱化是其各向异性的具体体现，而各向异性是土体产生非共轴的根本原因，土体刚度循环强化，非共轴性减弱；土体刚度循环弱化，非共轴性增强。

第 6 章　交通荷载作用下考虑主应力轴连续旋转的黄土动力特性试验

6.1　概　　述

交通荷载作用下黄土路基土体单元的应力状态发生循环变化，伴随主应力轴连续循环旋转。土体单元的轴向应力、水平应力和扭剪应力同时发生变化，使主应力的大小和方向发生连续变化[155]。目前主要通过常规三轴试验研究黄土动力特性，其不能实现主应力轴连续旋转，因此，不能模拟交通荷载作用下黄土的动力特性。空心圆柱扭剪仪可以独立控制内围压、外围压、轴力和扭矩，可以实现上述应力路径。已有软黏土[158]和砂土的空心圆柱动力试验表明，主应力轴旋转可以加速该类土体积应变和孔压的累积，降低其动力强度。随着高速铁路在黄土地区的兴建，迫切需要合理评价黄土在主应力轴旋转条件下的动力特性，从而准确预测路基沉降。基于此，本章利用 GCTS 空心圆柱扭剪系统，针对离石地区 Q_2 重塑黄土，分别进行不同含水率、不同循环正应力和不同循环剪应力路径下的循环三轴试验。实现了交通荷载作用下的心形波形应力路径，通过对不同应力条件下的研究结果进行分析，揭示了主应力轴旋转对 Q_2 重塑黄土在连续振动次数达 10000 次的变形、孔压等累积效应的影响。本章主要研究内容有：根据交通荷载所引发的主应力轴心形旋转应力路径，设计考虑主应力轴循环旋转的试验方案；研究饱和重塑黄土在不同轴向应力比、不同扭剪应力比下，孔压、应变累积规律；研究不同含水率条件下重塑黄土的应变累积规律；根据应变累积规律，提出应变累积沉降模型，用于预测主应力轴循环扭剪下的应变发展规律。

6.2　交通荷载引发土体单元应力路径分析

对于运行路基由交通荷载产生的沉降可以分为两部分：一部分由路基结构层产生；另一部分由下层土体产生。路基结构层一般由混凝土或砂石材料碾压组成，此部分的沉降在施工过程中已经沉降完毕，在道路运行后产生的沉降较小；道路运行后的沉降大部分由下层土体产生。由图 1.1 可知，在车辆荷载的移动过程中，所测土体单元应力的大小和方向都持续发生变化。

对移动荷载的理论研究是将地基假设为弹性地基，图 6.1 为早期 Boussinesp 解的计算简图，其中荷载简化为均布荷载。利用弹性动力学理论进行求解，可得地基的应力状态，在均布移动荷载作用下，路基土体单元 Boussinesp 解的应力分量分别为

$$\sigma_z = \frac{q_0}{\pi}[\theta_0 + \sin\theta_0 \cos(\theta_1 + \theta_2)] \tag{6.1}$$

$$\sigma_\theta = \frac{q_0}{\pi}[\theta_0 - \sin\theta_0 \cos(\theta_1 + \theta_2)] \tag{6.2}$$

$$\tau_{z\theta} = \frac{q_0}{\pi}\sin\theta_0 \sin(\theta_1 + \theta_2) \tag{6.3}$$

由计算公式可知，移动荷载作用下地基土体应力不仅有大小的变化，而且方向也会发生变化。但需要注意的是，Boussinesp 解是弹性半空间理论，按照该方法求解得到的动应力与土体中实际的动应力会有偏差。大量的学者[167,168]通过有限元、数值计算或模型试验进一步分析了交通荷载作用下土体单元上的应力。

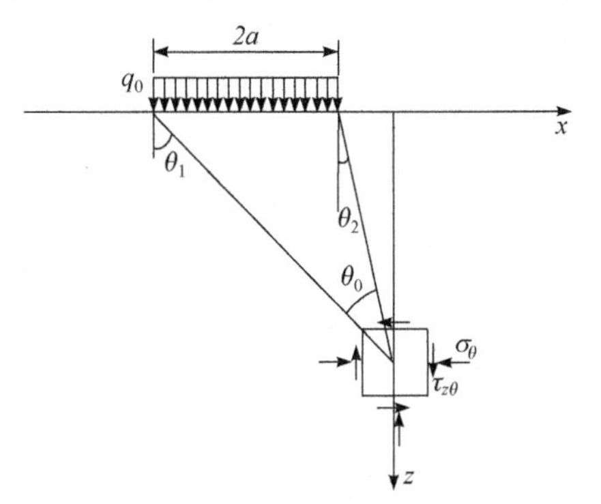

图 6.1　移动荷载地基土体单元应力状态

综上所述，交通荷载作用会引起土体单元上轴向应力、水平应力和扭剪应力的循环变化，其示意图如图 6.2 所示。

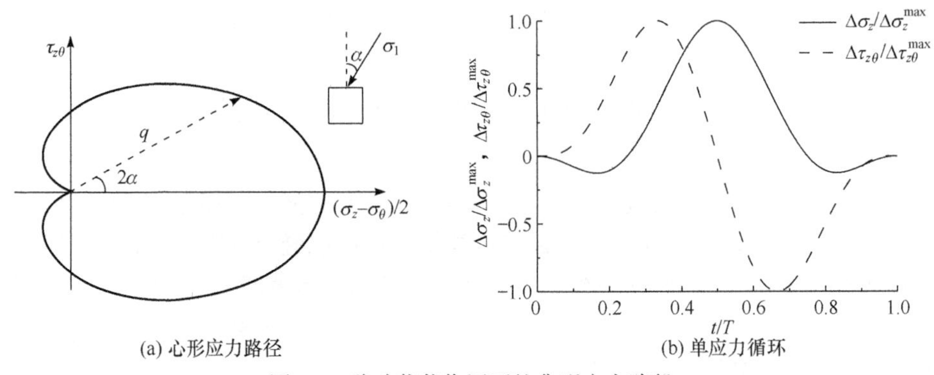

(a) 心形应力路径　　(b) 单应力循环

图 6.2　移动荷载作用下的典型应力路径

6.3 考虑主应力轴连续旋转试验方案

6.3.1 试验方案

本章动力试验有两个预期目标：一是比较常规三轴试验和考虑主应力轴旋转条件对 Q_2 重塑黄土长期累积变形的影响；二是比较不同含水率条件下 Q_2 重塑黄土的长期变形。目标一采用饱和重塑黄土(含水率 24.6%)，目标二增加两组含水率[16.4%(最优含水率)、20.5%]进行比较。试样的制作和饱和方法等参见第 4 章，采用各向同性固结，固结压力为 200kPa，固结标准与 4.2.5 节一致，且不低于 48h。试样装上之后设置所加试验应力路径，包括反压饱和、固结压力、固结时间以及加载曲线；固结完成后直接进行循环扭剪，直至达到设计振动次数或试样破坏，自动记录试验数据。心形应力路径的加载采用自定义心形波形，波形公式如下[4]：

$$\sigma_z^{\mathrm{cyc}} = \Delta\sigma_z^{\max}\left[\frac{1}{2}\cos(2\omega t) - \cos(\omega t) + 0.5\right] \tag{6.4}$$

$$\tau_{z\theta}^{\mathrm{cyc}} = \Delta\tau_{z\theta}^{\max}\left[\sin(\omega t) - \frac{1}{2}\sin(2\omega t)\right] \tag{6.5}$$

式中，σ_z^{cyc} 为轴向应力幅值；$\tau_{z\theta}^{\mathrm{cyc}}$ 为扭剪应力幅值；$\omega=2\pi/T$，T=1s；t 为加载时间。按照设计的自定义波形改变轴向应力和扭剪应力即可得到交通荷载引发的心形应力路径，如图 6.2(a) 所示。加载过程中保持内外围压不变，本章试验加载频率全部为 1Hz，振动过程中不排水，加载循环次数为 10000 次或试样破坏试验结束，试验方案见表 6.1。

表 6.1　考虑主应力轴循环旋转试验方案

试验编号	ω/%	p_0' /kPa	σ_z^{cyc} /kPa	$\tau_{z\theta}^{\mathrm{cyc}}$ /kPa	CSR	η	N
CT101	24.6	200	160	0	0.4	0	10000
CT102	24.6	200	200	0	0.5	0	10000
CT103	24.6	200	240	0	0.6	0	204
PSR101	24.6	200	120	0	0.3	0	10000
PSR102	24.6	200	120	20	0.3	1/6	10000
PSR103	24.6	200	120	40	0.3	1/3	10000
PSR104	24.6	200	160	0	0.4	0	10000
PSR105	24.6	200	160	26.667	0.4	1/6	10000
PSR106	24.6	200	160	53.333	0.4	1/3	10000
PSR107	24.6	200	200	0	0.5	0	10000
PSR108	24.6	200	200	33.333	0.5	1/6	3839

续表

试验编号	ω/%	p_0' /kPa	σ_z^{cyc} /kPa	$\tau_{z\theta}^{cyc}$ /kPa	CSR	η	N
PSR109	24.6	200	200	66.667	0.5	1/3	1001
PSR201	20.5	200	160	26.667	0.4	1/6	10000
PSR202	20.5	200	160	53.333	0.4	1/3	10000
PSR203	20.5	200	240	40	0.6	1/6	10000
PSR204	20.5	200	240	80	0.6	1/3	10000
PSR205	20.5	200	320	53.333	0.8	1/6	2403
PSR206	20.5	200	320	106.667	0.8	1/3	1142
PSR301	16.4	200	160	26.667	0.4	1/6	10000
PSR302	16.4	200	160	53.333	0.4	1/3	10000
PSR303	16.4	200	240	40	0.6	1/6	10000
PSR304	16.4	200	240	80	0.6	1/3	10000
PSR305	16.4	200	320	53.333	0.8	1/6	10000
PSR306	16.4	200	320	106.667	0.8	1/3	10000

表 6.1 中的 CSR 为轴向应力比；η 为扭剪应力比。CSR 和η分别表示加载轴向应力幅值大小和扭剪应力幅值大小，定义如下：

$$\mathrm{CSR}=\frac{\Delta\sigma_z^{\mathrm{cyc}}}{2p_0'} \tag{6.6}$$

$$\eta=\frac{\Delta\tau_{z\theta}^{\mathrm{cyc}}}{\Delta\sigma_z^{\mathrm{cyc}}} \tag{6.7}$$

式中，p_0'为初始有效固结压力。

该试验方案共进行两类四组试验，分别研究饱和条件下，常规循环三轴和循环扭剪对黄土应变和孔压累积的影响；循环扭剪条件下不同含水率对重塑黄土应变累积的影响。

6.3.2 加载路径曲线

图 6.3 为应力分量的实际加载曲线。对于常规(CT)循环三轴加载路径，加载波形为半正弦压缩波，只改变轴向应力大小，无扭剪应力；对于循环扭剪(PSR)试验加载路径，不仅轴向应力循环变化，扭剪应力也循环变化，如图 6.3(b) 所示。由图 6.3(a) 可以发现，相同幅值条件下常规循环三轴的加载曲线较循环扭剪的竖向加载曲线的曲率小。图 6.4 为循环扭剪试验在 $\tau_{z\theta}$-$(\sigma_z-\sigma_\theta)$ 平面内的加载曲线，由图可知，该试验仪器可以较好地控制加载波形。如图 6.4(b) 所示，在循环轴向应力和循环扭剪应力作用下，试样的主应力偏转角由剪应力和轴向正应力共同决定，因此，循环偏应力 q^{cyc} 和主应力偏转角α分别由式(6.8)和式(6.9)确定：

$$q^{\text{cyc}}=\sqrt{(\sigma_z^{\text{cyc}})^2+(2\tau_{z\theta}^{\text{cyc}})^2} \tag{6.8}$$

$$\tan(2\alpha)=\frac{2\tau_{z\theta}^{\text{cyc}}}{\sigma_z^{\text{cyc}}} \tag{6.9}$$

如图 6.4(b) 所示，OA 长度为偏应力 q^{cyc} 大小，OA 与横轴夹角为 2α，α 的变化实现了主应力轴方向的连续变化。综上所述，相比于常规三轴试验，本章自定义波形可以实现主应力轴连续旋转，可实现交通荷载引发心形应力路径。

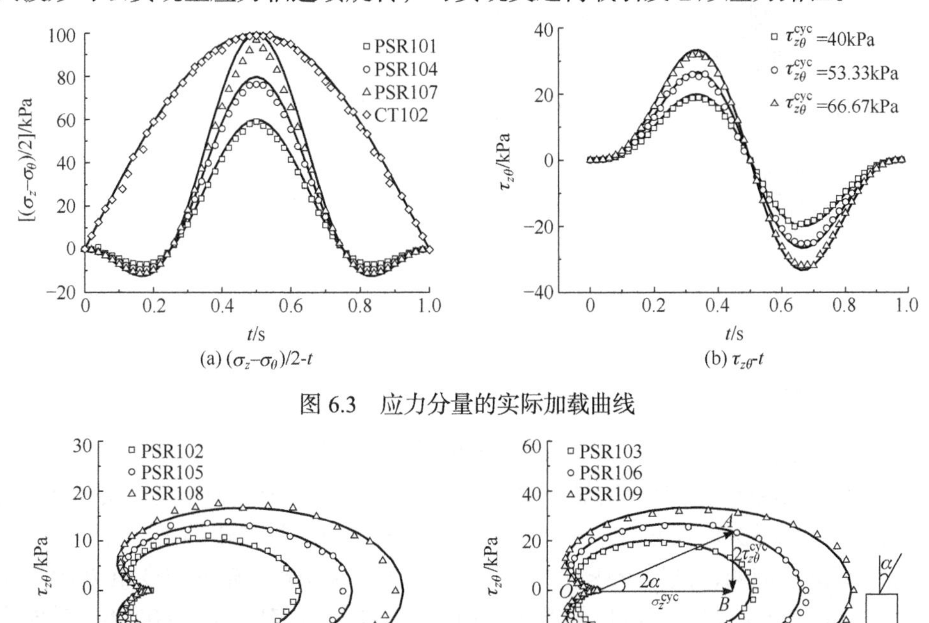

图 6.3　应力分量的实际加载曲线

图 6.4　循环扭剪试验在 $\tau_{z\theta}$-$(\sigma_z-\sigma_\theta)$ 平面内的加载曲线

6.4　考虑主应力轴连续旋转饱和重塑黄土应变、孔压发展规律

6.4.1　应力-应变滞回曲线

图 6.5(a)、(b)为相同轴向应力比(CSR=0.3)条件下，不同扭剪应力比(η=0、1/6)下 10000 次循环过程中应力-应变滞回圈的变化。由图可以看出，滞回圈随着循环向右移动，重塑黄土应变软化的发生导致变形累积，应变累积速率开始最大，随着循环次数的增加，累积速率逐渐变慢；随着循环次数的增加，滞回圈的倾斜角逐渐减小，回弹模量减小。图 6.5(a) 扭剪应力为 0，主应力轴不发生旋转，图 6.5(b)

扭剪应力比η=1/6，主应力轴发生循环旋转。通过对比图 6.5(a)和(b) 可以发现，当主应力轴发生旋转时(η=1/6)相对于主应力不发生旋转(η=0)应变累积速率加快；总应变累积变大；滞回圈宽度明显增大；滞回圈倾斜角度较小，回弹刚度减小。

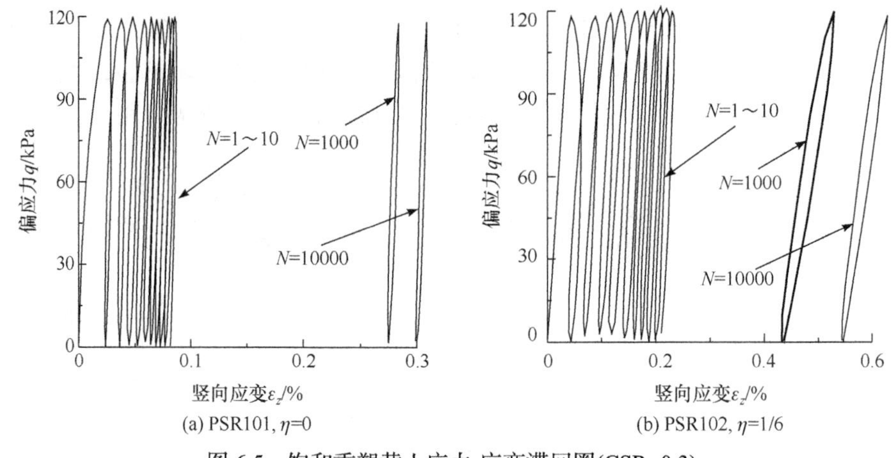

图 6.5　饱和重塑黄土应力-应变滞回圈(CSR=0.3)

6.4.2　应变发展规律

图 6.6 为饱和重塑黄土在 CSR=0.3 时的轴向应变发展趋势，由图可知，轴向应变随着循环次数的增加具有明显的累积效应，不同扭剪应力下轴向应变发展具有明显的差异。循环次数较低时，累积效应明显，塑性应变发展较迅速，后期应变基本保持平衡。例如，试样 PSR102 在开始的 3000 次循环中轴向应变由 0 增加至 0.467%，而 3000 次到 6000 次的循环振动后，轴向应变仅增加了 0.071%。轴向应变后期保持平衡，并具有一定的回弹应变，且回弹应变的大小随着扭剪应力的增大而增大。轴向应变稳定值与扭剪应力比有较大关系，扭剪应力比(η)越大，稳定轴向应变越大，说明扭剪应力的存在会导致更多的应变累积，加速试样的破坏。

图 6.7 为饱和重塑黄土在不同应力路径下的轴向应变随循环次数在线性坐标系下的变化趋势，由图可知，该饱和重塑黄土在循环荷载作用下的轴向应变发展模式可分为稳定型和破坏型两种，两种模式以轴向应变的增长速率来描述。稳定型轴向应变增长速率逐渐减小，主要是因为随着振动的持续，试样逐渐被压密但还未破坏，最终保持稳定的状态，如试样 CT101、CT102、PSR102、PSR104、PSR105、PSR106、PSR107；破坏型轴向应变开始时就以较大的增长速率发展，然后轴向应变增长速率突然增大，试样破坏，如试样 PSR108 和 PSR109。图 6.7(a)为相同轴向应力比(CSR)、不同扭剪应力比(η)条件下轴向应变随振动次数的变化，可以发现当 CSR 相同时，随着η的增大，轴向应变逐渐增大，说明扭剪应力的施加使应变累积增大；由试样 CT101 和试样 PSR104 可知，当η=0 时心形

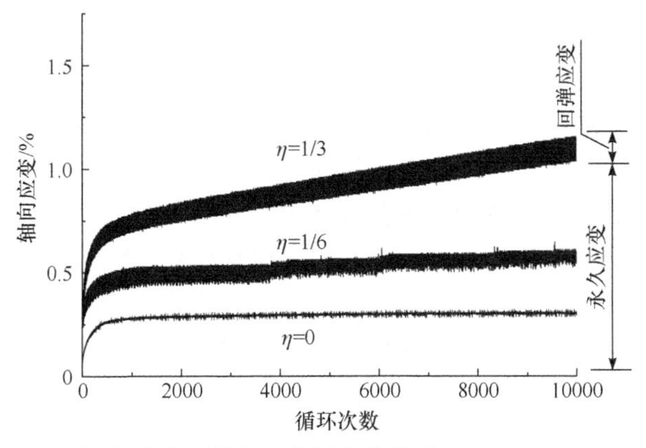

图6.6　不同扭剪应力下轴向应变累积曲线对比(ω=24.6%，CSR=0.3)

路径仅施加轴向自定义波形时较常规三轴半正弦波形时的应变发展迅速，原因是同一周期自定义加载波形上升段速率较大，导致轴向应变累积速率加快。由图6.7(b)可知，在相同扭剪应力比(η)、不同轴向应力比(CSR)条件下，随着轴向应力比的增大，轴向应变的累积速率和总累积值增大，说明轴向应力也是轴向应变累

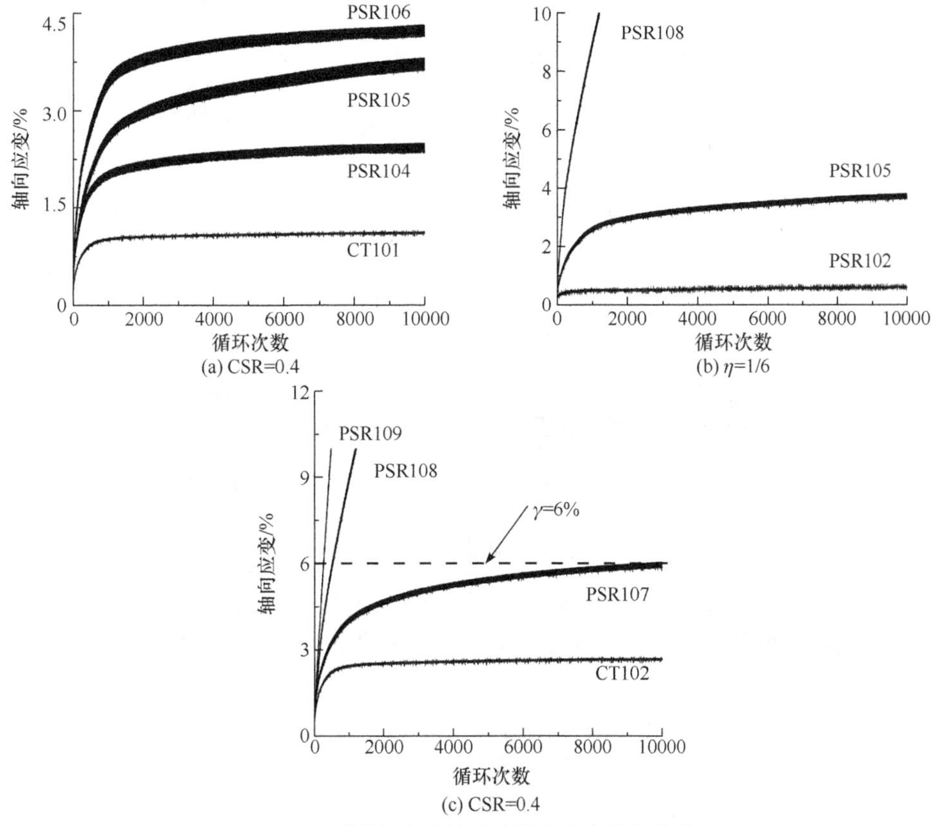

图6.7　不同应力路径下的轴向应变累积曲线

积的重要因素。

图 6.8 为上述轴向应变随振动次数变化趋势在半对数坐标系中的显示。由图可知，在轴向应变随振动次数的发展过程中，都有一个拐点可用一条虚线把整个拐点连接起来。对于稳定型，拐点过后应变发展速率逐渐趋于平衡并稳定，对于破坏型，拐点过后应变发展速率突然变大并以很快的速率破坏，如图 6.8(c)、(d)所示。此外，试样轴向应变的最大速率一般在循环次数 1000 次左右，其中 N=100～1000 时，应变速率逐渐增大。当 N>1000 时，如果是稳定型，应变速率逐渐减小并保持平衡；如果是破坏型，当 N>1000 时试样已破坏。

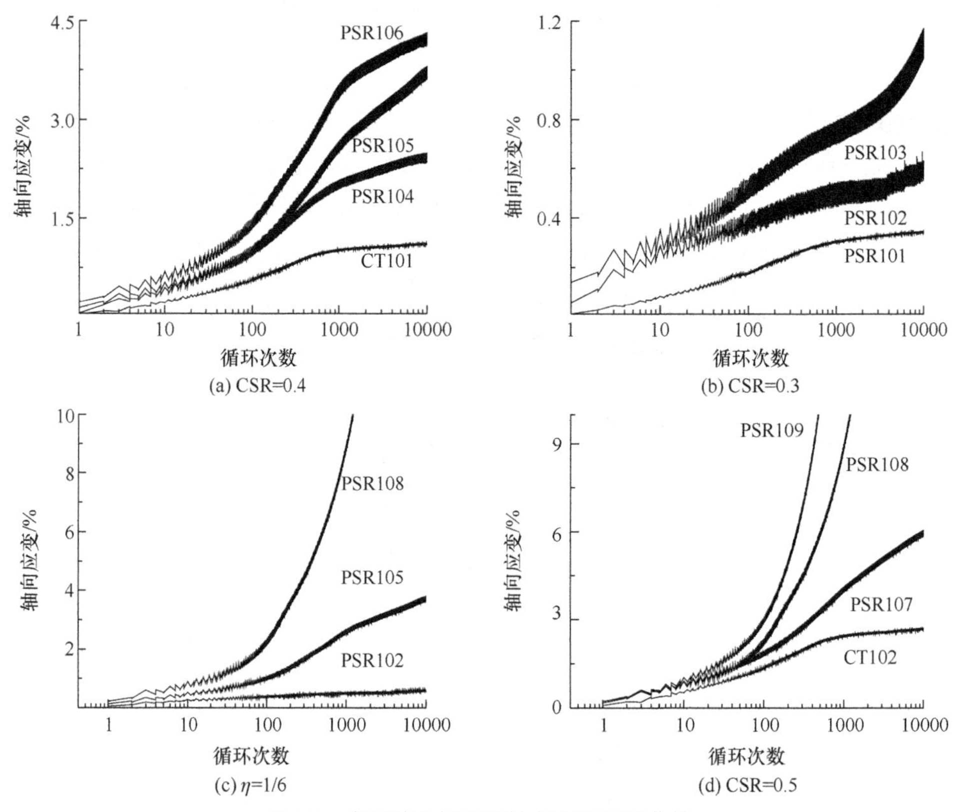

图 6.8　半对数坐标系下轴向应变累积曲线

图 6.9(a)、(b)分别为不考虑循环扭剪和考虑循环扭剪条件下广义剪应变随循环次数的累积曲线，图 6.9(c)、(d)分别为不同扭剪应力比下广义剪应变与不考虑扭剪应力下广义剪应变的差值和比值随循环次数的变化曲线。由图 6.9(a)、(b)可知，轴向应力比越大产生的广义剪应变越大，扭剪应力比越大产生的应变越大，但是幅值没有轴向应力比明显，最终广义剪应变保持稳定。由图 6.9(c)、(d)可知，广义剪应变差值随着循环次数的增加而增加，扭剪应力比越大增加的幅

值越明显，稳定的幅值也越大，因此轴向应力和扭剪应力对广义剪应变的差值都有较大影响。广义剪应变比值整体上保持恒定的状态，且扭剪应力对广义剪应变比值的影响相对较小。

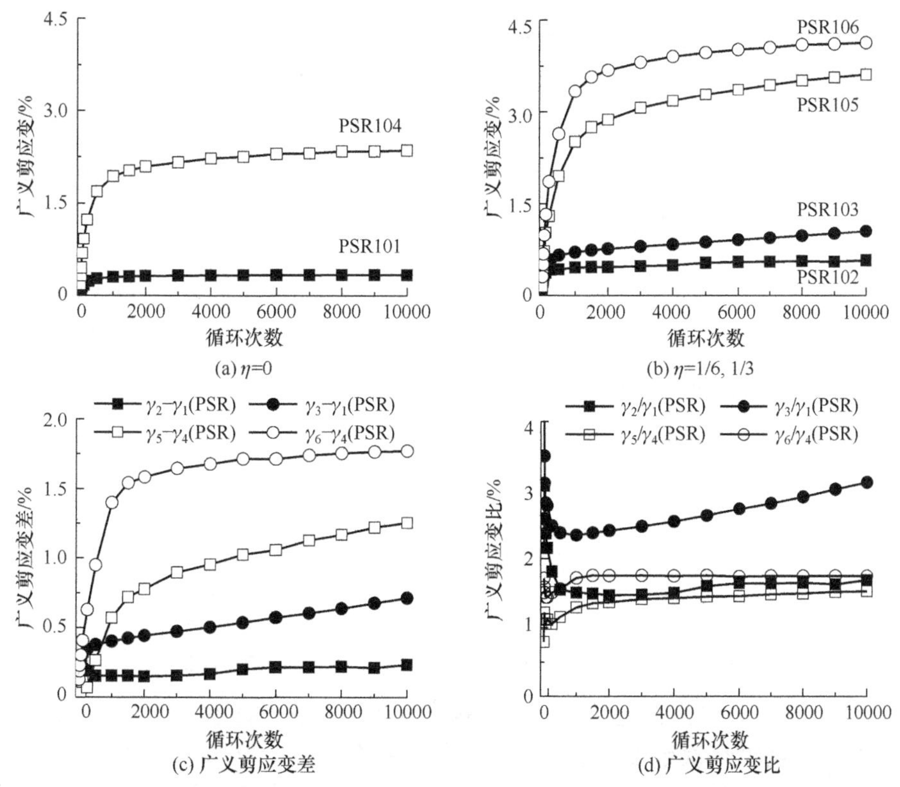

图 6.9　广义剪应变、广义剪应变差和广义剪应变比随循环次数的累积变化曲线

6.4.3　孔压发展规律

饱和重塑黄土常规循环三轴和循环扭剪试验在线性坐标系下孔压随循环次数的发展曲线如图 6.10 所示。孔压的发展与应变的累积规律相似，可分为稳定型和破坏型两种模式。稳定型孔压的发展开始保持较高的增长速率，循环 1000 次左右时达到最大增长速率，然后逐渐减小，最终 N=3000 时趋于稳定，达到极限孔压，如试样 CT101、CT102、PSR101、PSR102、PSR103、PSR104、PSR105；破坏型孔压一直处于线性增长的状态直到试样破坏，由于是在较少的循环次数内快速破坏，孔压累积时间较短，其破坏孔压较低，如试样 CT103。相同轴向应力比条件下，循环扭剪应力越大，其循环孔压累积值越大，如试样 CSR101、CSR102、CSR103，同等条件下，常规循环三轴的孔压累积小于心形的孔压累积，如试样 CT101、PSR104。

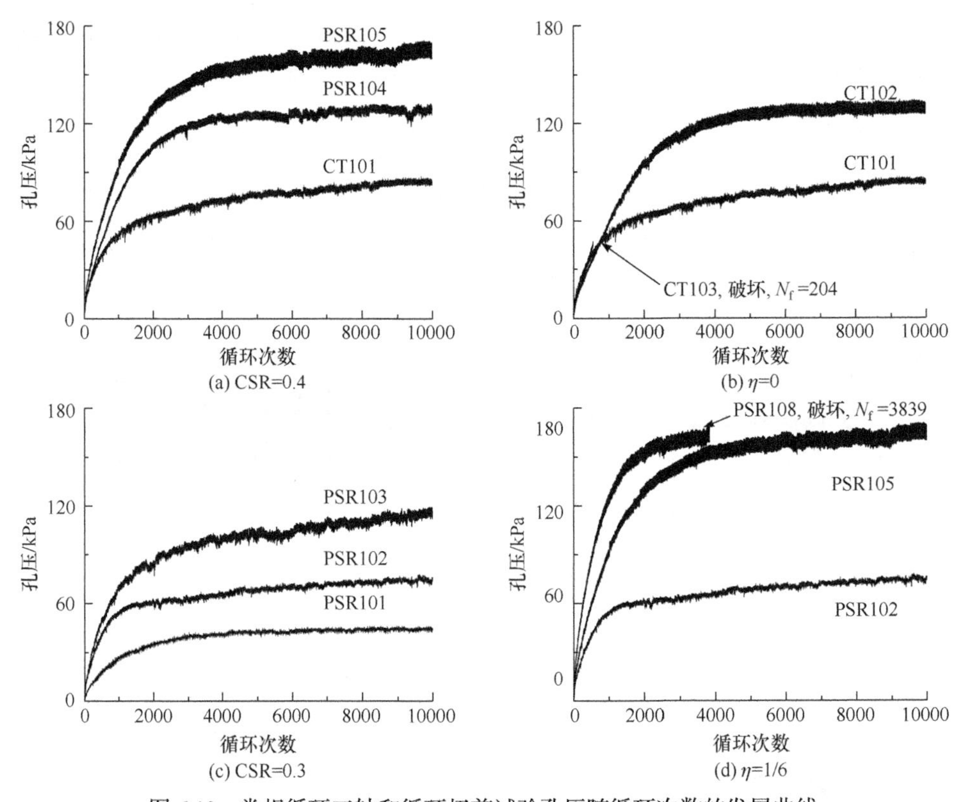

(a) CSR=0.4　(b) η=0　(c) CSR=0.3　(d) η=1/6

图 6.10　常规循环三轴和循环扭剪试验孔压随循环次数的发展曲线

图 6.11 为上述孔压随循环次数发展曲线在半对数坐标系中的显示。由图可知，在应变随循环次数发展过程中，仍都有一个拐点，可用一条虚线把整个拐点连接起来。对于稳定型，拐点过后应变发展速率逐渐趋于平衡，但稳定时的振动次数较应变稳定次数大，体现了孔压累积滞后的特点。对于破坏型，拐点过后孔压累积速率呈现逐渐增大的趋势并以很快的速率破坏，如试样 CT103。此外，试样孔压累积最大速率的循环次数为 2000～3000，其中 N=0 开始孔压累积速率

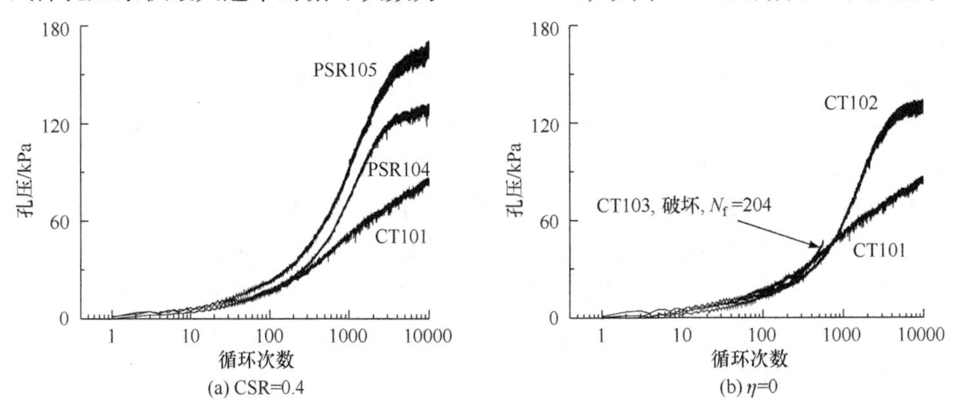

(a) CSR=0.4　(b) η=0

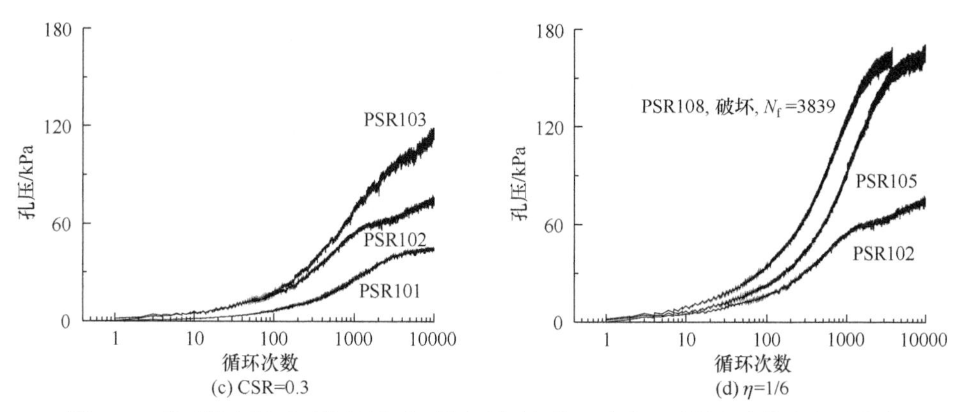

(c) CSR=0.3　　(d) η=1/6

图 6.11　半对数坐标系下常规循环三轴和循环扭剪试验孔压随循环次数的发展曲线

逐渐增大，当 N>3000 时，如果是稳定型，孔压累积速率逐渐减小并保持平衡，如图 6.11 所示，再次体现了孔压累积较应变累积滞后的现象。

图 6.12(a)、(b)分别为不考虑循环扭剪和考虑循环扭剪条件下累积孔压随循环次数的变化曲线，图 6.12(c)、(d)分别为不同扭剪应力比下的累积孔压与不考虑扭剪应力比下的累积孔压的差值和比值随循环次数的变化曲线。由图 6.12(a)、(b)

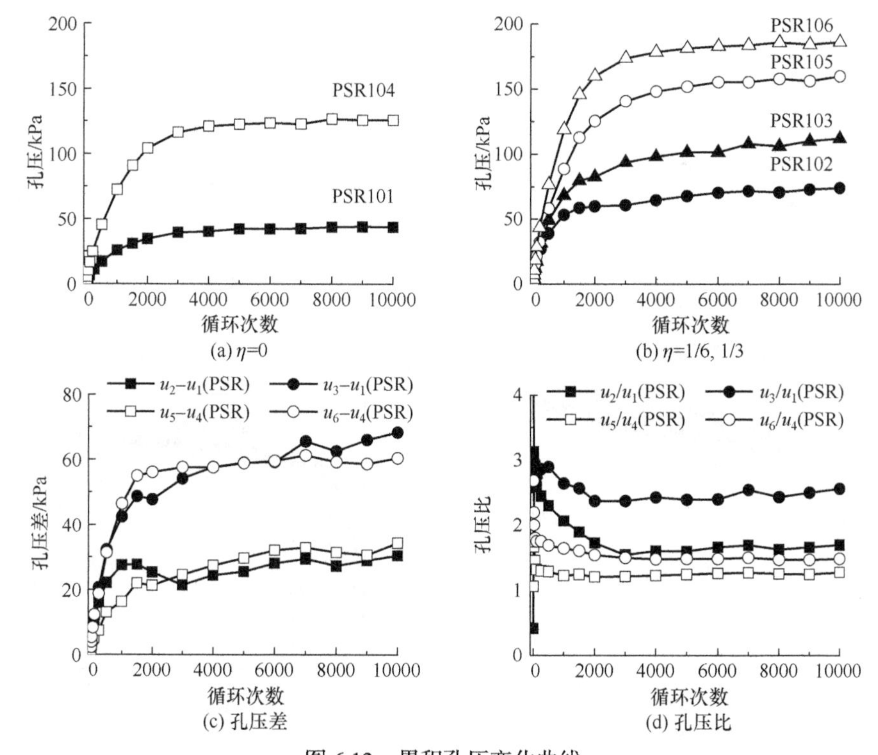

(a) η=0　　(b) η=1/6, 1/3

(c) 孔压差　　(d) 孔压比

图 6.12　累积孔压变化曲线

可知，轴向应力比越大产生的累积孔压越大，扭剪应力比越大产生的累积孔压越大，但是幅值没有轴向应力比明显，最终累积孔压保持稳定。由图 6.12(c)、(d)可知，累积孔压差值随着循环次数的增加而增加，不同轴向应力比下扭剪应力对孔压差值的发展影响不大,因此只有轴向应力对累积孔压差值的发展有较大影响。整体上，累积孔压比值保持恒定的状态，轴向应力比越大，其孔压比越大，但相对于孔压差不显著。此外，在相同轴向应力比下，扭剪应力的增大会增大孔压比值。

图 6.13 为孔压和广义剪应变在同一坐标系内随循环次数的变化曲线。由图可知，判断孔压和广义剪应变稳定的典型位置为拐点处，即拐点后孔压和广义剪应变基本上很快达到稳定状态，但是同一试样的孔压和广义剪应变的拐点所处的循环次数是不同的。通常广义剪应变比孔压出现拐点的时间早，即孔压具有一定的滞后性。如图 6.13(a)、(b)所示，不考虑扭剪应力的影响，随着轴向应力的增加，其孔压的滞后程度增加。本章中当轴向应力比由 0.3 增加到 0.4，其孔压滞后循环次数由 1300 增加到 1800。图 6.13(c)、(d)为不同扭剪应力比下的孔压和广义剪应变的变化曲线。由图 6.13(b)、(c)、(d)可知，扭剪应力的出现将会减小孔压滞后的程度，而且随着扭剪应力的增加，其孔压滞后程度减弱。即考虑主应力轴的旋转，孔压滞后程度减弱。

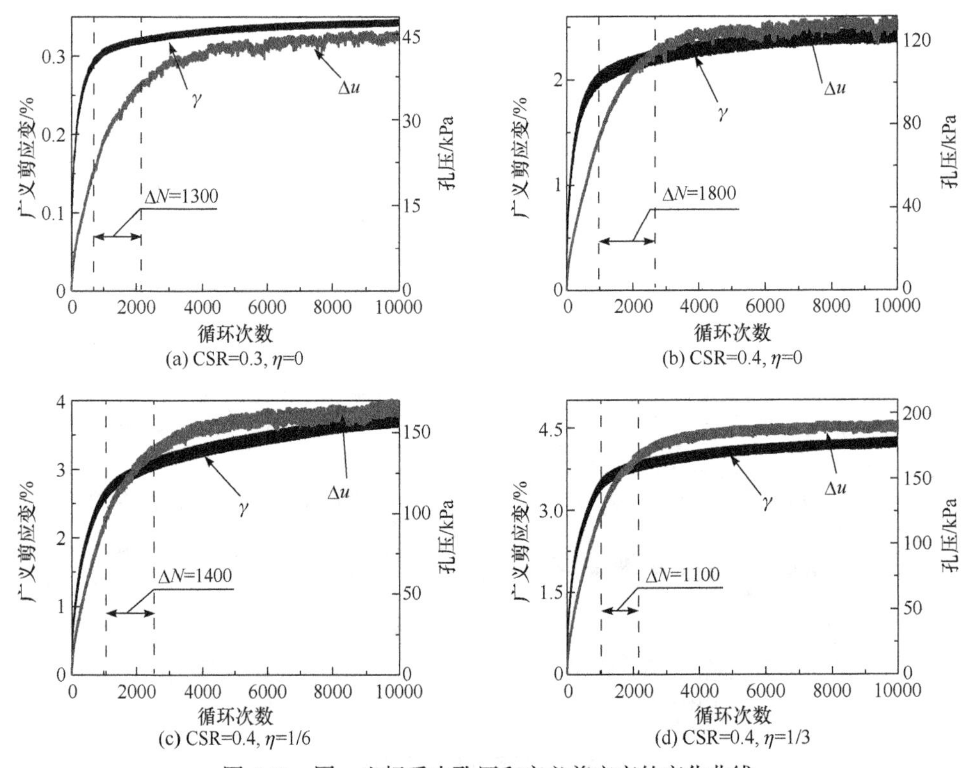

图 6.13 同一坐标系内孔压和广义剪应变的变化曲线

6.5　考虑主应力轴连续旋转不同含水率重塑黄土应变发展规律

本节主要讨论不同含水率[16.4%(最优含水率)、20.5%、24.6%(饱和含水率)]条件下 Q_2 重塑黄土循环扭剪的轴向塑性应变发展规律。图 6.14 为轴向塑性应变随循环次数变化曲线在线性坐标系中的表示，轴向塑性应变随着循环次数的增加而累积，轴向塑性应变随循环次数的发展主要由含水率、轴向应力、扭剪应力等决定。轴向塑性应变随循环次数的累积曲线与应变的发展规律是一致的，分为稳定型和破坏型两种模式。两种发展模式以应变的增长速率来描述：稳定型应变增长速率逐渐减小，主要是因为随着循环的持续，试样逐渐被压密但还未破坏，最终保持稳定的状态，如试样 PSR101、PSR102、PSR103、PSR104、PSR105、PSR106、PSR107、PSR201、PSR202、PSR203、PSR204、PSR301、PSR302、PSR303、PSR304、PSR305、PSR306；破坏型应变开始时就以较大的速率发展，然后应变速率突然增大试样破坏，如试样 PSR108、PSR109、PSR205、PSR206。

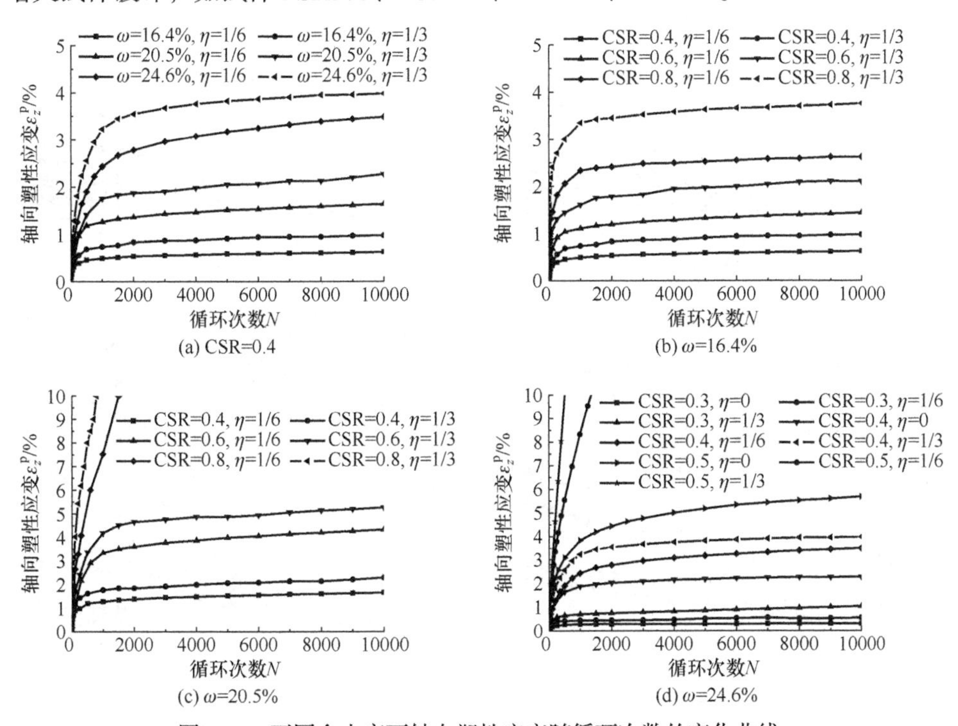

(a) CSR=0.4　(b) ω=16.4%　(c) ω=20.5%　(d) ω=24.6%

图 6.14　不同含水率下轴向塑性应变随循环次数的变化曲线

由图 6.14 可知，相同轴向应力比(CSR=0.4)条件下，含水率越大塑性应变发展越快，不同含水率(ω=16.4%、20.5%、24.6%)条件下，轴向塑性应变的发展主要与轴向应力和扭剪应力呈正相关，轴向应力对轴向塑性应变的发展影响程度较大。

图 6.15 为上述轴向塑性应变随循环次数变化曲线在半对数坐标系中的显示。由图可知，在应变随循环次数发展过程中，同样都有一个拐点，可用一条虚线把整个拐点连接起来，但是不同含水率的拐点位置不同，含水率越低，其拐点位置越靠左，且拐点不明显。稳定型拐点过后应变发展速率逐渐趋于平衡并稳定；破坏型拐点过后应变发展速率突然变大并以很快的发展速率试样破坏。试样轴向塑性应变的最大速率一般在循环 1000 次左右，其中 N=100～1000 时应变速率逐渐增大。当 N>1000 时，如果是稳定型，应变速率逐渐减小并保持平衡；如果是破坏型试样基本上已经破坏，如图 6.15 所示。此外，初始轴向塑性应变的大小与含水率有关，含水率越低其初始轴向塑性应变越大，反之，含水率越高，其初始轴向塑性应变越小。原因是含水率低，试样中气体多，在轴向应力或扭剪应力作用下试样初始压缩较大，所以会有较大的塑性轴向应变。

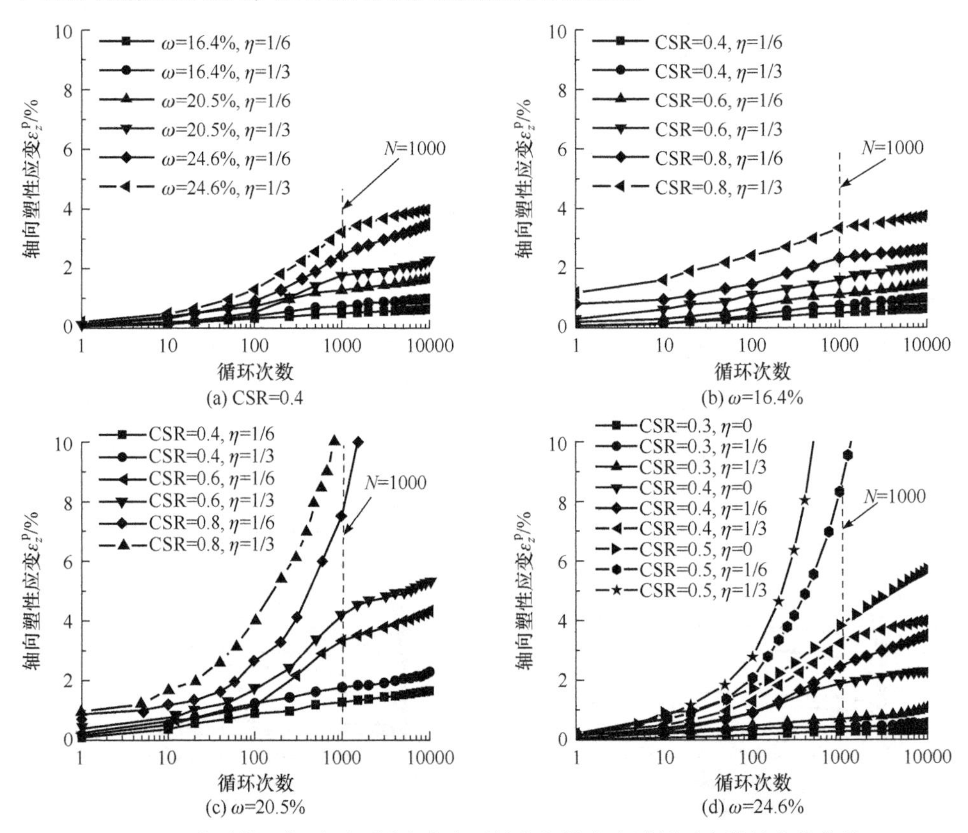

图 6.15　半对数坐标系下不同含水率下轴向塑性应变随循环次数的变化曲线

为了研究扭剪应力对应变累积的影响，将同一轴向应力比或含水率条件下

η=1/3 时的轴向塑性应变与η=1/6 时的轴向塑性应变的比值 R_z^{p} 随循环次数的变化曲线绘制成图 6.16。为了考虑振动的长期效应，本章只考虑循环 1000 次之后的变化规律，因此其变化基本处于稳定或逐渐稳定的状态。由图可知，轴向应力比和含水率对塑性应变比值影响较大。在已知 CSR=0.4 条件下，含水率越低，其轴向应变比值越大。在某一相同含水率条件下，轴向应力比越大，其轴向应变比值越小，并且这种差异随着含水率的增加而增大。

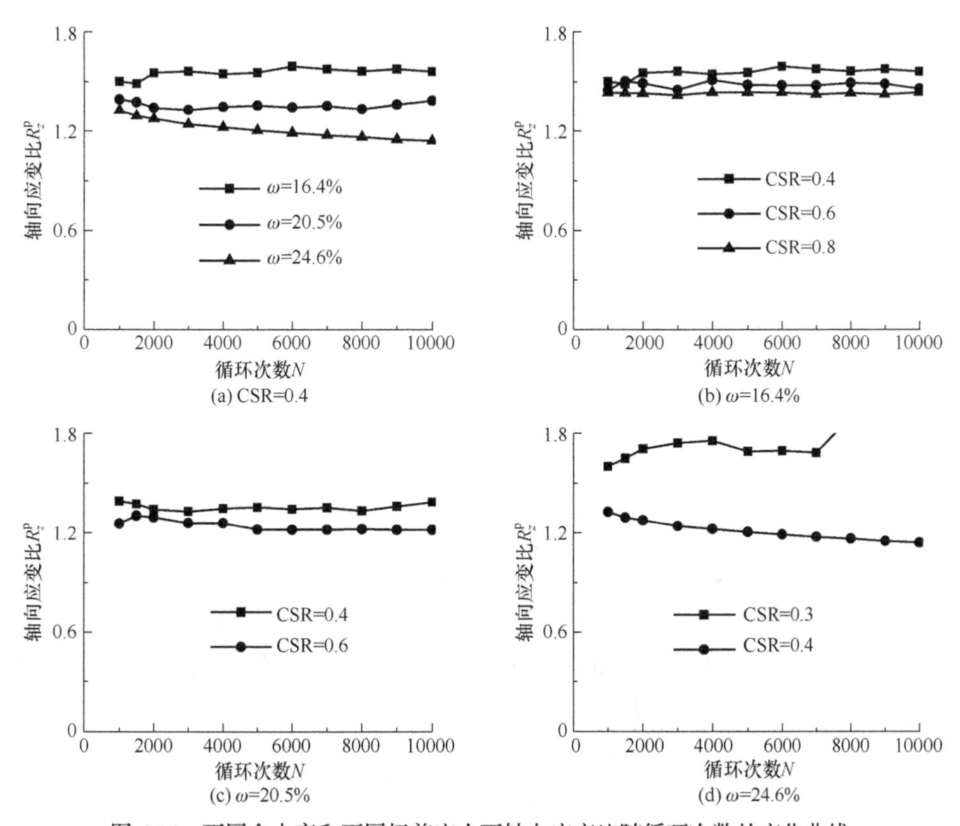

图 6.16　不同含水率和不同扭剪应力下轴向应变比随循环次数的变化曲线

以相同轴向应力比为一组，分别选定循环次数为 2000、3000、4000、5000、6000、7000、8000、9000、10000 下η=1/3 和 1/6 的轴向塑性应变，将轴向塑性应变在以η=1/6 时为横坐标、以η=1/3 为纵坐标绘置于平面坐标系中，如图 6.17 所示。由图可知，该轴向塑性应变具有良好的线性关系，三种含水率(16.4%、20.5%、24.6%)下拟合直线的斜率分别为 1.387、1.161、1.079，截距分别为 0.113、0.295、0.359。因此含水率越大，斜率越小，截距越大，原因是含水率越高，则强度越低，导致同等条件下应变累积越大，斜率变小。截距在数学上的含义是在η=1/6 时的轴向塑性应变为 0 时η=1/3 的应变值，同等条件下含水率越小，其应变累积越小，

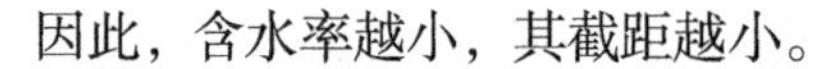
因此，含水率越小，其截距越小。

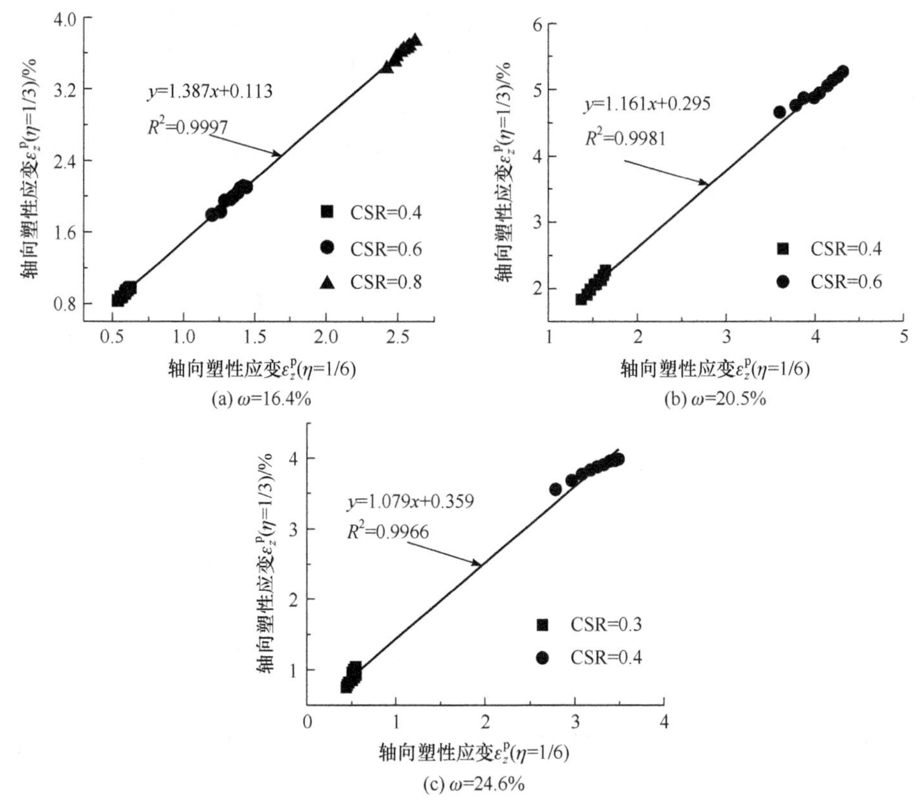

图 6.17　不同含水率和不同扭剪应力比下轴向塑性应变的关系

为了同时考虑轴向应力和扭剪应力对轴向应变累积的影响，结合式(6.6)和式(6.7)定义综合应力比 CSR′ 为

$$\mathrm{CSR}'=\frac{\sqrt{(\Delta\sigma_z^{\mathrm{cyc}})^2+(2\Delta\tau_z^{\mathrm{cyc}})^2}}{2p_0'}=\mathrm{CSR}\sqrt{1+4\eta^2} \tag{6.10}$$

不同含水率下循环次数分别为 100 和 1000 时的轴向塑性应变随 CSR′ 的变化曲线如图 6.18 所示。由图可知，轴向塑性应变的发展可以用三个区域表示，分别为稳定区、亚稳定区和不稳定区。稳定区几乎没有塑性应变，也没有刚度衰减，随着综合应力比的增大，轴向塑性应变呈指数型发展，由于本章试验所选轴向应力和扭剪应力相对较大，因此位于后两个区域。三种含水率(16.4%、20.5%、24.6%)条件下稳定应力比区间分别为 0～0.21、0～0.19、0～0.12；亚稳定应力比区间分别为 0.21～0.61、0.19～0.47、0.12～0.41；不稳定应力比区间分别为>0.61、>0.47、>0.41。可见含水率越低，其循环强度越大，其区间稳定临界应变力值越大。

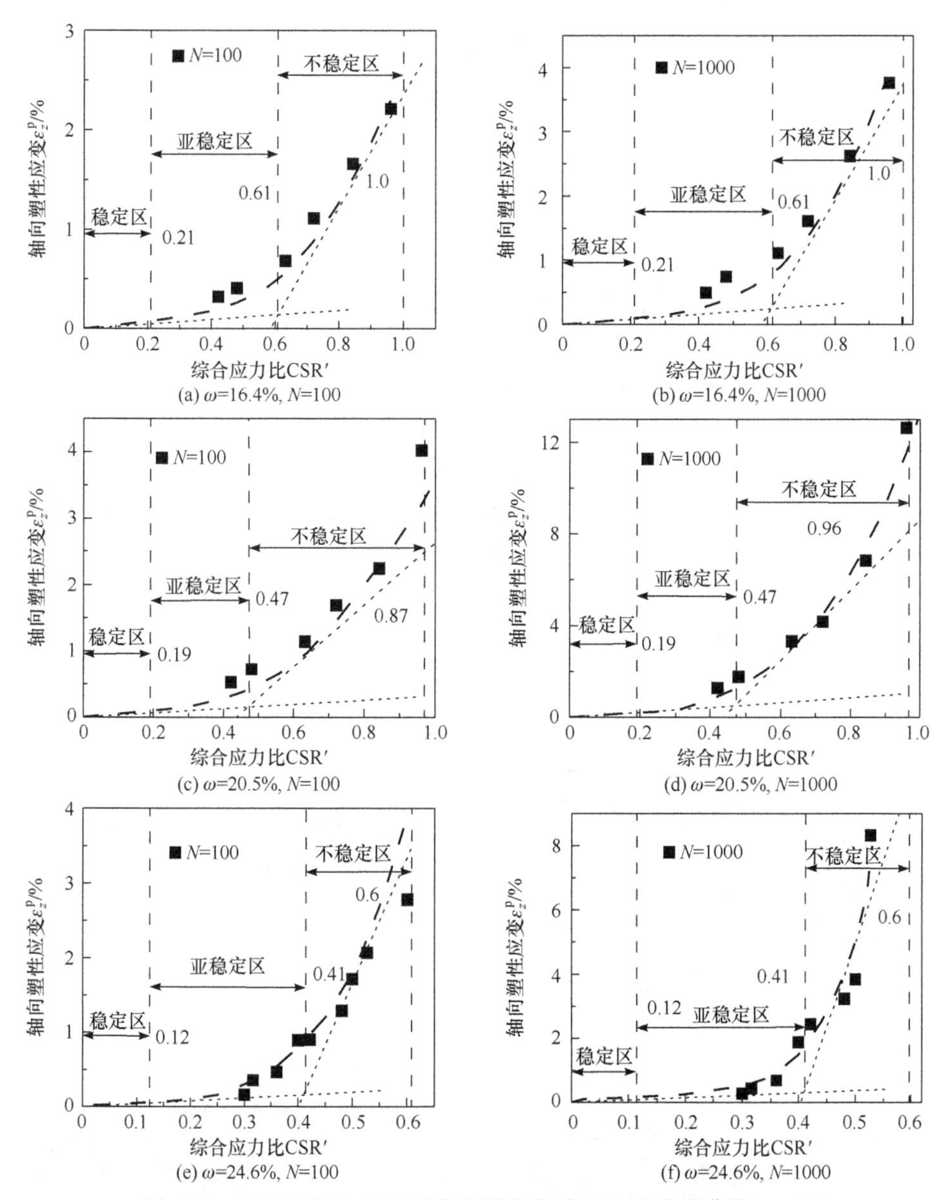

图 6.18　N=100 和 N=1000 后的塑性应变随 CSR′ 的变化曲线(η=1/3)

在路基设计工程中，如果以不稳定区的临界应力比值作为设计标准，显然是不安全的，势必会在道路施工或运行过程中产生较大的沉降，减少道路的使用年限；如果以稳定区的临界应力比值为设计标准，对路基的标准要求又太高，为了较小的沉降需要增加路基强度从而增加施工成本，因此，在最大变形范围内，路基结构允许有一定量的变形。为了寻求更合理的路基设计标准，本章建议以不稳定区轴向塑性应变上升切线与 CSR′ 轴的交点应力比作为最佳设计标准临界值，如图 6.18 所示。当综合应力比低于该设计临界值时，轴向塑性应变有一定的累积，但应变不是很大且最终轴向塑性应变是稳定型，不至于产生较大变形并破坏，因此可以满足道路路基工程沉降要求。而对于黄土来说，不同含水率条件下其临界综合应力比不同，因此在应用时需考虑含水率的影响。

6.6　考虑主应力轴连续旋转重塑黄土应变累积经验方程

将上述不同应力路径下的轴向塑性应变随循环次数的变化绘制在双对数坐标系中，如图 6.19 所示。与上述线性坐标系和半对数坐标系一致，在双对数坐标系中不同应力路径下轴向塑性应变的发展为单调增长，且在 N=1000 左右时有拐点，该拐点是应变增长速率减小或急剧增大的标志。对于稳定型应变，增长速率减小并稳定；对于破坏型应变，增长速率持续增大直到破坏，且塑性应变曲线上弯，如图 6.19(c)、(d)所示。由图可知，应变发展曲线线性关系并不明显，具有明显的分段特征，可以近似用非线性二次曲线拟合。

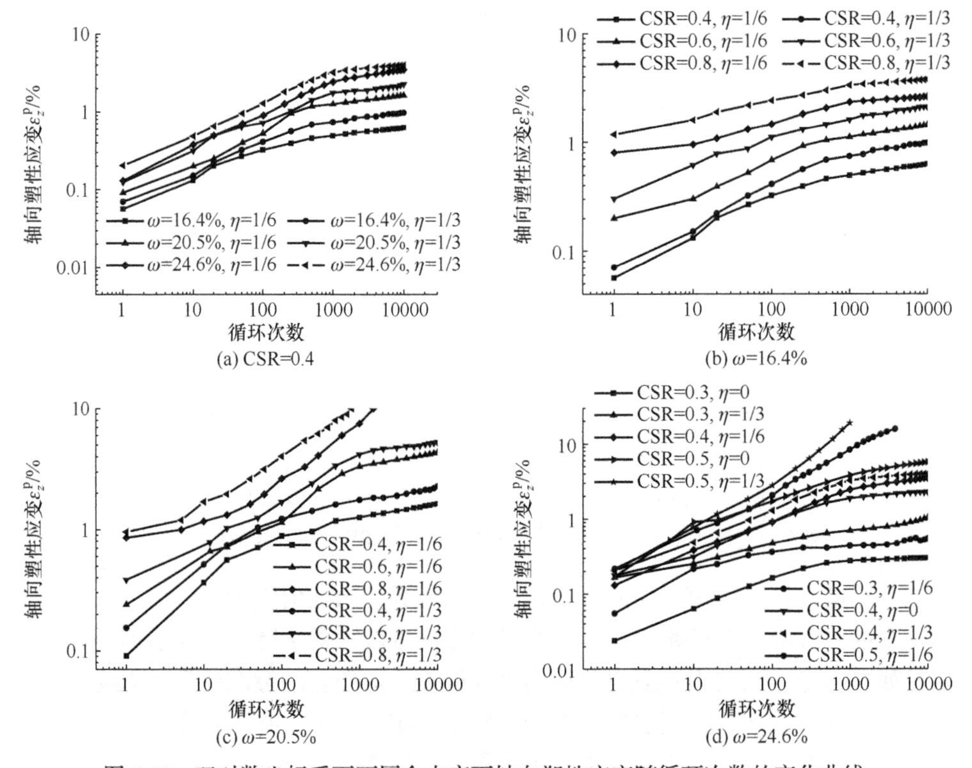

图 6.19　双对数坐标系下不同含水率下轴向塑性应变随循环次数的变化曲线

土体在循环应力作用下的塑性应变累积计算模型主要有弹塑性模型和经验模型两种。弹塑性模型在荷载循环次数较大的情况下计算误差较大，因此在长期循环荷载作用下采用弹塑性模型是不合适的。相对弹塑性模型，经验模型能够较直接地建立循环次数和塑性应变的变化关系，在长期循环荷载作用下的塑性应变累积预测中经常使用。因此学者提出了土体长期在循环荷载作用下塑性应变累积经验模型，用于预测路基沉降，该模型在道路工程中得到广泛应用。现有经验模型主要是将塑性应变随循环次数的变化绘制在双对数坐标系中，对于大部分软土满足线性关系[54,169]，之后选取基准点求出参数。但是由图 6.19 可知，重塑黄土在循环荷载作用下在双对数坐标系的线性关系不明显。如果采用这种方式来预测沉降变形将带来较大误差，不能应用于具体工程，但是其趋势用二次函数关系拟合则会得到较精确的预测。因此本章提出如下非线性累积沉降方程：

$$\log \varepsilon_z^{\mathrm{p}} = A\left(\log \frac{N}{N_{\mathrm{f}}}\right)^2 + C\log \frac{N}{N_{\mathrm{f}}} + \log \varepsilon_{z,N_{\mathrm{f}}}^{\mathrm{p}} \tag{6.11}$$

式中，$\varepsilon_z^{\mathrm{p}}$ 为轴向塑性应变；N 为循环次数；N_{f} 为参考循环次数，其可根据土体类型的不同合理选择，本章统一选取 $N_{\mathrm{f}}=1000$；$\varepsilon_{z,N_{\mathrm{f}}}^{\mathrm{p}}$ 为参考循环次数 N_{f} 下的轴向塑性应变；A、C 为模型参数，其值通常以 $N=1$ 和 $N=10000$ 时的轴向塑性应变值确定。

为了综合考虑轴向应力比和扭剪应力比对轴向塑性应变的影响，研究不同含水率在参考循环次数为 1000 下的轴向塑性应变随综合应力比 CSR′ 的变化，如图 6.20 所示。拟合轴向塑性应变近似呈指数函数关系，可用式(6.12)表示：

$$\begin{aligned} \varepsilon_{z,1000}^{\mathrm{p}} &= a\exp(c\mathrm{CSR}') \\ &= a\exp(c\mathrm{CSR}\sqrt{1+4\eta^2}) \end{aligned} \tag{6.12}$$

式中，a、c 为拟合参数，不同含水率下的重塑黄土的 a、c 值不同，将式(6.12)代入式(6.11)，可得

$$\log \varepsilon_z^{\mathrm{p}} = A\left(\log \frac{N}{N_{\mathrm{f}}}\right)^2 + C\log \frac{N}{N_{\mathrm{f}}} + \log[a\exp(c\mathrm{CSR}\sqrt{1+4\eta^2})] \tag{6.13}$$

式(6.13)为在循环轴向应力和循环扭剪应力的长期荷载作用下轴向塑性应变的累积沉降方程。为了验证该模型的有效性，利用上述方法确定的预测模型参数见表 6.2，相应曲线方程如图 6.21 所示。从图中可以看出，本章模型可以较好地预测长期荷载条件下的轴向塑性应变。

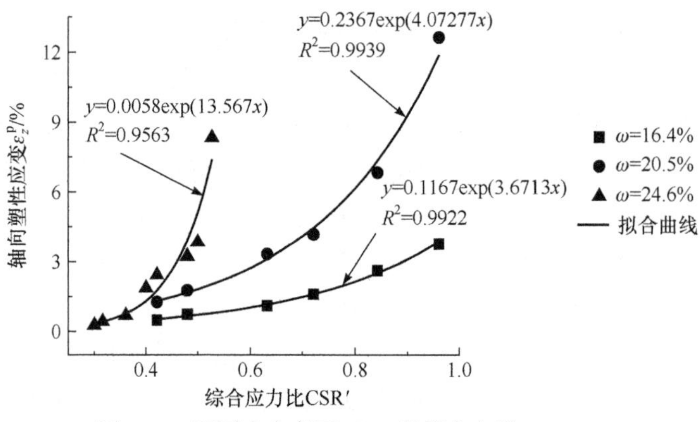

图 6.20　不同含水率下 $\varepsilon_{z,1000}^{p}$ 的拟合方程(η=1/3)

表 6.2　预测模型参数

编号	ε_{z,N_f}^{p}/%	N_f	A	C
PSR101	0.2740	1000	−0.0789	0.1165
PSR102	0.4345	1000	−0.0503	0.1483
PSR103	0.6955	1000	−0.0088	0.1818
PSR104	1.8763	1000	−0.0645	0.1494
PSR105	2.4346	1000	−0.0670	0.2233
PSR106	3.2272	1000	−0.0639	0.1553
PSR107	3.8294	1000	−0.0698	0.2417
PSR108	2.0640	100	−0.0152	0.4830
PSR109	2.7794	100	0.8834	0.7428
PSR201	1.2656	1000	−0.0669	0.1800
PSR202	1.7613	1000	−0.0681	0.1792
PSR203	3.3305	1000	−0.0669	0.1800
PSR204	4.1831	1000	−0.0614	0.1612
PSR205	2.6424	100	0.0831	0.4100
PSR206	4.0241	100	−0.0917	0.4946
PSR301	0.2740	1000	−0.0789	0.1165
PSR302	0.4345	1000	−0.0503	0.1767
PSR303	1.1102	1000	−0.0338	0.1468
PSR304	1.6089	1000	−0.0316	0.1475
PSR305	2.3359	1000	−0.0262	0.0765
PSR306	1.8997	1000	−0.0341	0.2861

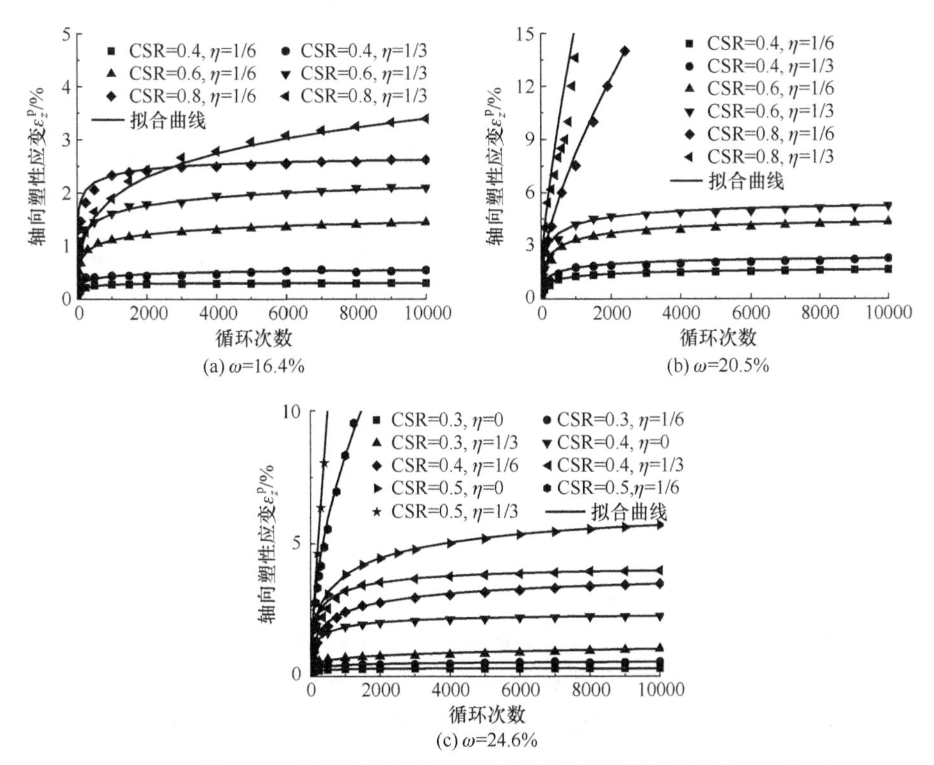

(a) ω=16.4%　(b) ω=20.5%　(c) ω=24.6%

图 6.21　轴向塑性应变的累积沉降方程计算结果对比

Sun 等[169]也提出了长期振动荷载下的应变累积方程，但是该方程式双对数的线性方程对于少数软黏土适用，对于黄土会产生较大的误差。为了体现非线性预测方程的优越性，利用文献中的数据，将本章预测方程与 Sun 等[169]文献中提出的方程进行对比。文献选取 N_f=100 作为参考循环次数，本章选取 N_f=1000，两种计算方法确定的参数见表 6.3，预测曲线如图 6.22 所示。由图可知，本章模型相对文献提出的方程能够更好地预测塑性应变的发展趋势。

表 6.3　本节模型与 Sun 等模型参数对比

CSR	本节模型			Sun 等模型	
	ε_{z,N_f}^{p} /%(N_f=1000)	A	C	ε_{z,N_f}^{p} /%(N_f=100)	k
0.074	0.5200	−0.0746	0.2758	0.2183	0.2939
0.103	0.7085	−0.0502	0.2833	0.2937	0.3004
0.132	1.0492	−0.0444	0.2615	0.4580	0.2849
0.176	1.6520	−0.0431	0.2496	0.7240	0.2801
0.221	2.5073	−0.0520	0.2158	1.1898	0.2377
0.265	3.3657	−0.0435	0.2180	1.5660	0.2486

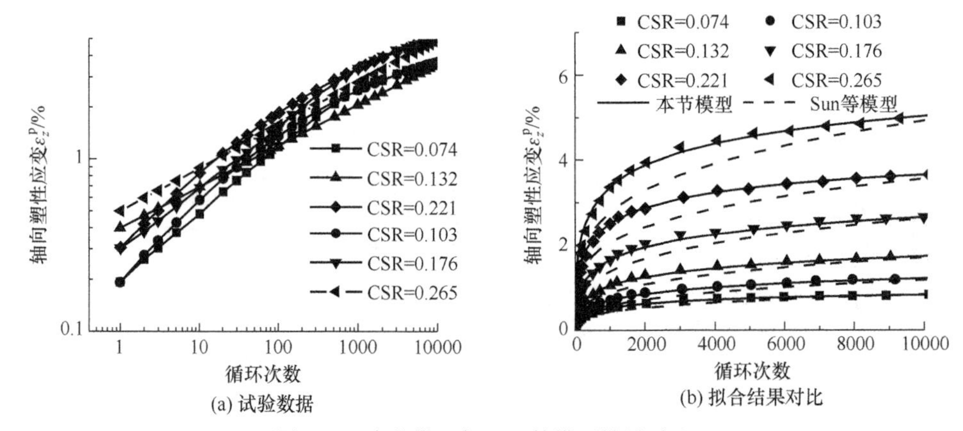

(a) 试验数据　　(b) 拟合结果对比

图 6.22　本节模型与 Sun 等模型结果对比

6.7　本 章 小 结

本章利用 GCTS 空心圆柱扭剪系统对 Q_2 重塑黄土开展了一系列循环次数达 10000 次的循环扭剪试验，模拟了交通荷载作用下路基土体单元主应力大小和方向循环变化的应力路径，主要进行了不同含水率、不同轴向应力比、不同扭剪应力比下重塑黄土的循环扭剪试验和常规三轴循环振动试验。通过对试验结果进行分析得到以下结论：

(1) 应力-应变滞回圈随着循环沿轴向应变轴向右移动，重塑黄土应变软化导致变形累积，应变累积速率开始最大，逐渐变慢；随着循环次数的增加，滞回圈的倾斜角逐渐减小(回弹模量减小)。当主应力发生旋转时(η=1/6)，相对于主应力不发生旋转(η=0)应变累积速率加快，总应变累积变大，滞回圈宽度明显增大，滞回圈倾斜角度减小(回弹刚度减小)。

(2) 轴向应变随着循环次数的增加具有明显的累积效应，不同扭剪应力下轴向应变发展具有明显的差异。循环次数较低时，累积效应明显，塑性应变发展较迅速，后期应变基本保持平衡，并具有一定的回弹应变，且回弹应变的大小随着扭剪应力的增大而增大，扭剪应力的存在导致更多的应变累积，加速试样的破坏。

(3) 重塑黄土在循环荷载作用下的应变发展模式可分稳定型和破坏型两种，两种模式以应变的增长速率来描述。当 CSR 相同时，随着η的增大，轴向应变逐渐增大。在相同扭剪应力比(η)和不同轴向应力比(CSR)条件下，随着轴向应力比的增大，轴向应变的累积速率和总累积值增大。孔压的发展与应变类似，但具有明显的滞后特征。

(4) 含水率对轴向塑性应变比 R_z^p 影响较大。在已知轴向应力比条件下，含水率越低，其轴向塑性应变比值越大；在某一相同含水率条件下，轴向应力比越大，其轴向塑性应变比值越小，并且这种差异随着含水率的增加而增大。

(5) 将轴向塑性应变分别以$\eta=1/6$ 和$\eta=1/3$ 作为横纵坐标绘制曲线，其具有良好的线性关系，含水率越大，拟合直线的斜率越小，截距越大。

(6) 轴向塑性应变的发展可分为稳定区、亚稳定区和不稳定区。含水率越低，其循环强度越大，其区间稳定临界值越大。本章建议以不稳定区轴向塑性应变上升切线与 CSR′轴的交点应力比作为最佳设计标准临界值。

(7) 针对双对数坐标系下轴向塑性应变的非线性关系，提出了长期荷载作用下考虑轴向应力比和扭剪应力比的累积沉降方程,并验证了该计算模型的正确性。

第 7 章　考虑主应力方向的黄土各向异性强度准则

7.1　概　　述

强度准则是岩土工程中的重要研究的课题，它描述的是岩土体的破坏条件，即岩土体对外力的承受能力，强度理论研究的目的是校核岩土体材料在各种复杂应力条件下是否发生破坏。在过去的几十年中，学者[61-66]提出了大量强度准则来描述岩土体的破坏特性，但是这些强度准则在π平面内的形状都是单一的，不能反映材料强度随内在因素的改变而变化的特性。因此，研究人员[67-70]提出了线性和非线性的统一强度理论，通过引入参数来改变形函数大小，最终改变强度准则在π平面内的形状。以上准则都为各向同性强度准则，不能描述岩土材料强度的各向异性。而大量的岩土材料由于沉积作用而表现出横观各向同性，即在沉积面内材料的强度相同，不同沉积面方向强度不同。重塑黄土或黏性砂土的定向剪切试验表明主应力方向的改变同样会导致强度各向异性，反映了材料的初始各向异性。因此，需要建立考虑岩土材料沉积特性和初始各向异性的统一强度准则[156,170,171]。本章主要研究内容：基于 Lade 准则和 von Mises 准则，结合岩土体的力学特性引入参数ξ，提出适用范围更广的修正的线性统一强度准则，该准则在偏平面内随着ξ变化，是一系列的强度准则，并验证了准则的有效性；将上述修正的准则拓展为非线性各向同性准则，该准则适用于强度非线性材料；基于组构张量，定义各向异性参数 A，提出各向异性方程，并将各向异性方程引入非线性 Lade 准则中，提出各向异性非线性强度准则，分别用砂土、黏土、岩石材料以及重塑黄土验证该准则的正确性。

7.2　各向同性强度准则

7.2.1　各向同性线性强度准则

Lade 准则是由 Lade 和 Nakai 等提出的，由于该准则形式简单，物理意义明确，因此被广泛运用于岩土材料中，本章基于 Lade 准则进行修正，使其应用更广泛。Lade 准则如下：

$$\frac{I_1^3}{I_3}=C \tag{7.1}$$

式中

$$I_1=\sigma_1+\sigma_2+\sigma_3 \tag{7.2}$$

$$I_3=\sigma_1\sigma_2\sigma_3 \tag{7.3}$$

其中，C 为模型参数，常规三轴压缩下($\sigma_2=\sigma_3$)颗粒材料内摩擦角 φ_0 正弦值为

$$\sin\varphi_0=\frac{\sigma_1-\sigma_3}{\sigma_1+\sigma_3} \tag{7.4}$$

将式(7.2)～式(7.4)代入式(7.1)得

$$\frac{I_1^3}{I_3}=\frac{(3-\sin\varphi_0)^3}{1-\sin\varphi_0-\sin^2\varphi_0+\sin^3\varphi_0} \tag{7.5}$$

由应力不变量：

$$\begin{cases} J_2=\dfrac{1}{3}(I_1^2-3I_2)=\dfrac{q^2}{3} \\ J_3=\dfrac{2q^3\cos(3\theta)}{27} \\ \theta=\dfrac{1}{3}\arccos\left(\dfrac{3\sqrt{3}}{2}\dfrac{J_3}{J_2^{3/2}}\right)=\arctan\dfrac{\sqrt{3}(\sigma_2-\sigma_3)}{2\sigma_1-\sigma_2-\sigma_3} \end{cases} \tag{7.6}$$

式中

$$p=\frac{\sigma_1+\sigma_2+\sigma_3}{3}$$

$$q=\sqrt{\frac{1}{2}\left[(\sigma_1-\sigma_2)^2+(\sigma_2-\sigma_3)^2+(\sigma_1-\sigma_3)^2\right]}$$

由式(7.6)得

$$\begin{cases} I_1=3p \\ I_2=3p^2-\dfrac{q^2}{3} \\ I_3=\dfrac{1}{27}[27p^3-9pq^2+2q^3\cos(3\theta)] \end{cases} \tag{7.7}$$

将式(7.9)代入式(7.5)得到关于 p、q 的关系式(7.8)，利用三角函数恒等式求得 q 的表达式：

$$3p^3 - L_2 q^2 p + L_3 \cos(3\theta) q^3 = 0 \tag{7.8}$$

式中

$$L_2 = \frac{(3-\sin\varphi_0)^3}{3(3-\sin\varphi_0)^3 - 81(1-\sin\varphi_0 - \sin^2\varphi_0 + \sin^3\varphi_0)} \tag{7.9}$$

$$L_3 = \frac{2(3-\sin\varphi_0)^3}{27(3-\sin\varphi_0)^3 - 729(1-\sin\varphi_0 - \sin^2\varphi_0 + \sin^3\varphi_0)} \tag{7.10}$$

令

$$p = p_0 \cos\delta \tag{7.11}$$

将式(7.13)代入式(7.10)得

$$\cos^3\delta - \frac{L_2 q^2}{p_0^2}\cos\delta - \frac{L_3 q^3}{p_0^3} = 0 \tag{7.12}$$

由三角函数恒等式：

$$\cos^3\delta - \frac{3}{4}\cos\delta - \frac{1}{4}\cos(3\delta) = 0 \tag{7.13}$$

比较式(7.14)和式(7.15)得

$$\begin{cases} q = \dfrac{\sqrt{3}}{2\sqrt{L_2}} \dfrac{p}{\cos\delta} \\ \delta = \dfrac{1}{3}\arccos\left[-\dfrac{3\sqrt{3}L_3\cos(3\theta)}{2L_2^{3/2}}\right] \end{cases} \tag{7.14}$$

当θ=0°时，

$$q_0 = \frac{\sqrt{3}}{2\sqrt{L_2}} \frac{p}{\cos\left[\dfrac{1}{3}\arccos\left(-\dfrac{3\sqrt{3}L_3}{2L_2^{3/2}}\right)\right]} \tag{7.15}$$

得到 Lade 准则的形函数为

$$g_0(\theta) = \frac{q}{q_0} = \frac{\cos\left[\dfrac{1}{3}\arccos\left(-\dfrac{3\sqrt{3}L_3}{2L_2^{3/2}}\right)\right]}{\cos\left[\dfrac{1}{3}\arccos\left(-\dfrac{3\sqrt{3}L_3\cos(3\theta)}{2L_2^{3/2}}\right)\right]} \tag{7.16}$$

因此，Lade 准则的 p、q 形式为

$$q = Mg_0(\theta)p \tag{7.17}$$

式中，M 为摩擦系数，

$$M = \frac{6\sin\varphi_0}{3-\sin\varphi_0} \tag{7.18}$$

至此得到了 Lade 准则的 p、q 形式。由于 Lade 准则是单一的强度准则，在偏平面内形状是固定的，不能反映材料等内在因素的影响，应用受到限制。本章对 Lade 准则的形函数进行修正得到线性统一强度准则，其表达式为

$$q = Mg(\theta)(p+\sigma_0) \tag{7.19}$$

式中，σ_0 为球应力，反映材料的黏聚特性：

$$\sigma_0 = c\cot\varphi_0 \tag{7.20}$$

形函数定义为

$$g(\theta) = \frac{r_\theta}{r_0} \tag{7.21}$$

式中

$$\begin{cases} r_\theta = \dfrac{\sqrt{3}}{2\sqrt{L_2}\cos\delta_\theta} + \dfrac{6\xi\sin\varphi_0}{3-\sin\varphi_0} \\ r_0 = \dfrac{\sqrt{3}}{2\sqrt{L_2}\cos\delta_0} + \dfrac{6\xi\sin\varphi_0}{3-\sin\varphi_0} \end{cases} \tag{7.22}$$

式中，ξ 为模型参数，可由三轴压缩和伸长强度比求得。为了保证屈服面的外凸，本章建议 ξ 的取值范围为[−0.3，+∞)。

$$\begin{cases} \delta_\theta = \dfrac{1}{3}\arccos\left(-\dfrac{3\sqrt{3}L_3\cos(3\theta)}{2L_2^{3/2}}\right) \\ \delta_0 = \dfrac{1}{3}\arccos\left(-\dfrac{3\sqrt{3}L_3}{2L_2^{3/2}}\right) \end{cases} \tag{7.23}$$

式中，L_2、L_3 的计算公式如式(7.9)、式(7.10)所示。

修正的线性强度准则在偏平面内的大小和形状由参数 c、φ_0、ξ、p 确定，在 π 平面内是一系列的光滑曲线，该准则在偏平面内的投影随各参数的变化如图 7.1 所示。图 7.1 给出了在其他相同条件下 φ_0 和 ξ 对线性强度准则在偏平面内曲线变化的影响。由图可知，当内摩擦角由 10° 增加至 90° 时，准则的形状由近似圆形向曲边三角形发展，当模型参数 ξ 由−0.3 到 10 逐渐增加时，准则的形状由 SMP 曲边三角形向 von Mises 圆过渡，可以近似取到 SMP 和 von Mises 准则之间的所有曲线。特殊情况下，当 ξ=−0.3 时，该准则近似达到 SMP 准则的曲线；当 ξ=0 时，该准

则为 Lade 准则；当$\xi=+\infty$时，该准则为 von Mises 准则。因此，该准则在偏平面内是一系列强度准则的组合，可以实现线性强度准则的统一。

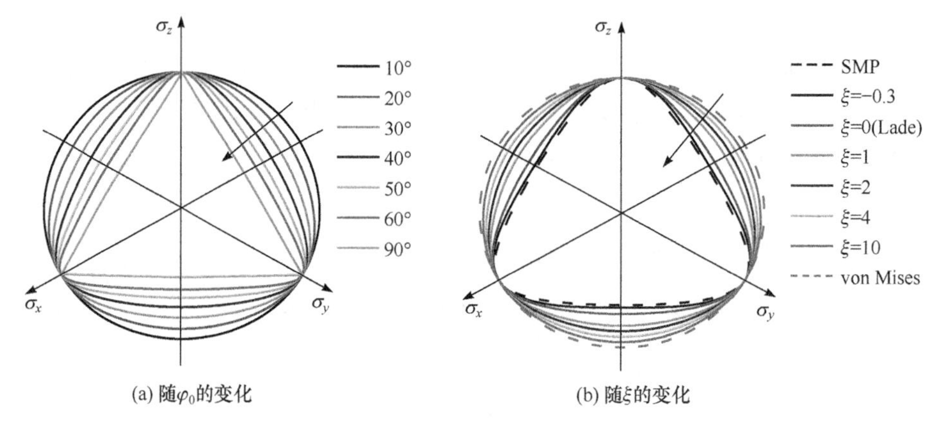

(a) 随φ_0的变化　　(b) 随ξ的变化

图 7.1　在π平面内线性强度准则随模型参数的变化

在子午面内线性强度准则随模型参数的变化如图 7.2 所示。图 7.2(a)中，当模型参数$\xi=1$、$\theta=30°$时，曲线斜率随着内摩擦角的增大而增大；图 7.2(b)中，

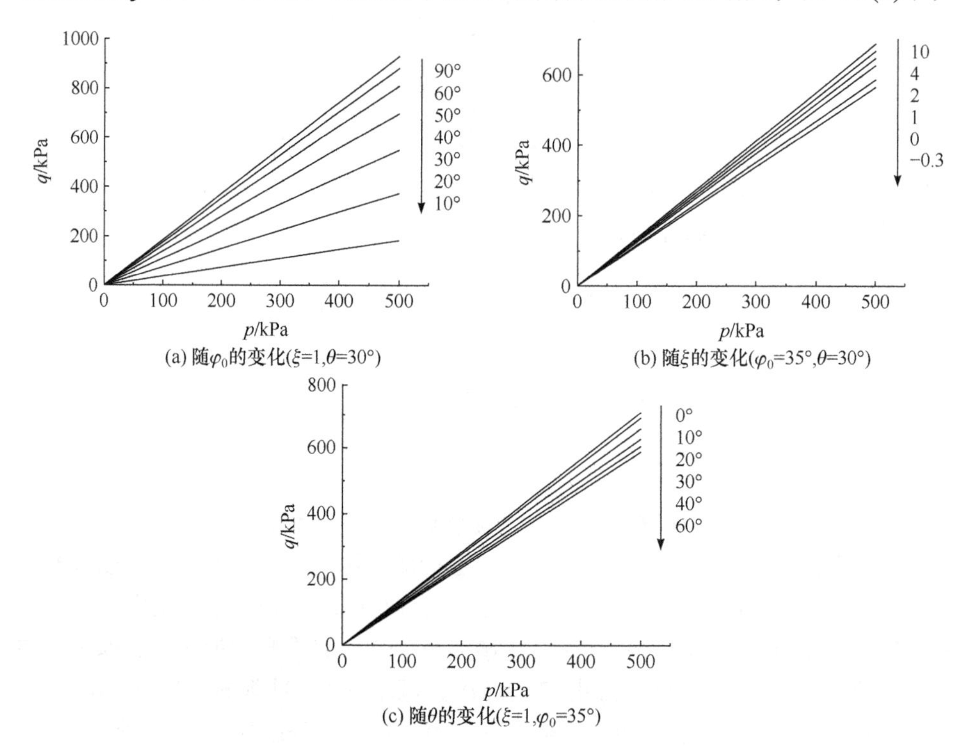

(a) 随φ_0的变化($\xi=1,\theta=30°$)　　(b) 随ξ的变化($\varphi_0=35°,\theta=30°$)

(c) 随θ的变化($\xi=1,\varphi_0=35°$)

图 7.2　在子午面内线性强度准则曲线随模型参数的变化

当φ_0=35°、θ=30°时，曲线斜率随着ξ的增大而增大；图 7.2(c)中，当ξ=1、φ_0=35°时，曲线斜率随着θ的增大而减小。此时，如图 7.2 所示，该修正准则为线性强度准则，因此强度曲线在子午面内的投影为直线，还不能反映某些材料的强度非线性。

7.2.2　各向同性非线性强度准则

堆石材料[172-174]三轴试验中的围压较大，所以试验过程中颗粒发生破碎[175-182]，表明该类材料具有明显的强度非线性。为了能够更加合理地描述这类材料的强度非线性变化特征，将上述线性强度准则[式(7.21)]进一步修正得到非线性强度准则：

$$q = M_{\mathrm{f}} g(\theta) p_{\mathrm{r}} \left(\frac{p + \sigma_0}{p_{\mathrm{r}}} \right)^n \tag{7.24a}$$

即

$$\ln\left(\frac{q}{p_{\mathrm{r}}} \right) = n \ln\left(\frac{p + \sigma_0}{p_{\mathrm{r}}} \right) + \ln[M_{\mathrm{f}} g(\theta)] \tag{7.24b}$$

式中，p_{r}是为了保持量纲统一而引入的参考应力，通常情况下取p_{r}=101kPa；M_{f}为参考摩擦系数，反映非线性材料的摩擦特性，通常由式(7.24b)的截距和形函数求得；n为曲率参数。

在$\ln\left(\frac{q}{p_{\mathrm{r}}} \right)$-$\ln\left(\frac{p + \sigma_0}{p_{\mathrm{r}}} \right)$空间中，$\ln[M_{\mathrm{f}} g(\theta)]$为截距，$n$为斜率。

当n=1 时，

$$M_{\mathrm{f}} = M = \frac{6 \sin \varphi_0}{3 - \sin \varphi_0} \tag{7.25}$$

偏平面上的形函数为

$$g(\theta) = \frac{\dfrac{\sqrt{3}}{2\sqrt{L_2} \cos \delta_\theta} + \dfrac{6\xi \sin \varphi_0}{3 - \sin \varphi_0}}{\dfrac{\sqrt{3}}{2\sqrt{L_2} \cos \delta_0} + \dfrac{6\xi \sin \varphi_0}{3 - \sin \varphi_0}} \tag{7.26}$$

图 7.3 给出了在其他条件相同时n、φ_0和ξ对非线性强度准则在π平面内曲线变化的影响。由图可知，当只变化曲率参数n时，非线性强度准则在偏平面内的投影形状完全相同；当内摩擦角由 10° 增加至 50° 时，准则的形状由近似圆形向曲边三角形发展；当模型参数ξ由−0.3 到 10 逐渐增加时，准则的形状由曲边三角形向圆形过渡。由此可知，非线性强度准则在偏平面内的形状和n无关。

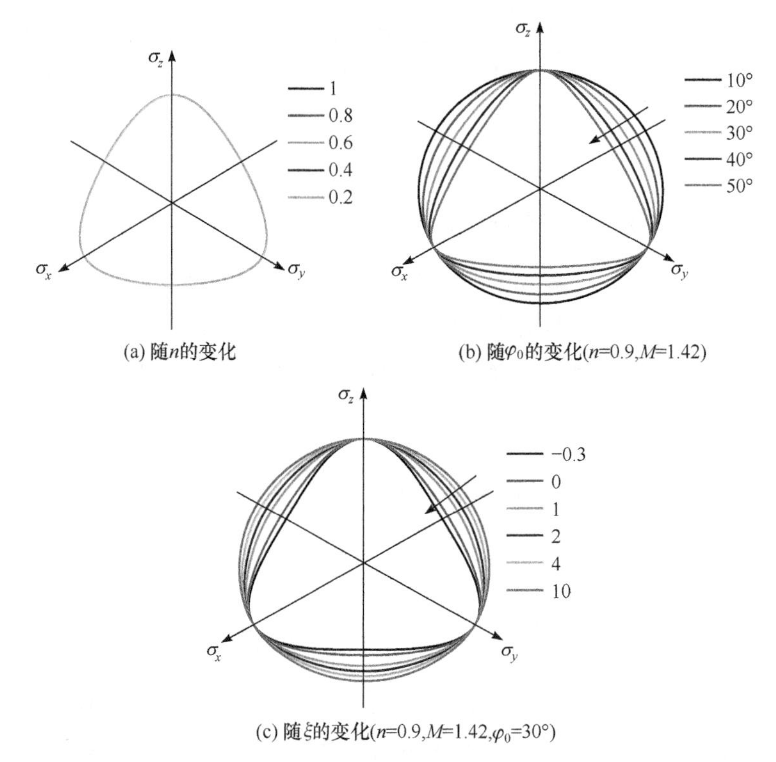

(a) 随n的变化　(b) 随φ_0的变化(n=0.9,M=1.42)

(c) 随ξ的变化(n=0.9,M=1.42,φ_0=30°)

图 7.3　非线性强度准则在π平面内随模型参数的变化

当其他参数相同时，广义剪应力 q 随曲率参数 n 的变化如图 7.4 所示。由图可知，随着 n 的增大，广义剪应力逐渐增大。由此也证明堆石材料的强度各向异性是在同等条件下强度的降低，同等条件下更容易破坏。若采用线性强度准则来预测强度，将会高估材料的强度，因此将降低材料的安全系数。

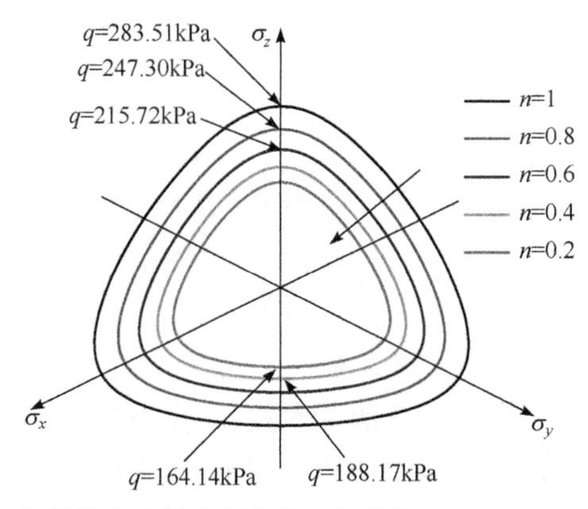

图 7.4　在π平面内广义剪应力随曲率参数 n 的变化(p=200kPa, M=1.42,σ_0=0, ξ=0.2)

非线性强度准则在子午面内随各参数的变化如图 7.5 所示。如图 7.5(a)所示，当ξ=0.2、θ=30°、M_{f}=1.42、n=0.8 时，不同球应力条件下的强度曲线相互平行，随着σ_0的增大强度曲线向左移动；如图 7.5(b)所示，当σ_0=0、ξ=0.2、M_{f}=1.42、θ=30°时，强度曲线开口随曲率参数 n 的增大而增大；如图 7.5(c)所示，当σ_0=0、ξ=0.2、θ=30°、n=0.6 时，强度曲线开口随着 M_{f}的增大而增大；如图 7.5(d) 所示，当σ_0=0、ξ=0.2、M_{f}=1.42、n=0.6 时，强度曲线开口随着θ的增大而减小。

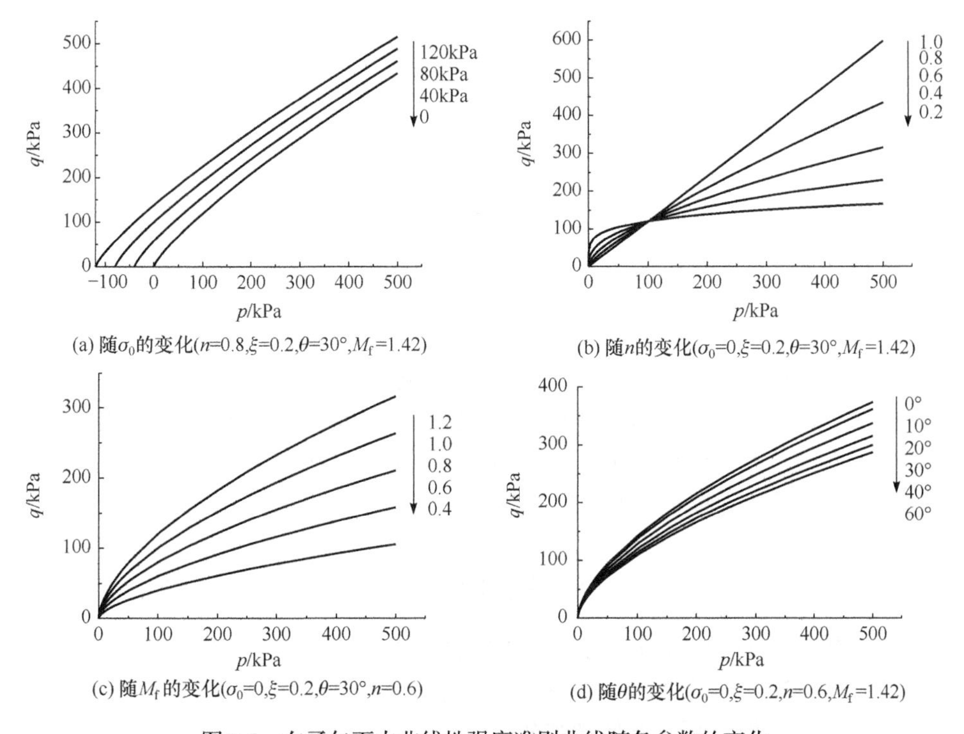

(a) 随σ_0的变化(n=0.8,ξ=0.2,θ=30°,M_{f}=1.42)　(b) 随n的变化(σ_0=0,ξ=0.2,θ=30°,M_{f}=1.42)

(c) 随M_{f}的变化(σ_0=0,ξ=0.2,θ=30°,n=0.6)　(d) 随θ的变化(σ_0=0,ξ=0.2,n=0.6,M_{f}=1.42)

图 7.5　在子午面内非线性强度准则曲线随各参数的变化

7.2.3　试验验证

刘萌成等[174]针对堆石料做了一系列不同围压的大三轴试验，试验结果发现，随着围压的增大，该堆石料在子午面(p-q)内表现出一定的强度非线性，因此需要采用非线性强度准则来表述其强度发展规律，采用两种强度准则对试验数据进行对比预测，如图 7.6 所示。由图可知，非线性强度准则可以描述堆石料的强度非线性。

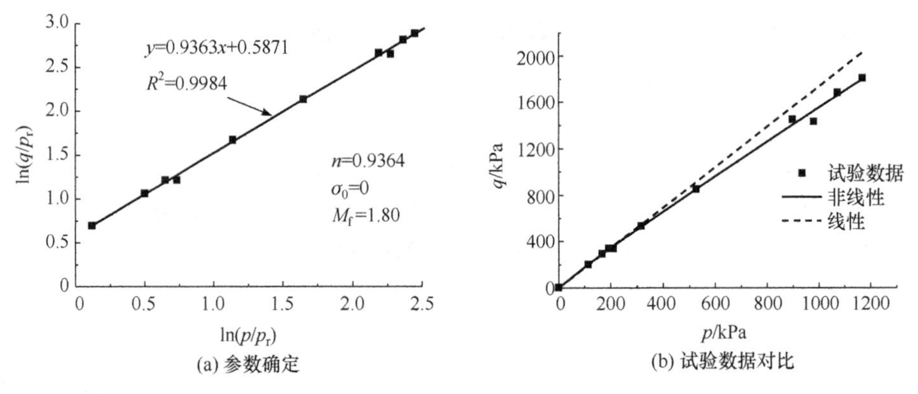

图 7.6　非线性强度准则验证[170]

7.3　各向异性 SMP 准则

7.3.1　组构张量

建立各向异性强度准则的前提是量化岩土体材料的初始各向异性的程度和方向，由 Brewer[183]提出的组构张量是一个很好的选择。组构张量是用来测量颗粒土组构各向异性特征的数学工具，其形式是对称的二阶张量[127,184]，用来描述土或岩石的组构各向异性，其形式由 Oda 定义为

$$F=\frac{1}{2N}\sum_{k=i}^{2N}u^k\otimes u^k \tag{7.27}$$

式中，$\otimes$ 表示两个向量的张量积；N 为所选取体积内粒子数目；u^k 为沿粒子主轴方向的单位向量，如果材料参考平面发生旋转，组构张量也将发生正交变换。

通常自然沉积的颗粒土是横观各向同性材料，基于横观各向异性，式(7.27)可以简化为

$$F_{ij}=\begin{bmatrix} a & 0 & 0 \\ 0 & (1-a)/2 & 0 \\ 0 & 0 & (1-a)/2 \end{bmatrix} \tag{7.28}$$

式中，a 为反映颗粒材料组构各向异性量化特征的参数，当 $a=1/3$ 时，F_{ij}=0，此时为各向同性材料，a 的大小反映各向异性的程度。

7.3.2　各向异性参数

力的加载方向与岩土体材料的沉积面方向的夹角不同将会导致其强度变

化，因此，为了考虑材料的强度各向异性，在三维坐标中量化材料组构和应力方向是很重要的。基于 Wang[185]对组构张量的研究，应力张量和组构张量的相对方向组成的各向异性参数可以用以下组构和偏应力张量的四阶张量来表示：

$$A = F \cdot n \tag{7.29}$$

式中，A 为各向异性参数；F 为组构张量，n 是由 Dafalias 等定义的偏应力分量的归一化张量。n 的表达式根据真三轴试验或扭剪试验而变化。在空心扭剪试验中，A 的表达式为

$$A = \frac{1-3a}{2} \cdot \frac{-3\sin^2\alpha - b + 2}{\sqrt{6}\sqrt{b^2 - b + 1}} \tag{7.30}$$

式中，a 为组构变量；α为主应力偏转角；b 为中主应力比。由式(7.30)可知，A 为无量纲参数，是组构张量和应力张量不变量的组合，反映了材料的各向异性，由参数 a、主应力偏转角 α 和中主应力比 b 共同决定。

当组构参数 a=−0.25 时，各向异性参数 A 随α和 b 的变化如图 7.7 所示，由图可知，A 随参数α和 b 单调变化，随主应力偏转角的变化较明显。

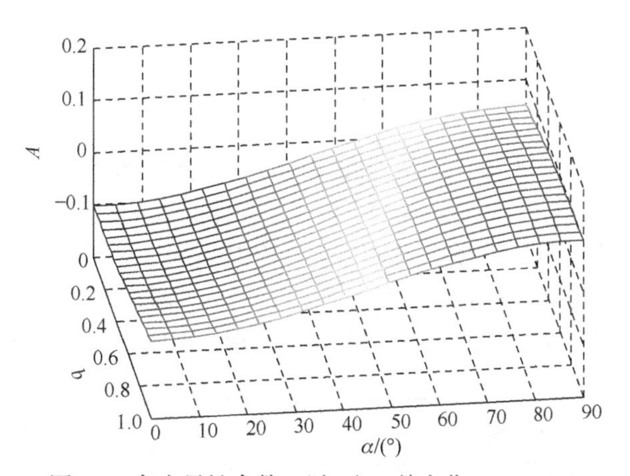

图 7.7　各向异性参数 A 随α和 b 的变化(a= − 0.25)

在典型的真三轴试验中，如图 7.8 所示，将整个偏平面分为 I、II、III 三个区，在讨论材料的轴向各向异性时通常以沉积面与轴向应力方向的夹角β为旋转角，分别在 y-z 或 x-z 平面内旋转。特殊地，当β=0 时组构张量与应力张量共轴。当轴向各向异性在 y-z 平面内旋转时，各向异性参数 A 在三个区域的表达式为

$$A=\begin{cases}\dfrac{1-3a}{2}\cdot\dfrac{3(b-1)\sin^2\beta-b+2}{\sqrt{6}\sqrt{b^2-b+1}}, & \text{区域I}\,(0°\leqslant\theta<60°)\\ \dfrac{1-3a}{2}\cdot\dfrac{3(1-b)\sin^2\beta-1+2b}{\sqrt{6}\sqrt{b^2-b+1}}, & \text{区域II}\,(60°\leqslant\theta<120°)\\ \dfrac{1-3a}{2}\cdot\dfrac{\sin^2\beta-b-1}{\sqrt{6}\sqrt{b^2-b+1}}, & \text{区域III}\,(120°\leqslant\theta\leqslant180°)\end{cases}\tag{7.31}$$

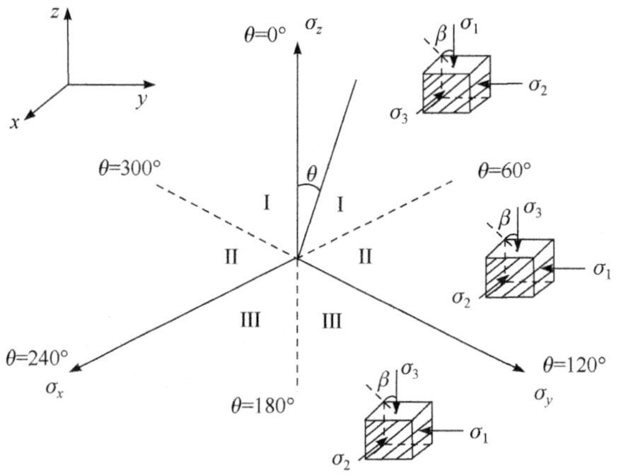

图 7.8　在真三轴试验中试样沉积面受力示意图

当组构参数a=−0.25时，在真三轴试验中，各向异性参数A在不同旋转角β(0°、30°、60°、90°)和旋转平面(y-z、x-z)下随θ的变化曲线如图 7.9 所示。由图可知，当加载应力和沉积面方向的角度β不同时，各向异性参数也呈现出不同的变化趋势，此外，不同的旋转平面各向异性参数的变化也不同。因此，当选用各向异性参数时，应确定加载方式、主应力旋转平面等因素，不同类型选用不同的参数公式。

(a) y-z平面内　　(b) x-z平面内

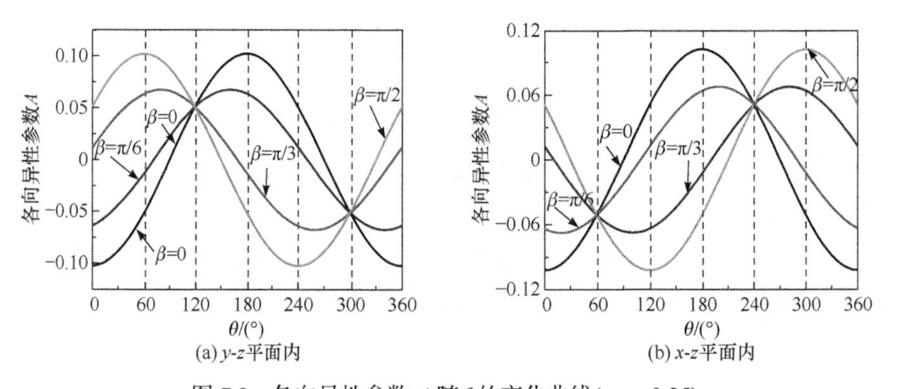

图 7.9　各向异性参数 A 随θ的变化曲线($a=-0.25$)

7.3.3 各向异性函数

描述岩土材料强度的各向同性准则(Mohr-Coulomb 准则、Drucker-Prager 准则、Lade 准则、SMP 准则等)可以用式(7.32)统一表达[93]：

$$f_{\mathrm{I}}(\sigma_{ij}, C_{\mathrm{r}}) = 0 \tag{7.32}$$

式中，C_{r} 为强度参数，是内摩擦角或黏聚力的函数。由 7.3.2 节可知各向异性参数 A 由组构变量 a 确定，将各向异性参数 A 引入强度参数 C_{r} 中来反映材料的各向异性，得到各向异性强度准则：

$$f_{\mathrm{A}}(\sigma_{ij}, \hat{C}_{\mathrm{r}}(c, \varphi, A(a))) = 0 \tag{7.33}$$

式中

$$\hat{C}_{\mathrm{r}}(c, \varphi, A(a)) = C_{\mathrm{r}} h(A) \tag{7.34}$$

式中，C_{r} 为原各向同性强度准则的强度参数；$h(A)$为各向异性函数，用来描述材料的各向异性，$h(A)$的统一形式采用 Pietruszczak 等[88,89]和 Gao 等[93]的形式：

$$\begin{aligned} h(A) &= \exp[\varDelta_1(A - A_0) + \varDelta_2(A - A_0)^2 + \cdots + \varDelta_n(A - A_0)^n] \\ &= \exp\left[\varDelta_1 \frac{1-3a}{2\sqrt{6}}(B - B_0) + \varDelta_2\left(\frac{1-3a}{2\sqrt{6}}\right)^2 (B - B_0)^2 + \cdots + \varDelta_n\left(\frac{1-3a}{2\sqrt{6}}\right)^n (B - B_0)^n\right] \end{aligned} \tag{7.35}$$

式中

$$B = \frac{2\sqrt{6}}{1-3a} A \tag{7.36}$$

提取各向异性参数 A 中的组构张量参数 $\dfrac{1-3a}{2\sqrt{6}}$，与参数 $\varDelta_i$ 合并，组成新的参数 η_i，此时各向异性函数为

$$\begin{aligned} h(A) &= \exp[\varDelta_1(A - A_0) + \varDelta_2(A - A_0)^2 + \cdots + \varDelta_n(A - A_0)^n] \\ &= \exp\left[\varDelta_1 \frac{1-3a}{2\sqrt{6}}(B - B_0) + \varDelta_2\left(\frac{1-3a}{2\sqrt{6}}\right)^2 (B - B_0)^2 + \cdots + \varDelta_n\left(\frac{1-3a}{2\sqrt{6}}\right)^n (B - B_0)^n\right] \\ &= \exp\left[\eta_1(B - B_0) + \eta_2(B - B_0)^2 + \cdots + \eta_n(B - B_0)^n\right] \\ &= h(B) \end{aligned} \tag{7.37}$$

式(7.37)为各向异性函数，当 b=0 和α=0(或β=0 第 I 区域)时，B_0=2，当η_i=0 时，$h(B)$=1，各向异性准则变为各向同性准则。因此只需确定 $h(B)$中的参数η_i就

可以确定各向异性参数的形式，参数η_i的数量由具体情况确定。一般情况下当β=0时，对于各向异性材料的真三轴试验，i取1，因为强度的变化是单调的，$\exp[\eta_1(B-B_0)]$也是单调的，可以调整η_1进而调整强度的大小。对于某些具有固定角度沉积面的岩石，其强度大小与沉积面和加载方向有关，且强度和沉积面夹角并不是单调的，例如，当岩石等与沉积面和加载应力夹角为45°时最小，此时，i取2或更大，使$h(B)$随沉积面角度的增加有极值点，达到调整强度的目的。下面用上述方法将SMP准则和本章提出的准则扩展为各向异性准则。

7.3.4　各向异性SMP准则的形式

为了验证7.3.3节中所提出的各向异性函数的有效性，本节将经典SMP准则扩展为各向异性准则来描述土体的各向异性。很多真三轴试验或空心扭剪试验表明土体具有组构各向异性，根据上述研究，本章提出各向异性SMP准则(ASMP)来描述土体的各向异性：

$$\frac{\overline{I}_1\overline{I}_2}{\overline{I}_3}=C_{sr}h(B) \tag{7.38}$$

式中

$$\begin{cases}\overline{I}_1=\bar{\sigma}_1+\bar{\sigma}_2+\bar{\sigma}_3\\ \overline{I}_2=\bar{\sigma}_1\bar{\sigma}_2+\bar{\sigma}_2\bar{\sigma}_3+\bar{\sigma}_1\bar{\sigma}_3\\ \overline{I}_3=\bar{\sigma}_1\bar{\sigma}_2\bar{\sigma}_3\\ \bar{\sigma}_{ij}=\sigma_{ij}+\sigma_0\delta_{ij}\end{cases} \tag{7.39}$$

对于无黏性土σ_0=0，对于黏性土$\sigma_0=c\cot\varphi_0$；C_{sr}为强度参数。由上面的讨论，本节取各向异性函数为

$$h(B)=\exp\left[\eta_1(B-B_0)+\eta_2(B-B_0)^2\right] \tag{7.40}$$

7.3.5　参数确定

为了使强度准则能够得到很好的应用，模型参数要尽可能地利用常规三轴压缩试验或常规三轴伸长试验来确定。本节主要对各向异性准则中的强度参数和各向异性参数进行确定，以香港风化花岗岩(HK-CDG)的三轴试验为例，Kumruzzaman[186]对该风化花岗岩做了大量的常规三轴试验、真三轴试验和空心扭剪试验，涉及上述所提到模型的所有参数。本章利用常规三轴压缩试验或常规三轴伸长试验来确定各向异性准则中的所有参数，具体确定步骤如下：

(1) 确定σ_0。文献所用香港风化花岗岩[186](HK-CDG)可视为无黏性土，因此黏聚力为0，即σ_0=0。

(2) 确定 C_{sr}。C_{sr} 可以用常规三轴压缩试验数据进行确定，常规三轴压缩试验 b=0，α=0 或β=0，此时 $B-B_0$=0，$h(B)$=1，做出 p-q 的变化曲线如图 7.10(a)所示，斜率 $M=6\sin\varphi_0/(3-\sin\varphi_0)=1.453$, $C_{sr}=9-\sin^2\varphi_0/(1-\sin^2\varphi_0)=13.142$。

(3) 确定η_i。可用其他应力路径 $b\neq0$，$\alpha\neq0$ 的 C_s 值确定，通常取三轴拉伸的强度作为校核的基准值，在大多数的三轴试验中，式(7.40)只取一项即可达到预测精度要求，因此本试验只取η_1。在本次试验中，三轴拉伸 b=1，α=90°时，$B-B_0$=4，如图 7.10(a)所示，同样方法得 C_{se}=10.338，因此，$C_{se}=C_{sr}\exp[\eta_1(B-B_0)]=C_{sr}\times\exp(3\eta_1)$，$\eta_1$=−0.059。

7.3.6 ASMP 在各向异性土材料中的应用

本节分别用香港风化花岗岩(HK-CDG)和土体材料来验证 ASMP 准则。图 7.10 为各向同性 SMP 准则和各向异性 ASMP 准则分别对文献中香港风化花岗岩(HK-CDG)试验的预测，包括常规三轴试验、真三轴试验和空心扭剪试验。通常假设常规三轴压缩试验时 $h(B)$=1，试验参数由上述常规三轴压缩试验和常规三轴伸长试验确定。真三轴试验数据为第 I 区域[图 7.10(d)]，空心扭剪试验包括内外围压相等的试验和控制 b=0.5 的试验。图 7.10(a)为常规三轴压缩试验和常规三轴伸长试验数据，该试验数据用来确定各向同性准则和各向异性准则的参数。图 7.10(b)、(c)为空心扭剪试验。图 7.10(b)为内外围压相同的情况，此时 $b=\sin^2\alpha$，即主应力偏转角和中主应力比具有一一对应的关系。图 7.10(c)为控制 b=0.5 不变的不同主应力偏转角的定向剪切试验。由图 7.10(b)、(c)可知，各向同性准则高估了材料的强度，各向异性准则可以反映内摩擦角的变化趋势。真三轴试验结果如图 7.10(d)、(e)所示，各向同性准则的预测较各向异性准则准确，Lade 也指出各向异性的影响在第 I 区域不明显，通常情况下各向同性准则可以描述材料的强度特性。

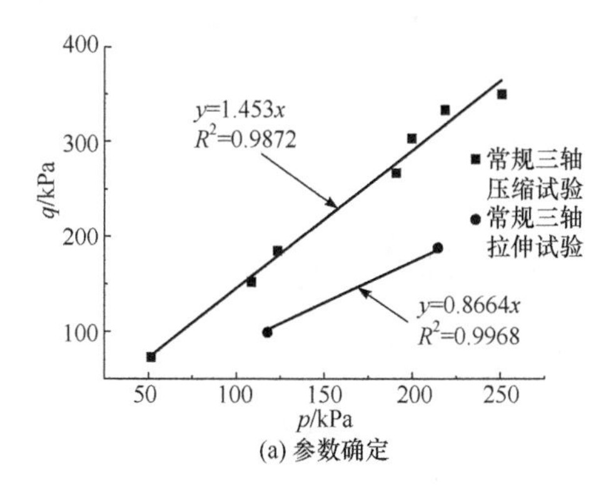

(a) 参数确定

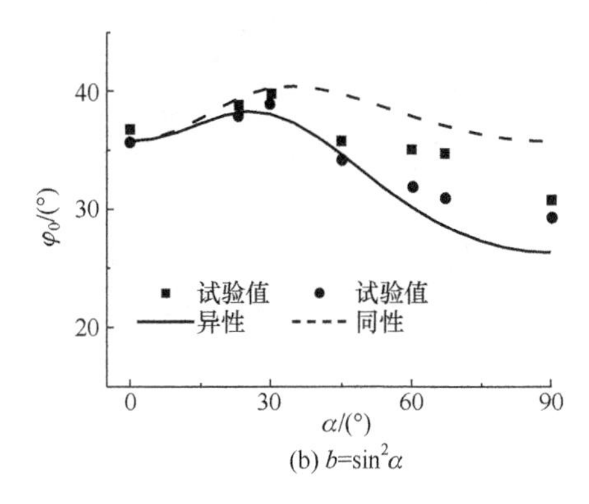

(b) $b=\sin^2\alpha$

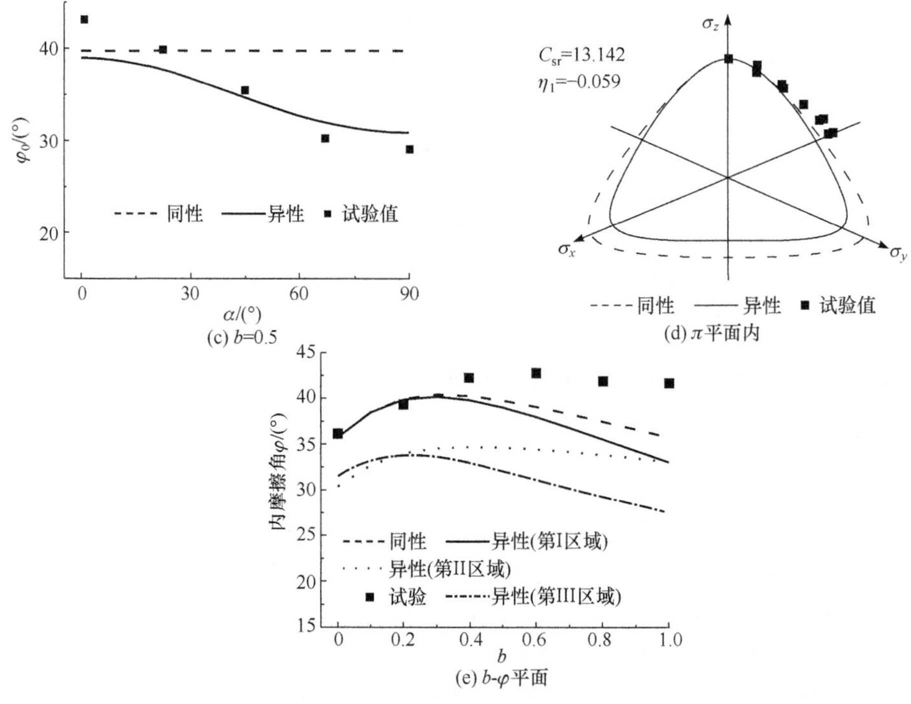

(c) b=0.5　(d) π平面内

(e) b-φ平面

图 7.10　各向同性和各向异性准则对比验证[182]

Kirkgard 等[82]对旧金山黏土做了大量的真三轴试验，包括对横向试样和竖向试样的三轴压缩试验。根据试验数据利用上述方法求得参数 C_{sr}=12.043，η_1=−0.023。图 7.11 为试验数据在π平面内和 b-φ平面内的显示，由图可知，在π平面内，各向异性准则可以很好地反映该黏土的横观各向异性。

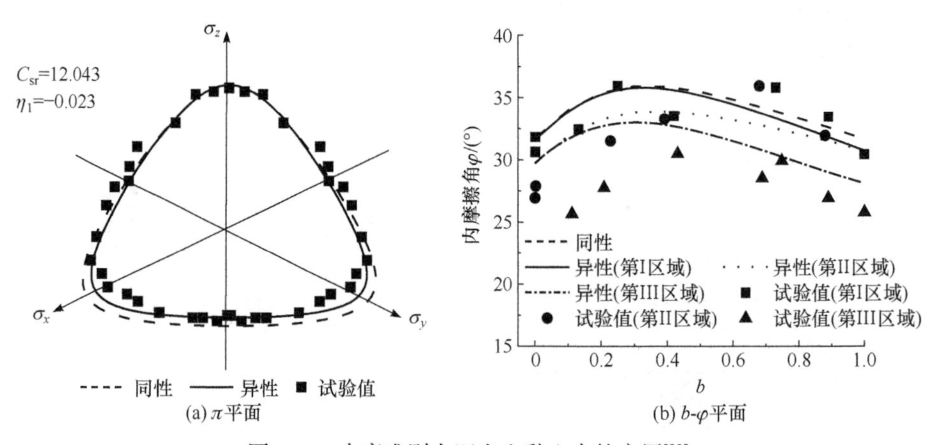

(a) π平面　(b) b-φ平面

图 7.11　本章准则在旧金山黏土中的应用[82]

7.4　各向异性非线性统一强度准则

7.4.1　各向异性非线性统一强度准则的形式

由上述验证可知，由于 SMP 准则本身的局限性，在真三轴的第 I 区域内不能对材料的强度进行很好的预测，这是由该准则在π平面内为曲边三角形的形状决定的。对于材料的不同特性，应适当调整破坏准则在π平面内的形状来适应材料的性质，因此本章将采用各向同性非线性统一强度(unified nonlinear strength, UNS)理论，利用上述方法提出各向异性非线性统一强度(anisotropic unified nonlinear strength, AUNS)准则，使其能够预测材料的各向异性。

将各向异性函数和各向同性非线性统一强度准则进行组合得到 AUNS 准则，如式(7.41)所示：

$$q = h(B)M_{\mathrm{f}}g(\theta)p_{\mathrm{r}}\left(\frac{p+\sigma_0}{p_{\mathrm{r}}}\right)^n \tag{7.41}$$

由式(7.37)，本章 $h(B)$为

$$h(B) = \exp\{\eta_1[(B-B_0)+\eta_2(B-B_0)^2]\} \tag{7.42}$$

7.4.2　η_1、η_2 对 AUNS 准则的影响

上面已经探讨了各向同性参数对强度准则在偏平面中形状的影响，本节主要研究各向异性参数对强度准则形状的影响。根据试验数据特征，本章选取各向异性函数中的参数η_1、η_2来描述材料的各向异性。式(7.42)中的各向异性参数 B 可根据真三轴试验或空心扭剪试验选取不同的表达式，本节主要讨论真三轴试验中的各向异性强度。

在真三轴试验中，当应力张量和组构张量共轴时(β=0)，如图 7.8 所示，强度准则在π平面内的形状随参数η_1、η_2的变化如图 7.12(a)、(c)、(e)所示。本节讨论η_2固定时(η_2=−0.25、−0.333、0)，η_1的变化对强度曲线在π平面内的影响。如图 7.12(a)、(b)所示，当η_2=−0.25 时，不同η_1值下的各向异性准则和各向同性准则在θ=180°时的强度值相等，准则关于σ_z轴对称。当η_1>0 时准则在π平面内扩张，当η_1<0 时准则在π平面内收缩，且扩张或收缩的程度与η_1的取值有关，各向异性函数在π平面内的变化与强度准则一致，如图 7.12(b) 所示。当η_2=−0.333 时，如图 7.12(c) 所示，不同η_1值下的各向异性准则和各向同性准则在θ=120°和 240°时的强度值相等，准则关于σ_z轴对称。当η_1>0 时各向异性准则相对于各向同性准则在π平面第 I 区域和第 II 区域内扩张，在第 III 区域内收缩，当η_1<0 时各向异性准则相对于各向同性准则在π平面第 I 区域和第 II 区域内收缩，在第 III 区域内扩张，且扩

张或收缩的程度与η_1的取值有关，各向异性函数在π平面内的变化与强度准则一致，如图 7.12(d) 所示。当η_2=0 时，如图 7.12(e) 所示，不同η_1值下的准则关于σ_z轴对称。当η_1>0 时各向异性准则相对于各向同性准则在π平面内扩张，当η_1<0 时各向异性准则相对于各向同性准则在π平面内收缩，且扩张或收缩的程度与η_1的取值有关，各向异性函数在π平面内的变化与强度准则一致，如图 7.12(f) 所示。

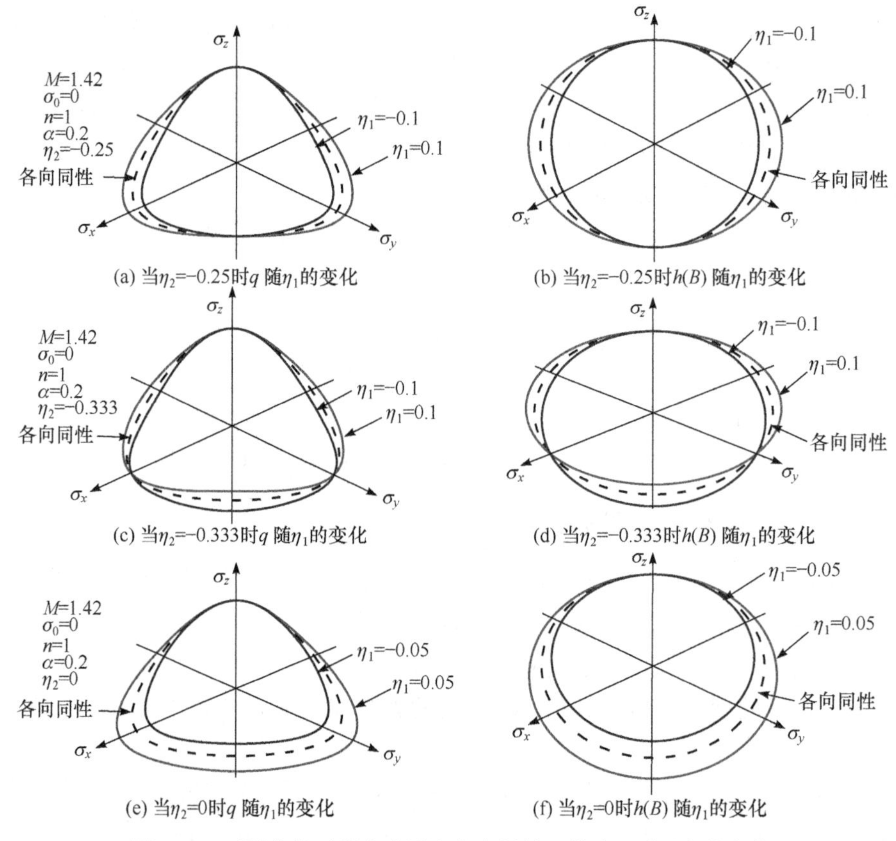

(a) 当η_2=−0.25时q随η_1的变化　　(b) 当η_2=−0.25时$h(B)$随η_1的变化

(c) 当η_2=−0.333时q随η_1的变化　　(d) 当η_2=−0.333时$h(B)$随η_1的变化

(e) 当η_2=0时q随η_1的变化　　(f) 当η_2=0时$h(B)$随η_1的变化

图 7.12　不同参数下强度准则和各向异性函数在π平面内的变化

当应力张量和组构张量不共轴时($\beta\neq0$)，强度准则在π平面内形状随不同夹角的变化如图 7.13(a)、(c)所示。固定η_1、η_2(η_1=−0.08、η_2=0)，讨论沉积面与轴向应力夹角的变化对强度曲线在π平面内的影响。当β=0 时，如图 7.13 所示，强度曲线在π平面内关于σ_z轴对称。当沉积面在 x-z 平面内旋转时，如图 7.13(a) 所示，β=90°时强度曲线在π平面内关于σ_y轴对称，当β=30°和 60°时的变化情况如图 7.13(a)所示，由图可知，当沉积面在 x-z 平面内旋转时，各向异性强度准则在θ=60°和 240° 时的强度值相等，夹角对强度曲线的位置和大小有较大影响。本章提出的方法可以预测不同夹角时强度曲线的趋势和位置。当沉积面在 y-z 平面内旋转时，如图 7.13(c) 所示，β=90°时强度曲线在π平面内关于σ_x轴对称，当β=30°和 60°时的变化情况如图 7.13(c)所示，由图可知，当沉积面在 y-z 平面内旋转时，各向异性强度准则在θ=120°和 300°时的强度值相等。两种情况的各向异性函数在π平面内的变化情况如图 7.13(b)、(d)所示，其与强度准则的变化有类似的情况。

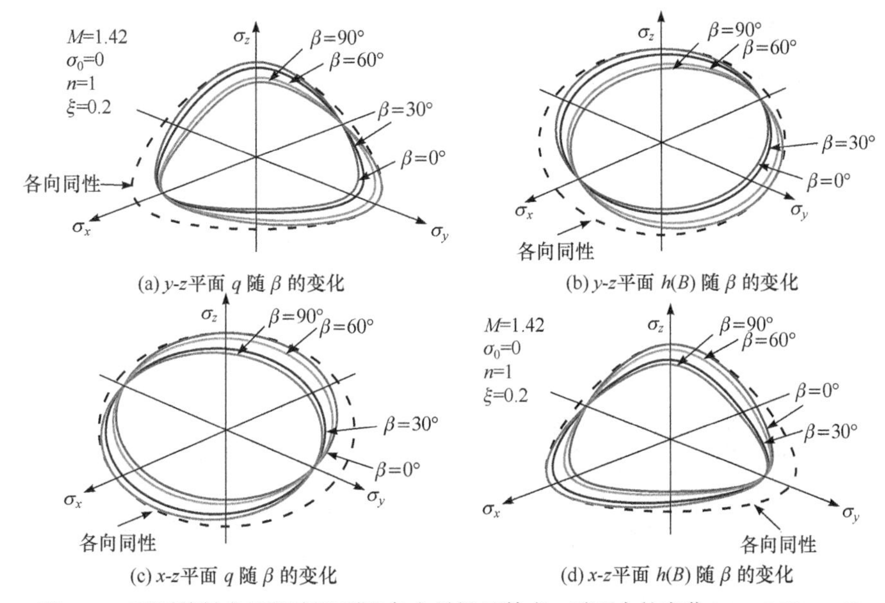

图 7.13　不同旋转角下强度准则和各向异性函数在π平面内的变化(η_1=−0.08, η_2=0)

7.4.3　空心扭剪试验 AUNS 准则强度预测

固定偏转角的土体空心扭剪试验分为内外围压相等的应力路径和内外围压不等的应力路径，两种应力路径加载过程中 p 保持不变，且两种控制方式的主要差别是主应力偏转角α和中主应力比 b 是否独立。当内外围压相等时，主应力偏转角与中主应力比有固定关系 $b=\sin^2\alpha$；当内外围压不同时，b 和α没有固定关系，相互独立。当内外围压不同时，b 和α相互独立，在给定强度准则参数，η_1=−0.5，η_2 不同时，上述两种情况下偏应力随主应力偏转角和中主应力比的变化情况如图 7.14(a)所示。由图可知，当η_2=0.15 时，q 随中主应力比 b 逐渐降低，随主应力偏转角α逐渐降低且单调，q 随两者的变化关系可用空间曲面描述；当η_2 逐渐增加时，偏应力随着主应力偏转角的增加先降低至极值点，然后上升，且η_2 值越大，极值点的α值越小，与土体定向剪切的强度随主应力偏转角的变化趋势越一致。图 7.14(d)为控制内外围压相同时定向剪切试验的偏应力随主应力偏转角的变化关系，由于 $b=\sin^2\alpha$，其实也是偏应力随中主应力比的变化关系，上述曲线即为

图 7.14(a)、(b)、(c)空间曲面上的一条特殊曲线。当其他条件相同时，η_2对剪应力影响较大。当η_2=0.15 时偏应力随着中主应力比的增大而降低且单调，随着η_2的逐渐增加，偏应力随主应力偏转角的增加先降低至极值点，然后上升，且η_2值越大，极值点的α值越小。

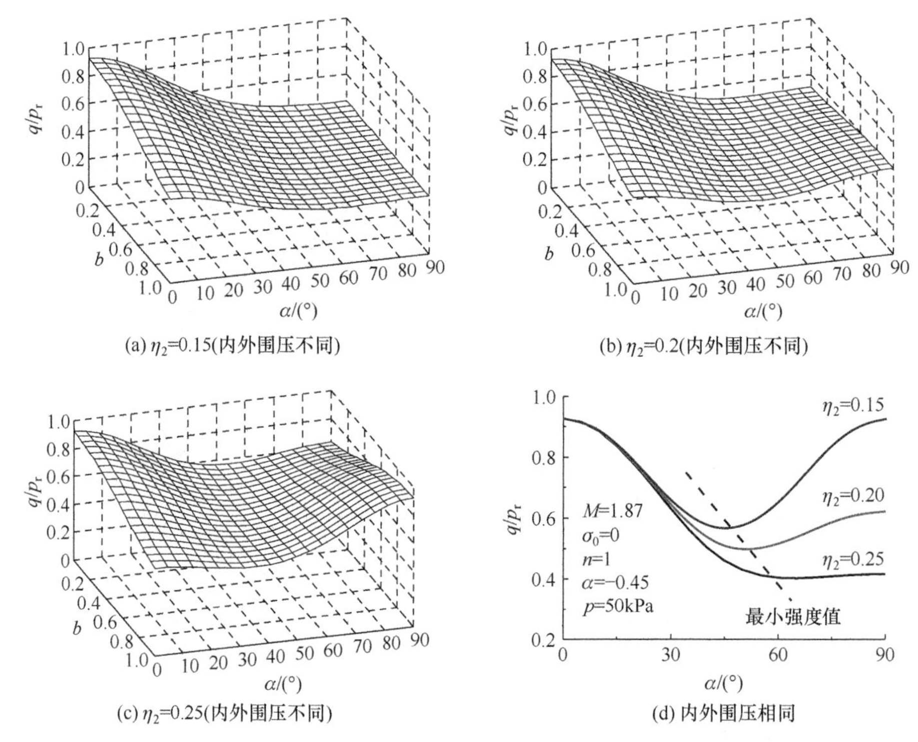

(a) η_2=0.15(内外围压不同)　(b) η_2=0.2(内外围压不同)

(c) η_2=0.25(内外围压不同)　(d) 内外围压相同

图 7.14　扭剪试验中参数对偏应力的影响($\eta_1 = -0.5$)

7.4.4　AUNS 准则参数确定

本节将提出的 AUNS 准则应用到各种岩土材料中，模型参数只需通过常规三轴压缩试验或常规三轴伸长试验来确定，本节主要对各向异性准则中的强度参数和各向异性参数进行确定，Callisto 等[187]对 Pietrafitta 黏土做了大量的常规三轴试验和真三轴试验，这些试验可确定各向异性准则中的所有参数，本章用常规三轴试验数据确定参数，其他试验数据用于模型的验证，具体确定步骤如下。

(1) 确定 M_f、n、σ_0。通过常规三轴试验破坏数据，做出 p-q 的变化曲线如图 7.15(a)所示。由图可以看出，p-q 为线性关系，因此 n=1，直线的斜率为 $M=\dfrac{6\sin\varphi_0}{3-\sin\varphi_0}$，截距为 $C=\dfrac{6c\cos\varphi_0}{3-\sin\varphi_0}$。其中，$c$ 为黏聚力；φ_0 为内摩擦角。从图中的拟合线性关系可知，Pietrafitta 黏土的 M=0.5472，C=105.59kPa，因此可

以确定 c=49.98kPa，φ_0=14.478°，由 c、φ_0 值可求得 $\sigma_0=c\cot\varphi_0$=193.58kPa，此时取 ξ=0。

(2) 确定 η_1、η_2。可用其他应力路径 $b\neq0$ 的 q 值确定，通常取三轴拉伸的强度作为校核的基准值。在大多数的三轴试验中，式(7.42)只取一项即可达到预测精度要求，因此本试验只取 η_1。在本次试验中三轴拉伸 b=1、θ=180°时，$B-B_0$=4，由 $q_e = f(B)M_f g(\theta)(p+\sigma_0)$，同样方法得 q_e=254.41kPa(θ=180°, p=250kPa)，因此，$g(\theta)$=0.8462，$f(B)=\exp(4\eta_1)$，η_1=0.0417。

以上确定了 Pietrafitta 黏土的所有各向异性准则的参数，试验参数确定方法如图 7.15(a) 所示。图 7.15(b) 为各向同性准则和各向异性准则预测结果的对比。通过对比可知，本章提出的各向异性准则对试验数据的预测结果较好。

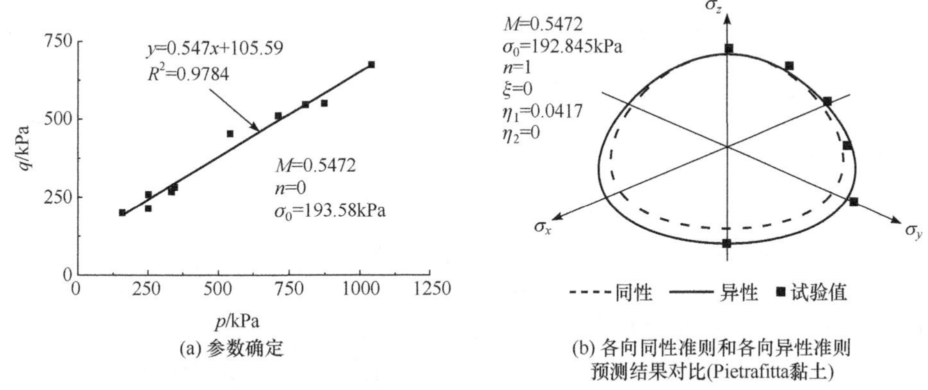

(a) 参数确定

(b) 各向同性准则和各向异性准则预测结果对比(Pietrafitta黏土)

图 7.15　试验参数确定和准则预测结果对比[187]

用相同的方法确定各向异性准则中的参数来讨论该准则对其他岩土材料强度(包括砂土、黏土、岩石)的预测。本章分别用文献中的数据和上述重塑黄土的空心扭剪试验进行验证，材料包括玻璃珠砂、片岩、泥岩、旧金山黏土、精细砂和重塑黄土，试验类型包括常规三轴压缩试验，真三轴试验和空心扭剪试验等。由于某些材料(如旧金山黏土)缺乏足够的试验数据计算其 p-q 曲线的形式，在此假定 n=1，即 $M_f=M$，本章所用试验材料参数见表 7.1。

表 7.1　本章所用试验材料参数

材料	名称	M	σ_0	n	η_1	η_2
黏土	天然黏土	0.547	193.58kPa	1	0.054	0
	旧金山黏土	1.374	0	1	0.064	0
黄土	Q_2 黄土	1.720	0	1	−0.310	−0.25
砂土	玻璃珠砂	1.142	0	1	−0.042	0

续表

材料	名称	M	σ_0	n	η_1	η_2
岩石	Nevada 砂土	1.694	0	1	−0.130	−0.166
	Angers 片岩	2.360	8MPa	0.74	−3.220	−0.320
	Tournemire 黏板岩	1.353	12.34MPa	1	−0.30	−0.290

7.4.5　AUNS 准则验证

1. 土的真三轴试验

除了 Pietrafitta 黏土的真三轴试验，接下来选用玻璃朱砂来验证各向异性准则，Haruyama[188]为了研究玻璃朱砂的初始各向异性对其做了大量的常规三轴试验和真三轴试验。试验的平均主应力为 p=294kPa，用常规三轴压缩试验和常规三轴拉伸试验来确定准则中的参数，见表 7.1。在π平面内和 b-φ平面内的预测结果和试验数据如图 7.16 所示。由图可知，本章的各向异性准则可以合理预测玻璃朱砂在π平面内的强度，然而各向同性准则对π平面内第 II 区域和第 III 区域的强度预测失效，且低估/高估了材料的强度。此外，在 b-φ 平面内，各向同性准则只能预测一条内摩擦角的变化曲线，而各向异性准则在每个区域内各有一条连续的预测曲线，可以反映材料的各向异性。因此，各向异性准则相对于各向同性准则能够合理预测玻璃朱砂的峰值强度。

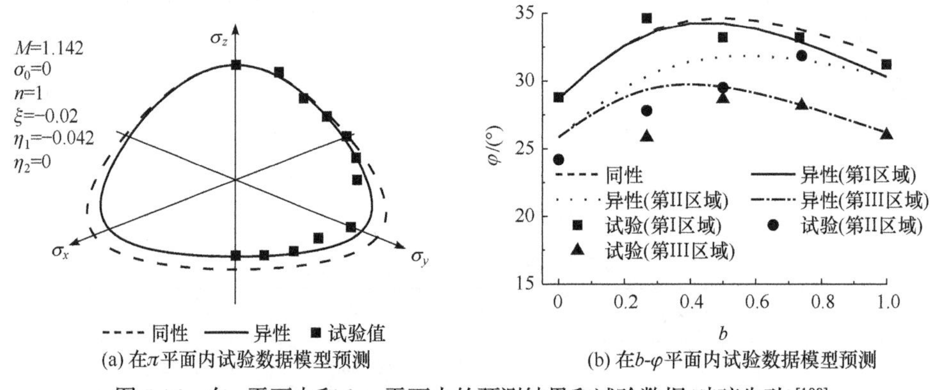

(a) 在π平面内试验数据模型预测　　(b) 在b-φ平面内试验数据模型预测

图 7.16　在π平面内和 b-φ 平面内的预测结果和试验数据(玻璃朱砂)[188]

2. 考虑沉积面的岩石三轴试验

这部分主要验证考虑岩石沉积面与主应力方向不同夹角时的岩石峰值强度大

小，分别采用各向同性强度准则和各向异性强度准则对试验数据进行预测对比。该部分选用文献中不同沉积面角度的片岩、泥岩的三轴试验，各向异性强度准则参数，见表 7.1。由试验结果可知，两种岩石在不同沉积面方向时表现出较强的强度各向异性，使用各向同性强度准则来预测其强度变化时将带来较大的误差，不便于工程应用和推广。

Niandou 等[189]对片岩做了不同沉积面角度的三轴压缩试验，由试验结果可知，该岩石具有明显的强度非线性和强度各向异性，如图 7.17 所示。在 p-q 平面内，各向异性准则能对不同沉积面角度的强度破坏线进行合理预测，而各向同性强度准则只能预测β=0°时的破坏线，不能体现强度各向异性，高估在不同沉积面角度的强度值，尤其是在β=45°时的强度。而各向异性准则能合理预测在不同沉积面处不同围压下的强度变化趋势，如图 7.17(a)所示。由图 7.17(b)可知，不同沉积面角度的岩石强度差别较大，当β=0°或 90°时峰值强度最大，当沉积面角度为 45°左右时，该岩石的峰值强度达最小值，而各向同性准则在β-q 平面内是一条平直的直线，不能体现由沉积面角度不同而引起的强度各向异性。

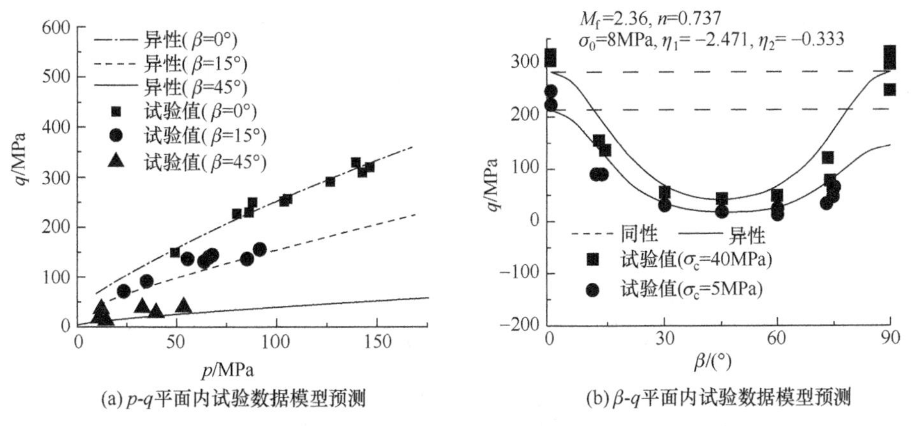

(a) p-q平面内试验数据模型预测　　(b) β-q平面内试验数据模型预测

图 7.17　在 p-q 平面内和β-q 平面内试验数据模型预测(片岩)[189]

Su 等[190]对不同沉积面方向的泥岩做了大量的三轴压缩试验，试验结果如图 7.18(a) 所示。该泥岩在β=0°时的破坏线为直线，不同沉积面方向的峰值强度有明显的各向异性，β=45°时的破坏线如图 7.18(a) 所示，本章各向异性准则的预测结果略微偏高，但整体趋势是一致的。在β-q 平面内，如图 7.18(b) 所示，各向异性准则能够合理预测不同围压下偏应力随β的变化趋势，但随着围压的减小预测结果稍微离散，几种围压下的最小峰值强度都在夹角为β=45°左右。

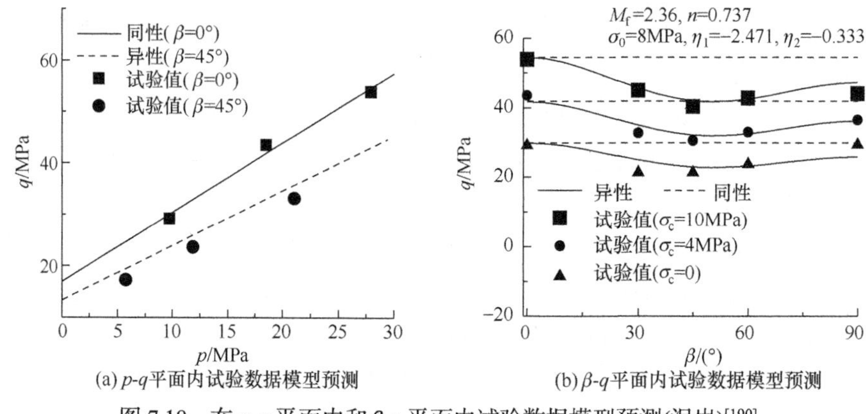

(a) p-q平面内试验数据模型预测　　(b) β-q平面内试验数据模型预测

图 7.18　在 p-q 平面内和β-q 平面内试验数据模型预测(泥岩)[190]

3. 空心扭剪试验

Lade 等[17]做了一组主应力偏转角不同的空心扭剪试验，用于研究旧金山黏土的各向异性。该组试验应力路径为内外围压相同，此时中主应力比和主应力方向角有固定的关系，$b=\sin^2\alpha$。基于试验确定模型的参数见表 7.1，试验结果和模型预测结果如图 7.19 所示。由图可知，本章各向异性强度准则可以准确预测在该应力路径下内摩擦角的发展趋势，而各向同性强度准则不能较好地预测内摩擦角的发展趋势。

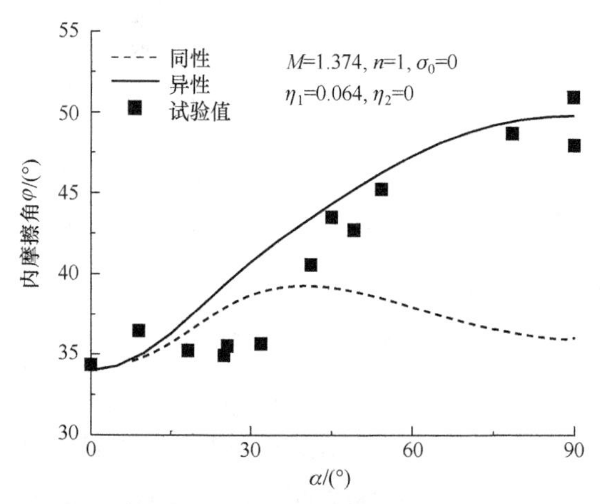

图 7.19　两种准则模型预测值与试验值对比($p_i=p_o$，旧金山黏土)[17]

第 4 章共做了三组不同中主应力比的空心扭剪试验，预测结果如图 7.20 所示。根据试验结果确定模型参数见表 7.1，由图可知，该准则可以较准确地预测不同中主应力比和不同主应力方向角下重塑黄土的强度发展趋势，因此，本章提出的各向异性统一强度准则可以反映复杂应力路径下的强度各向异性。

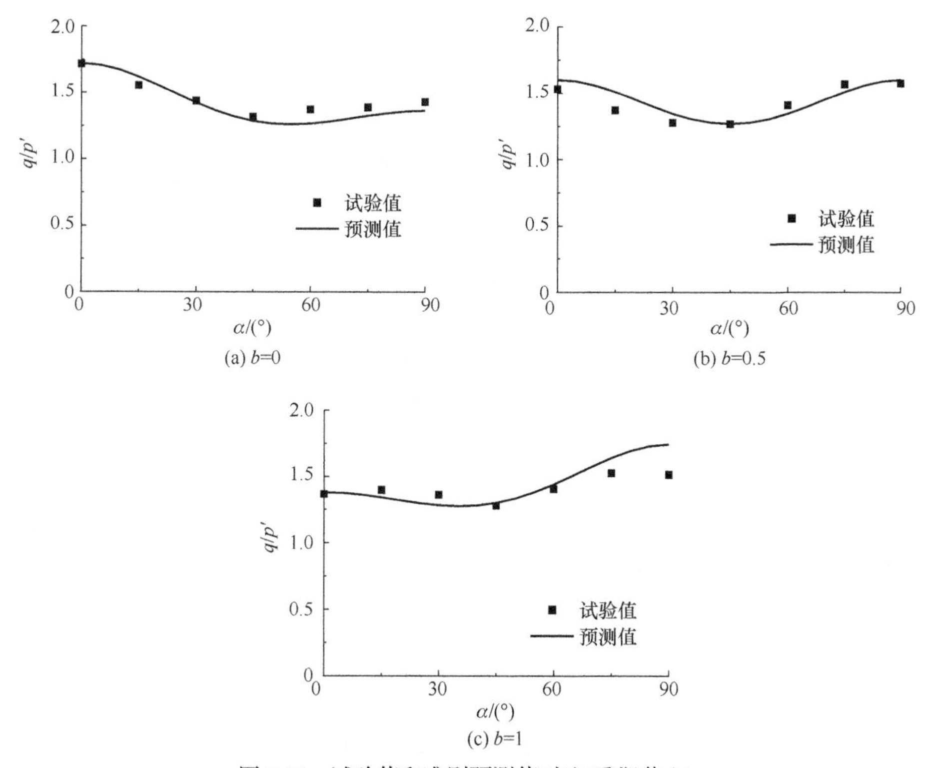

图 7.20　试验值和准则预测值对比(重塑黄土)

7.5　本 章 小 结

基于 Lade 准则和 von Mises 准则提出各向同性非线性统一强度准则，根据颗粒材料的组构演化规律，提出各向异性统一强度准则，可以得到以下结论：

(1) 各向同性强度准则在π平面内是基于 Lade 准则和 von Mises 准则的一系列光滑的强度曲线。

(2) 非线性统一强度准则可以描述材料的三维强度变化、中主应力比的影响和材料强度的非线性等特征。

(3) 基于颗粒材料组构演化规律提出的各向异性统一强度准则可以反映由材料的沉积特性引起的强度各向异性，该准则可以运用到真三轴试验中考虑沉积面方向角，也可以运用到空心扭剪试验中，用于预测材料的强度各向异性。

(4) 分别用砂土、黏土、岩石和重塑黏土验证了非线性统一强度准则的正确性。

第 8 章　考虑主应力轴旋转的黄土各向异性本构模型

8.1　概　　述

在定向剪切试验中不同主应力偏转角下的重塑黄土表现出较强的各向异性。本章在第 7 章提出的各向异性强度准则的基础上，推导各向异性本构模型，并用重塑黄土验证其正确性。主要研究内容有：基于本书提出的非线性统一强度准则，推导考虑中主应力比的各向同性三维本构模型，并用文献中的数据验证模型的正确性；基于本书提出的各向异性非线性统一强度准则，推导考虑中主应力比的各向异性三维本构模型，并用文献中的数据验证模型的正确性；将重塑黄土运用到本书提出的各向异性本构模型中，用于预测重塑黄土定向剪切试验的应力-应变曲线。

8.2　各向同性三维本构模型

8.2.1　屈服面

如果三维屈服面中含有洛德角θ，在求增量计算的微分时较为麻烦，因此本章基于第 7 章的统一强度准则重新推导不含θ的统一强度准则。本章强度准则的形式参考 Yao 等[69]的形式(q_{M}不同)：

$$q_{\alpha}=\lambda q_{\mathrm{M}}+(1-\lambda)q_{\mathrm{L}} \tag{8.1}$$

式中，q_{M}为 von Mises 准则和 Lade 准则在π平面内交点的剪应力值；q_{L}为过交点的 Lade 准则在θ为 0 时的剪应力；λ为拉压强度比。

von Mises 准则在偏平面内的破坏曲线为圆，q_{M}可写为

$$q_{\mathrm{M}}=\sqrt{I_1^2-3I_2} \tag{8.2}$$

式中

$$I_1=\sigma_1+\sigma_2+\sigma_3 \tag{8.3}$$

$$I_2=\sigma_1\sigma_2+\sigma_2\sigma_3+\sigma_1\sigma_3 \tag{8.4}$$

Lade 准则如下：

$$\frac{I_1^3}{I_3}=C \tag{8.5}$$

式中

$$I_3=\sigma_1\sigma_2\sigma_3 \tag{8.6}$$

C 为模型参数，在三轴压缩状态下($q_{\mathrm{L}}=q$)，由三轴压缩状态下的应力 p、q 的定义，σ_1 、σ_3 可表示为

$$\begin{cases}\sigma_1=p+\dfrac{2}{3}q_{\mathrm{L}}\\ \sigma_3=p-\dfrac{1}{3}q_{\mathrm{L}}\end{cases} \tag{8.7}$$

将式(8.7)代入式(8.5)，可得

$$\frac{I_1^3}{I_3}=\frac{\left(\sigma_1+2\sigma_3\right)^3}{\sigma_1\sigma_3^2}=\frac{27p^3}{\left(p+\dfrac{2}{3}q_{\mathrm{L}}\right)\left(p-\dfrac{1}{3}q_{\mathrm{L}}\right)^2} \tag{8.8}$$

将应力不变量和三轴压缩条件下的 p、q_{L} 联立，解式(8.8)可得 q_{L}:

$$q_{\mathrm{L}}=2\sqrt{-\frac{m}{3}}\cos\left(\frac{1}{3}\Phi-\frac{2\pi}{3}\right) \tag{8.9}$$

式中

$$m=-\frac{3}{4}I_1^2 \tag{8.10}$$

$$\Phi=\arccos\left(\frac{-n\sqrt{-27m}}{2m^2}\right) \tag{8.11}$$

$$n=\frac{I_1^3}{4}-\frac{27}{2}I_3 \tag{8.12}$$

将式(8.2)和式(8.9)代入式(8.1)可得

$$q_\alpha=\lambda\sqrt{I_1^2-3I_2}+(1-\lambda)I_1\cos\left\{\frac{1}{3}\arccos\left[\frac{\left(-\dfrac{I_1^3}{4}+\dfrac{27I_3}{2}\right)\dfrac{9I_1}{2}}{\dfrac{9}{8}I_1^4}\right]-\frac{2\pi}{3}\right\} \tag{8.13}$$

因此结合姚仰平提出的广义强度准则的方法可得到以下广义线性强度准则:

$$\lambda\sqrt{I_1^2-3I_2}+(1-\lambda)I_1\cos\left\{\frac{1}{3}\arccos\left[\frac{\left(-\frac{I_1^3}{4}+\frac{27I_3}{2}\right)\frac{9I_1}{2}}{\frac{9}{8}I_1^4}\right]-\frac{2\pi}{3}\right\}=M_{\mathrm{p}} \tag{8.14}$$

众所周知，土体的强度和屈服的发展不仅与当前应力状态有关，而且与加载历史有关，对于原状黄土还与结构性土体强度有关。选取屈服面函数时需要满足独立于坐标系的要求，因此本章屈服面采取如下形式：

$$f=\lambda\sqrt{I_1^2-3I_2}+(1-\lambda)I_1\cos\left\{\frac{1}{3}\arccos\left[\frac{\left(-\frac{I_1^3}{4}+\frac{27I_3}{2}\right)\frac{9I_1}{2}}{\frac{9}{8}I_1^4}\right]-\frac{2\pi}{3}\right\}-\frac{1}{3}HI_1=0 \tag{8.15}$$

上述屈服准则是通过统一强度准则将摩擦系数 M 替换为硬化参数 H 修改得到的。在真三轴试验中，如图 8.1(a) 所示，偏平面中当前应力与轴向应力的

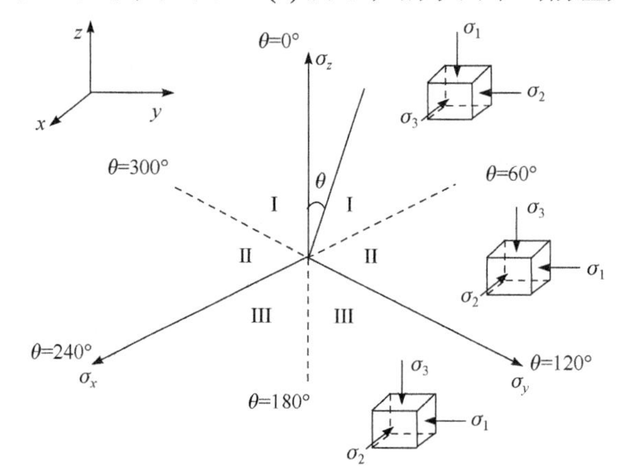

(a) 真三轴偏平面内洛德角定义

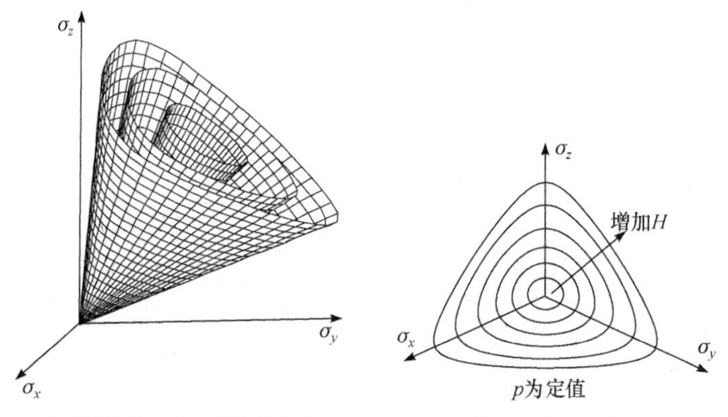

(b) 屈服面在三维空间内的变化　　(c) 屈服面在偏平面内的变化

图 8.1　真三轴偏平面内洛德角定义及屈服面随参数的变化

角度定义为洛德角 θ，因此偏平面被平分为三部分。本章以统一强度准则为屈服准则的屈服面如图 8.1(b)所示，屈服面大小在偏平面内随硬化参数的变化如图 8.1(c)所示。

8.2.2　硬化规律

硬化参数的演化规律为[131]

$$\mathrm{d}H = \langle \mathrm{d}L \rangle r_{\mathrm{H}} = \langle \mathrm{d}L \rangle \frac{G c_{\mathrm{h}}}{H p_{\mathrm{r}}} (M_{\mathrm{F}} - H) \tag{8.16}$$

式中，$\mathrm{d}L$ 为塑性模量 $\mathrm{d}L \geqslant 0$，$\langle \mathrm{d}L \rangle$ 表示当 $\mathrm{d}L \leqslant 0$ 时，$\langle \mathrm{d}L \rangle = 0$，当 $\mathrm{d}L > 0$ 时，$\langle \mathrm{d}L \rangle = \mathrm{d}L$；$r_{\mathrm{H}} \geqslant 0$，$c_{\mathrm{h}} \geqslant 0$，$p_{\mathrm{r}}$ 为参考应力，通常取 p_{r}=101kPa；M_{F} 为临界状态应力比。

8.2.3　剪胀规律及流动法则

对于岩土体材料，剪胀规律是本构模型的基石，本章剪胀规律采用以下形式[131]：

$$D = \frac{\mathrm{d}\varepsilon_{\mathrm{v}}^{\mathrm{p}}}{\sqrt{2/3 \, \mathrm{d}e_{ij}^{\mathrm{p}} \, \mathrm{d}e_{ij}^{\mathrm{p}}}} = \frac{d_1}{\exp\left(\int \langle \mathrm{d}L \rangle \right)} (M_{\mathrm{p}} - H) \tag{8.17}$$

式中，$\mathrm{d}\varepsilon_{\mathrm{v}}^{\mathrm{p}}$ 为塑性体积应变增量；$\mathrm{d}e_{ij}^{\mathrm{p}}$ 为塑性偏应变增量，$\mathrm{d}e_{ij}^{\mathrm{p}} = \mathrm{d}\varepsilon_{ij}^{\mathrm{p}} - \mathrm{d}\varepsilon_{\mathrm{v}}^{\mathrm{p}} \delta_{ij}/3$；$d_1$ 为非负参数；M_{p} 为相变应力比。

基于上述屈服准则，流动法则可表示为

$$\mathrm{d}e_{ij}^{\mathrm{p}} = \langle \mathrm{d}L \rangle n_{ij} \tag{8.18}$$

式中，n_{ij} 为单位加载应力张量，定义为[191-193]

$$n_{ij} = \frac{1}{C} \left(\frac{\partial f}{\partial \sigma_{ij}} - \frac{1}{3} \frac{\partial f}{\partial \sigma_{mn}} \delta_{mn} \delta_{ij} \right) \tag{8.19}$$

其中，C 为括号内加载张量的模。

8.2.4　本构方程

根据一致性连续条件，屈服函数的一般形式为

$$\mathrm{d}f = \frac{\partial f}{\partial \sigma_{ij}} \mathrm{d}\sigma_{ij} + \frac{\partial f}{\partial H} \mathrm{d}H = 0 \tag{8.20}$$

即

$$\mathrm{d}f = \frac{\partial f}{\partial \sigma_{ij}} \mathrm{d}\sigma_{ij} + \langle \mathrm{d}L \rangle \frac{\partial f}{\partial H} r_{\mathrm{H}} = \frac{\partial f}{\partial \sigma_{ij}} \mathrm{d}\sigma_{ij} - \langle \mathrm{d}L \rangle K_{\mathrm{p}} = 0 \tag{8.21}$$

式中

$$K_{\mathrm{p}}=-\frac{\partial f}{\partial H}r_{\mathrm{H}} \tag{8.22}$$

完整的本构关系可由经典弹塑性理论推导得到。

根据弹性偏应变和弹性体积应变，弹性本构关系可表示为

$$\begin{cases}\mathrm{d}e_{ij}^{\mathrm{e}}=\dfrac{\mathrm{d}s_{ij}}{G}\\ \mathrm{d}\varepsilon_{\mathrm{v}}^{\mathrm{e}}=\dfrac{\mathrm{d}p}{K}\end{cases} \tag{8.23}$$

式中，K 和 G 分别为弹性体积模量和剪切模量，定义如下：

$$K=\frac{E}{3(1-2v)} \tag{8.24}$$

$$G=\frac{E}{2(1+v)} \tag{8.25}$$

式中，v 为泊松比；E 为弹性模量。

$$E=\frac{3(1-2v)(1+e_0)}{\kappa}p \tag{8.26}$$

式中，e_0 为试样初始孔隙比；κ 为等向压缩回弹系数。

根据剪胀方程和流动法则，可得塑性应变增量为

$$\mathrm{d}e_{ij}^{\mathrm{p}}=\langle\mathrm{d}L\rangle n_{ij} \tag{8.27}$$

式中，n_{ij} 为单位加载应力张量，如式(8.19)所示，塑性体积应变增量为

$$\mathrm{d}\varepsilon_{\mathrm{v}}^{\mathrm{p}}=D\sqrt{2/3\mathrm{d}e_{ij}^{\mathrm{p}}\overline{\mathrm{d}e_{ij}^{\mathrm{p}}}}=\langle\mathrm{d}L\rangle\sqrt{2/3}D \tag{8.28}$$

根据式(8.27)和式(8.28)，可以求得增量型应力-应变关系的表达式如下：

$$\begin{aligned}\mathrm{d}\sigma_{ij}&=\mathrm{d}s_{ij}+\mathrm{d}p\delta_{ij}\\&=2G\mathrm{d}e_{ij}^{\mathrm{e}}+K\mathrm{d}\varepsilon_{\mathrm{v}}^{\mathrm{e}}\delta_{ij}\\&=2G(\mathrm{d}e_{ij}-\mathrm{d}e_{ij}^{\mathrm{p}})+K(\mathrm{d}\varepsilon_{\mathrm{v}}-\mathrm{d}\varepsilon_{\mathrm{v}}^{\mathrm{p}})\delta_{ij}\\&=2G(\mathrm{d}e_{ij}-\langle\mathrm{d}L\rangle n_{ij})+K(\mathrm{d}\varepsilon_{\mathrm{v}}-\langle\mathrm{d}L\rangle\sqrt{2/3}D)\delta_{ij}\end{aligned} \tag{8.29}$$

根据总应变增量为应变分量增量之和有

$$\mathrm{d}\varepsilon_{ij}=\mathrm{d}\varepsilon_{ij}^{\mathrm{e}}+\mathrm{d}\varepsilon_{ij}^{\mathrm{p}} \tag{8.30}$$

联立式(8.21)～式(8.30)，得塑性模量表达式为

$$\langle \mathrm{d}L \rangle = \frac{2G\dfrac{\partial f}{\partial \sigma_{ij}} + \left(K - \dfrac{2}{3}G\right)\dfrac{\partial f}{\partial \sigma_{kl}}\delta_{kl}\delta_{ij}}{\dfrac{\partial f}{\partial \sigma_{ij}}\left(2Gn_{ij} + \sqrt{\dfrac{1}{2}}KD\delta_{ij}\right) + K_{\mathrm{p}}} \mathrm{d}\varepsilon_{ij}\sqrt{2/3D} = \Theta_{ij}\mathrm{d}\varepsilon_{ij} \tag{8.31}$$

式(8.31)中屈服面方程的偏导遵循链式求导法则，结果如下：

$$\frac{\partial f}{\partial \sigma_{ij}} = \frac{\partial f}{\partial I_1}\cdot\frac{\partial I_1}{\partial \sigma_{ij}} + \frac{\partial f}{\partial I_2}\cdot\frac{\partial I_2}{\partial \sigma_{ij}} + \frac{\partial f}{\partial I_3}\cdot\frac{\partial I_3}{\partial \sigma_{ij}} \tag{8.32}$$

式中

$$\frac{\partial f}{\partial I_1} = \frac{\alpha I_1}{\sqrt{I_1^2 - 3I_2}} + \frac{\partial q_{\mathrm{L}}}{\partial \Phi}\cdot\frac{\partial \Phi}{\partial m}\cdot\frac{\partial m}{\partial I_1} + \frac{\partial q_{\mathrm{L}}}{\partial \Phi}\cdot\frac{\partial \Phi}{\partial n}\cdot\frac{\partial n}{\partial I_1} - \frac{1}{3}H \tag{8.33}$$

$$\frac{\partial f}{\partial I_2} = 0 \tag{8.34}$$

$$\frac{\partial f}{\partial I_3} = \frac{\partial q_{\mathrm{L}}}{\partial \Phi}\frac{\partial \Phi}{\partial m}\frac{\partial m}{\partial I_3} + \frac{\partial q_{\mathrm{L}}}{\partial \Phi}\frac{\partial \Phi}{\partial n}\frac{\partial n}{\partial I_3} \tag{8.35}$$

$$\frac{\partial I_1}{\partial \sigma_{ij}} = \delta_{ij} \tag{8.36}$$

$$\frac{\partial I_2}{\partial \sigma_{ij}} = I_1\delta_{ij} - \sigma_{ij} \tag{8.37}$$

$$\frac{\partial I_3}{\partial \sigma_{ij}} = \sigma_{ij}\sigma_{kj} + I_2\delta_{ij} - I_1\sigma_{ij} \tag{8.38}$$

$$\frac{\partial f}{\partial H} = -\frac{1}{3}I_1 \tag{8.39}$$

联立式(8.30)和式(8.31)，可得用于数值计算的增量型本构关系：

$$\mathrm{d}\sigma_{ij} = \Lambda_{ijkl}\mathrm{d}\varepsilon_{kl} \tag{8.40}$$

式中

$$\Lambda_{ijkl} = G(\delta_{ik}\delta_{jl} + \delta_{il}\delta_{jk}) + \left(K - \frac{2}{3}G\right)\delta_{ij}\delta_{kl} - h(\mathrm{d}L)\left(2Gn_{ij} + \sqrt{\frac{1}{2}}KD\delta_{ij}\right)\Theta_{kl} \tag{8.41}$$

其中，$h(\mathrm{d}L)$为 Heaviside 阶跃函数，$h(\mathrm{d}L>0)=1$，$h(\mathrm{d}L\leqslant 0)=0$。

至此，得到了以本章提出的广义强度准则为屈服准则的三维本构关系。

8.2.5　模型参数及确定

该三维弹塑性本构模型的参数主要有：强度参数 M_{F}、α；弹性参数 e_0、ν、κ；

硬化参数 c_h；剪胀参数 M_p。M_F 为临界状态应力比，由常规三轴压缩试验(b=0)确定，λ 为拉压强度比，$\mu = q_e/q_c = (3-\sin\varphi_0)/(3+\sin\varphi_0)$。弹性参数参照剑桥模型弹性参数的确定方法由一维压缩及回弹试验确定。c_h 由常规三轴排水试验确定，在小弹性应变范围内，其公式如下：

$$\begin{aligned} d\varepsilon_q &\approx \sqrt{\frac{2}{3}}dL = \sqrt{\frac{2}{3}}\frac{1-a\eta}{K_p}dq \\ &= \sqrt{\frac{2}{3}}\frac{1-a\eta}{Gc_h\left(M_p/\eta-1\right)}dq \end{aligned} \tag{8.42}$$

式中，等平均压应力三轴试验时，a=0；常规三轴压缩试验时，a=1/3。$\eta=q/p$。根据 ε_q-q 的拟合关系，c_h 为唯一未知数，因此可求得 c_h；M_p 为相变(减缩到剪胀)时的应力比，可由常规三轴压缩试验确定。

8.2.6 模型验证

8.2 节中推导了以统一强度准则为屈服准则的三维本构模型，该本构模型可反映中主应力比的影响。为了验证上述本构模型的正确性，本节分别以文献[194]、[195]中的正常固结黏土排水真三轴试验为例。真三轴试验过程中保持中主应力比 b 为定值，并保持平均有效应力不变，试验的应力路径如图 8.2 所示。其中文献[194]的试验数据分别与以本书的统一强度准则为屈服准则和以 von Mises 准则为屈服准则的本构模型计算结果进行对比。对文献[195]的试验数据采用以本书的统一强度准则为屈服准则的三维本构模型进行验证。模型参数采用上述方法确定，两种黏土的各参数见表 8.1。

表 8.1　强度准则模型参数

类别	M_F	$\kappa/(1+e_0)$	ν	λ	c_h	M_p
Chowdhury 等[194]	1.36	0.0047	0.3	0.4	0.36	1.36
Nakai 等[195]	1.39	0.0112	0.3	−0.2	0.32	1.39

对于正常固结黏土，Chowdhury 等[194]开展了一系列常中主应力比的真三轴试验。试验中，平均有效应力为 196kPa，反压为 96kPa，具体应力路径如图 8.2 所示。试验共选取 4 个中主应力比(b=0、0.268、0.5、0.732)，在π平面中对应的角度分别为 0°、15°、30°和 45°，该黏土的材料参数见表 8.1，此处参考应力取 p_r=196kPa。

本章提出的以统一强度准则为屈服准则的三维本构模型和以 von Mises 准则

为屈服准则的本构模型的预测结果如图 8.3 所示。由于 von Mises 准则在π平面内

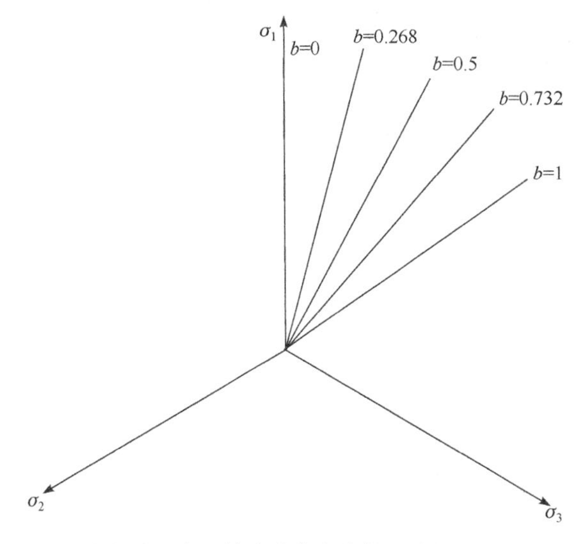

图 8.2　真三轴试验应力路径(p_r=196kPa)

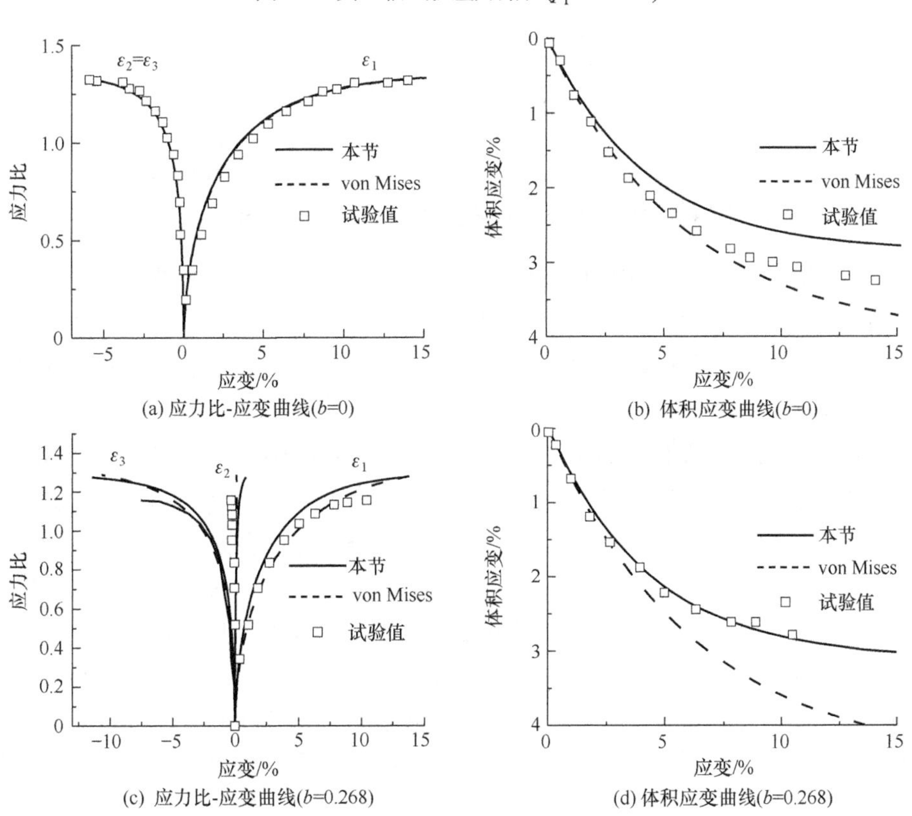

(a) 应力比-应变曲线(b=0)

(b) 体积应变曲线(b=0)

(c) 应力比-应变曲线(b=0.268)

(d) 体积应变曲线(b=0.268)

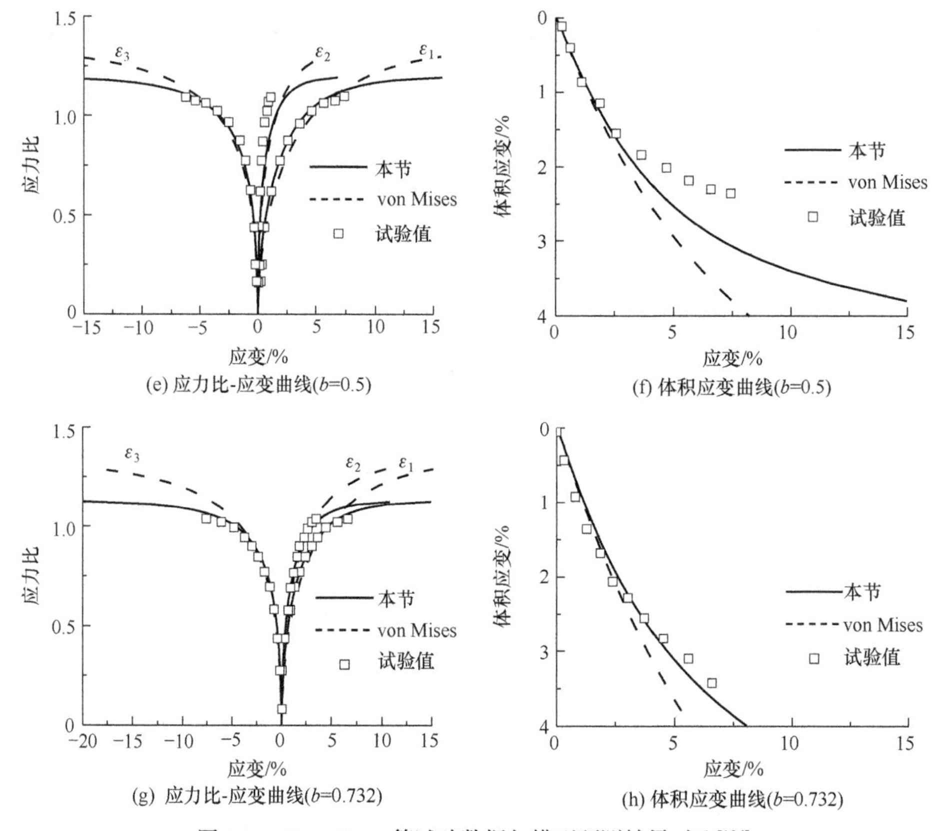

图 8.3 Chowdhury 等试验数据与模型预测结果对比[194]

为圆，因此其强度在π平面内相同，不能体现中主应力比对材料强度的影响，而本书的三维本构模型能够很好地反映中主应力比的影响，能够对不同中主应力比的应力-应变曲线进行较好的预测。此外，本书的三维本构模型能够很好地预测该黏土的体积应变发展规律。

对于正常固结黏土，Nakai 等[195]开展了一系列常中主应力比的真三轴试验。试验中平均有效应力为 196kPa，具体应力路径如图 8.2 所示，试验中共选取 5 个中主应力比(b=0、0.268、0.5、0.732、1)，在π平面中分别对应的角度为 0°、15°、30°、45°和 60°，该黏土的材料参数见表 8.1，此处参考应力取 p_r=101kPa。本书提出的以统一强度准则为屈服准则的三维本构模型和以 von Mises 准则为屈服准则的本构模型的预测结果如图 8.4 所示。本书的三维本构模型能够很好地反映中主应力比的影响，能够对不同中主应力比下的应力比-应变曲线进行较好的预测。此外，本书的三维本构模型能够很好地预测该黏土的体积应变发展规律，验证了模型的有效性。

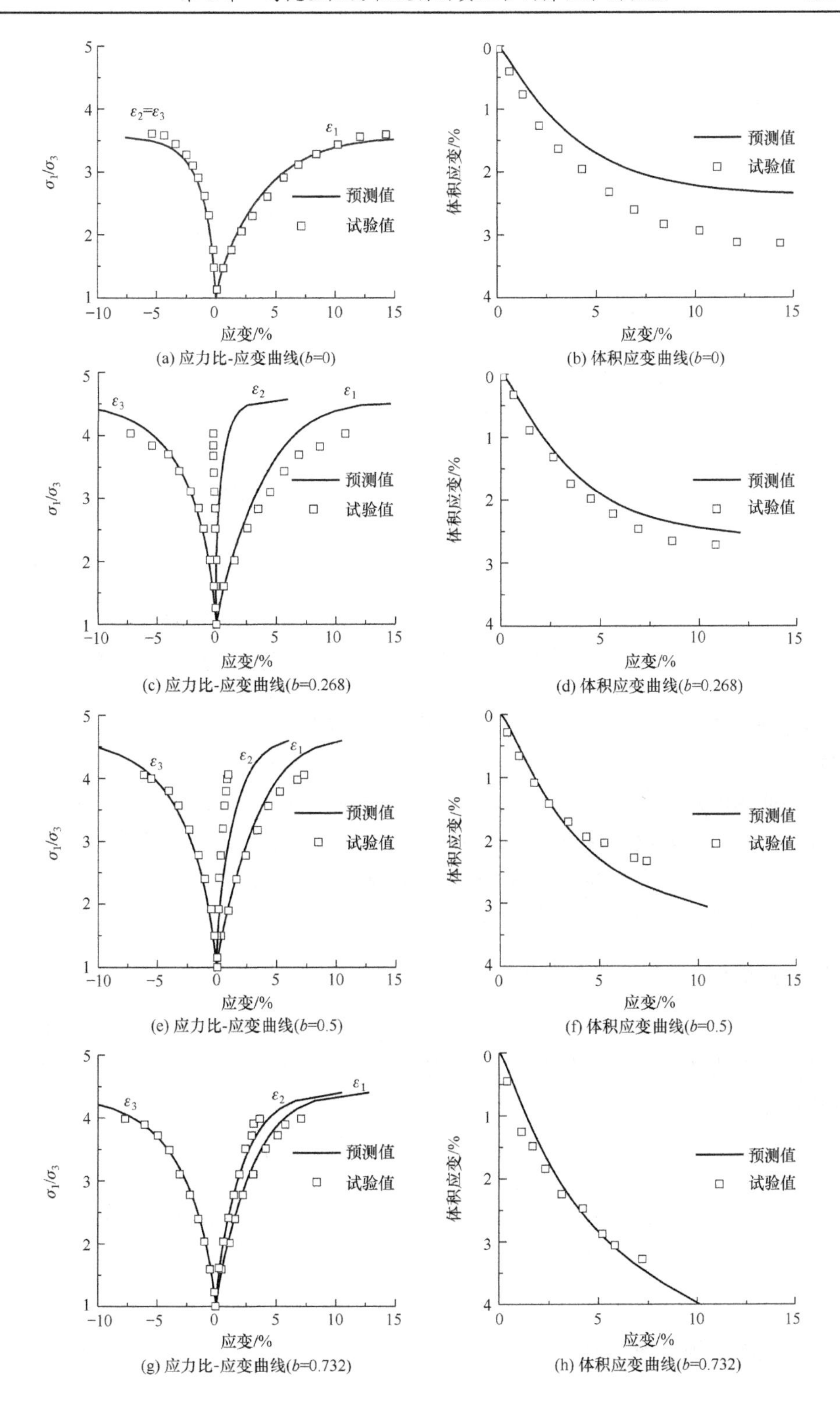

(a) 应力比-应变曲线(b=0)　(b) 体积应变曲线(b=0)

(c) 应力比-应变曲线(b=0.268)　(d) 体积应变曲线(b=0.268)

(e) 应力比-应变曲线(b=0.5)　(f) 体积应变曲线(b=0.5)

(g) 应力比-应变曲线(b=0.732)　(h) 体积应变曲线(b=0.732)

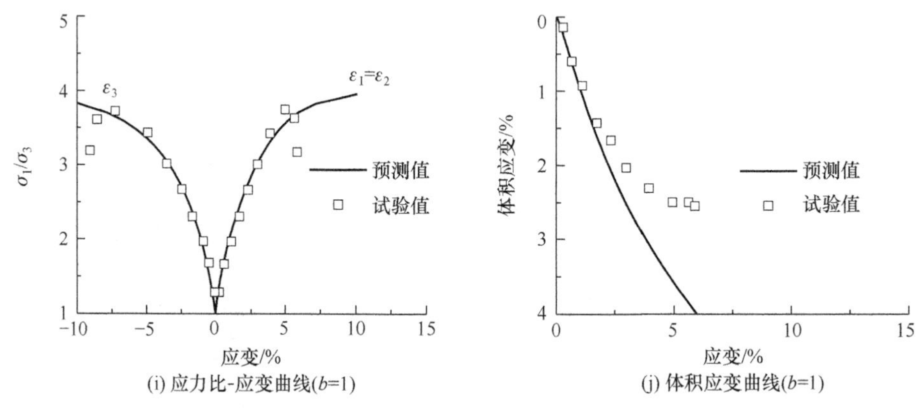

图 8.4　Nakai 等试验数据与模型预测结果对比[195]

8.3　各向异性三维本构模型

8.2 节利用本书提出的统一强度准则推导了各向同性三维本构模型,并验证了模型的正确性。上述模型能够反映中主应力比的影响，可以描述各向同性材料在三维应力条件下的应力-应变关系，但不能反映剪切过程中岩土体的状态变化。在排水剪切试验中，试样会随着剪切的进行而排水，故孔隙比会发生变化，而上述本构模型不能反映该变化，因此需要提出与状态相关的本构模型。此外，对于大多数岩土体材料往往由于沉积作用而表现出一定的各向异性，例如，本章空心扭剪试验使用的重塑黄土试样在不同主应力偏转角下强度是不同的。因此需要提出既与状态相关又能反映材料各向异性的三维本构模型来描述上述性质。本节以本书提出的各向异性强度准则为屈服准则，推导可反映上述因素的各向异性三维本构模型，使其可应用到各向异性材料中。

8.3.1　屈服面

结合 8.2 节推导的基于广义强度准则的屈服面，以及第 7 章的各向异性强度准则的确定方法，引入各向异性函数 $h(B)$，得到以下强度准则作为各向异性三维本构模型的屈服面方程：

$$f=\lambda\sqrt{I_1^2-3I_2}+(1-\lambda)I_1\cos\left\{\frac{1}{3}\arccos\left[\frac{\left(-\dfrac{I_1^3}{4}+\dfrac{27I_3}{2}\right)\dfrac{9I_1}{2}}{\dfrac{9}{8}I_1^4}\right]-\frac{2\pi}{3}\right\}-\frac{1}{3}Hh(B)I_1=0 \tag{8.43}$$

各向异性函数 $h(B)$ 为

$$h(B)=\exp\{\eta_1[(B-B_0)+\eta_2(B-B_0)^2]\} \tag{8.44}$$

式中，B 为各向异性参数。当 $\eta_1=0$ 时，$h(B)\equiv 1$，此时应用各向同性材料，屈服面变成各向同性。

8.3.2　硬化规律

硬化参数的演化规律为

$$\mathrm{d}H=\langle \mathrm{d}L\rangle r_{\mathrm{H}}=\langle \mathrm{d}L\rangle \frac{Gc_{\mathrm{h}}\zeta}{Hp_{\mathrm{r}}}(M_{\mathrm{F}}-H) \tag{8.45}$$

式中，$\mathrm{d}L$ 为塑性模量，$\mathrm{d}L\geqslant 0$，$\langle \mathrm{d}L\rangle$ 表示当 $\mathrm{d}L\leqslant 0$ 时，$\langle \mathrm{d}L\rangle=0$，当 $\mathrm{d}L>0$ 时，$\langle \mathrm{d}L\rangle=\mathrm{d}L$；$r_{\mathrm{H}}\geqslant 0$；$c_{\mathrm{h}}\geqslant 0$；$p_{\mathrm{r}}$ 为参考应力，通常取 p_{r}=101kPa；M_{F} 为临界状态应力比；ζ 为考虑各向异性对土体刚度影响的比例系数，为各向异性参数 B 的函数，表达式如下：

$$\zeta=\exp[-k(B-B_0)] \tag{8.46}$$

式中，k 为非负模型参数，ζ 随着各向异性参数 B 的增加而减小。这是因为土体在剪切试验中，其硬度随主应力方向与沉积面方向偏离程度的增加(即主应力偏转角的增大，称为轴向各向异性)而变弱[196-198]。

8.3.3　剪胀规律及流动法则

基于 8.2 节的剪胀规律，为了考虑各向异性的影响，本节提出的剪胀方程如下：

$$D=\frac{\mathrm{d}\varepsilon_{\mathrm{v}}^{\mathrm{p}}}{\sqrt{2/3\,\mathrm{d}e_{ij}^{\mathrm{p}}\,\mathrm{d}e_{ij}^{\mathrm{p}}}}=\frac{d_1}{\exp\left(\int\langle \mathrm{d}L\rangle\right)}(M_{\mathrm{p}}d_{\mathrm{F}}-H) \tag{8.47}$$

式中，$\mathrm{d}\varepsilon_{\mathrm{v}}^{\mathrm{p}}$ 为塑性体积应变增量；$\mathrm{d}e_{ij}^{\mathrm{p}}$ 为塑性偏应变增量，$\mathrm{d}e_{ij}^{\mathrm{p}}=\mathrm{d}\varepsilon_{ij}^{\mathrm{p}}-\mathrm{d}\varepsilon_{\mathrm{v}}^{\mathrm{p}}\delta_{ij}/3$；$d_1$ 为非负参数；M_{p} 为相变应力比。式(8.47)用来控制试样体积变化，尤其是当应变较大时，例如，当试样剪切到临界状态时，塑性偏应变增量将不受限制，此时分母为无穷大，D 趋于 0，这种思想是 Li 等[193]基于砂的扭剪试验的特征提出的。d_{F} 用来描述各向异性对剪胀的影响，计算公式为

$$d_{\mathrm{F}}=\exp[k(B-B_0)]=\frac{1}{\zeta} \tag{8.48}$$

参数 k 与式(8.46)相同，当其他条件相同时，d_{F} 随着各向异性参数 B 的增大而增大，因此 D 也随着增大，与文献中试验现象一致[18,197]。

流动法则与 8.2 节中的相同，表示为

$$\mathrm{d}e_{ij}^{\mathrm{p}}=\langle \mathrm{d}L\rangle n_{ij} \tag{8.49}$$

式中，n_{ij}为单位加载应力张量：

$$n_{ij}=\frac{1}{C}\left(\frac{\partial f}{\partial \sigma_{ij}}-\frac{1}{3}\frac{\partial f}{\partial \sigma_{mn}}\delta_{mn}\delta_{ij}\right) \tag{8.50}$$

其中，C为括号内加载张量的模。

8.3.4 本构方程

根据一致性连续条件，屈服函数的一般形式为

$$\mathrm{d}f=\frac{\partial f}{\partial \sigma_{ij}}\mathrm{d}\sigma_{ij}+\frac{\partial f}{\partial H}\mathrm{d}H+\frac{\partial f}{\partial F_{ij}}\mathrm{d}F_{ij}=0 \tag{8.51}$$

即

$$\mathrm{d}f=\frac{\partial f}{\partial \sigma_{ij}}\mathrm{d}\sigma_{ij}+\langle \mathrm{d}L\rangle\frac{\partial f}{\partial H}r_{\mathrm{H}}=\frac{\partial f}{\partial \sigma_{ij}}\mathrm{d}\sigma_{ij}-\langle \mathrm{d}L\rangle K_{\mathrm{p}}=0 \tag{8.52}$$

式中

$$K_{\mathrm{p}}=-\frac{\partial f}{\partial H}r_{\mathrm{H}} \tag{8.53}$$

完整的本构关系可由经典弹塑性理论推导得到。

根据弹性偏应变和弹性体积应变，弹性本构关系可表示为

$$\begin{cases}\mathrm{d}e_{ij}^{\mathrm{e}}=\dfrac{\mathrm{d}s_{ij}}{G}\\[2ex]\mathrm{d}\varepsilon_{\mathrm{v}}^{\mathrm{e}}=\dfrac{\mathrm{d}p}{K}\end{cases} \tag{8.54}$$

式中，G和K分别为弹性剪切模量和弹性体积模量。为了考虑剪切过程中的状态变化，弹性剪切模量定义如下：

$$G=G_0\frac{(2.97-e)^2}{1+e}p_{\mathrm{r}}\sqrt{\frac{p}{p_{\mathrm{r}}}} \tag{8.55}$$

式中，G_0为材料常数；e为试样对应剪切过程中的孔隙比；p_{r}为参考应力，通常取大气压力为101kPa；p为试样剪切过程中的平均主应力。K的定义如下：

$$K=G\frac{2(1+\nu)}{3(1-2\nu)} \tag{8.56}$$

根据剪胀方程和流动法则，可得塑性应变增量为如下形式：

$$\mathrm{d}e_{ij}^{\mathrm{p}}=\langle \mathrm{d}L\rangle n_{ij} \tag{8.57}$$

式中，n_{ij} 为单位加载应力张量，如式(8.50)所示，塑性体积应变增量为

$$\mathrm{d}\varepsilon_{\mathrm{v}}^{\mathrm{p}} = D\sqrt{2/3\mathrm{d}e_{ij}^{\mathrm{p}}\overline{\mathrm{d}e_{ij}^{\mathrm{p}}}} = \langle \mathrm{d}L\rangle\sqrt{2/3}D \tag{8.58}$$

根据式(8.57)和式(8.58)可以求解增量型应力-应变关系的表达式如下：

$$\begin{aligned}\mathrm{d}\sigma_{ij} &= \mathrm{d}s_{ij} + \mathrm{d}p\delta_{ij}\\ &= 2G\mathrm{d}e_{ij}^{\mathrm{e}} + K\mathrm{d}\varepsilon_{\mathrm{v}}^{\mathrm{e}}\delta_{ij}\\ &= 2G(\mathrm{d}e_{ij} - \mathrm{d}e_{ij}^{\mathrm{p}}) + K(\mathrm{d}\varepsilon_{\mathrm{v}} - \mathrm{d}\varepsilon_{\mathrm{v}}^{\mathrm{p}})\delta_{ij}\\ &= 2G(\mathrm{d}e_{ij} - \langle \mathrm{d}L\rangle n_{ij}) + K(\mathrm{d}\varepsilon_{\mathrm{v}} - \langle \mathrm{d}L\rangle\sqrt{2/3}D)\delta_{ij}\end{aligned} \tag{8.59}$$

根据总应变增量为应变分量增量之和有

$$\mathrm{d}\varepsilon_{ij} = \mathrm{d}\varepsilon_{ij}^{\mathrm{e}} + \mathrm{d}\varepsilon_{ij}^{\mathrm{p}} \tag{8.60}$$

联立式(8.51)～式(8.60)得塑性模量表达式为

$$\langle \mathrm{d}L\rangle = \frac{2G\dfrac{\partial f}{\partial \sigma_{ij}} + \left(K - \dfrac{2}{3}G\right)\dfrac{\partial f}{\partial \sigma_{kl}}\delta_{kl}\delta_{ij}}{\dfrac{\partial f}{\partial \sigma_{ij}}\left(2Gn_{ij} + \sqrt{\dfrac{2}{3}}KD\delta_{ij}\right) + K_{\mathrm{p}}}\mathrm{d}\varepsilon_{ij}\sqrt{2/3}D = \Theta_{ij}\mathrm{d}\varepsilon_{ij} \tag{8.61}$$

式(8.61)中屈服面方程的偏导遵循链式求导法则，结果如下：

$$\frac{\partial f}{\partial \sigma_{ij}} = \frac{\partial f}{\partial I_1}\frac{\partial I_1}{\partial \sigma_{ij}} + \frac{\partial f}{\partial I_2}\frac{\partial I_2}{\partial \sigma_{ij}} + \frac{\partial f}{\partial I_3}\frac{\partial I_3}{\partial \sigma_{ij}} + \frac{\partial f}{\partial B}\frac{\partial B}{\partial \sigma_{ij}} \tag{8.62}$$

式中

$$\frac{\partial f}{\partial I_1} = \frac{\alpha I_1}{\sqrt{I_1^2 - 3I_2}} + \frac{\partial q_{\mathrm{L}}}{\partial \Phi}\frac{\partial \Phi}{\partial m}\frac{\partial m}{\partial I_1} + \frac{\partial q_{\mathrm{L}}}{\partial \Phi}\frac{\partial \Phi}{\partial n}\frac{\partial n}{\partial I_1} - \frac{1}{3}Hh(B) \tag{8.63}$$

$$\frac{\partial f}{\partial I_2} = 0 \tag{8.64}$$

$$\frac{\partial f}{\partial I_3} = \frac{\partial q_{\mathrm{L}}}{\partial \Phi}\frac{\partial \Phi}{\partial m}\frac{\partial m}{\partial I_3} + \frac{\partial q_{\mathrm{L}}}{\partial \Phi}\frac{\partial \Phi}{\partial n}\frac{\partial n}{\partial I_3} \tag{8.65}$$

$$\frac{\partial I_1}{\partial \sigma_{ij}} = \delta_{ij} \tag{8.66}$$

$$\frac{\partial I_2}{\partial \sigma_{ij}} = I_1\delta_{ij} - \sigma_{ij} \tag{8.67}$$

$$\frac{\partial I_3}{\partial \sigma_{ij}} = \sigma_{ik}\sigma_{kj} + I_2\delta_{ij} - I_1\sigma_{ij} \tag{8.68}$$

$$\frac{\partial f}{\partial B} = -\frac{1}{3} I_1 H h(B)\{\eta_1[B + 2\eta_2(B - B_0)]\} \tag{8.69}$$

$$\frac{\partial B}{\partial \sigma_{ij}} = -n_{ij}\frac{3}{2}\cdot\frac{B}{q^2}s_{ij} \tag{8.70}$$

$$\frac{\partial f}{\partial H} = -\frac{1}{3} I_1 h(B) \tag{8.71}$$

联立式(8.60)和式(8.61)，可得用于数值计算的增量型本构关系为

$$\mathrm{d}\sigma_{ij} = \varLambda_{ijkl}\mathrm{d}\varepsilon_{kl} \tag{8.72}$$

式中

$$\varLambda_{ijkl} = G(\delta_{ik}\delta_{jl} + \delta_{il}\delta_{jk}) + \left(K - \frac{2}{3}G\right)\delta_{ij}\delta_{kl} - h(\mathrm{d}L)\left(2Gn_{ij} + \sqrt{\frac{2}{3}}KD\delta_{ij}\right)\varTheta_{kl} \tag{8.73}$$

其中，$h(\mathrm{d}L)$为 Heaviside 阶跃函数，$h(\mathrm{d}L>0)=1$，$h(\mathrm{d}L\leqslant 0)=0$。

至此，得到了以本书提出的各向异性广义强度准则为屈服准则的各向异性三维本构关系。

8.3.5 模型参数及确定

各向异性三维弹塑性本构模型的参数主要有各向同性参数和各向异性参数，其中各向同性参数的确定方式参照 8.2 节中的确定方法，如强度参数 M_{F}、α；弹性参数 e_0、ν、κ；硬化参数 c_{h}；剪胀参数 M_{p}。M_{F} 为临界状态应力比，由常规三轴压缩试验(b=0)确定，λ 为拉压强度比，$\mu = q_{\mathrm{e}}/q_{\mathrm{c}} = (3-\sin\varphi_0)/(3+\sin\varphi_0)$。弹性参数参照剑桥模型弹性参数的确定方法，由一维压缩及回弹试验确定。c_{h} 由常规三轴排水试验确定，在小弹性应变范围内，其公式如下：

$$\begin{aligned}\mathrm{d}\varepsilon_q &\approx \sqrt{\frac{2}{3}}\mathrm{d}L = \sqrt{\frac{2}{3}}\frac{1-a\eta}{K_{\mathrm{p}}}\mathrm{d}q \\ &= \sqrt{\frac{2}{3}}\frac{1-a\eta}{Gc_{\mathrm{h}}(M_{\mathrm{p}}/\eta - 1)}\mathrm{d}q\end{aligned} \tag{8.74}$$

式中，等平均压应力三轴试验时，a=0，常规三轴压缩试验时，a=1/3，$\eta=q/p$；根据 ε_q-q 的拟合关系，可求得 c_{h}；K_{p} 为塑性体积模量，$K_{\mathrm{p}} = Gc_{\mathrm{p}}(M_{\mathrm{p}}/\eta - 1)$； M_{p} 为相变(减缩到剪胀)时的应力比，可由常规三轴压缩试验确定。

8.3.6 模型验证

为了验证上述各向异性本构模型的正确性，本节首先以文献[198]中的正常固结 MSP Toyoura 砂土排水真三轴试验为例进行验证。为了研究砂土的各向异性，Miura 等[198]做了一系列的真三轴试验，分别研究试样处于π平面内不同区域的强度以及所引起的该砂土的各向异性，试样初始密实度 D_r=53%，所有试样在剪切试验中保持有效平均应力为 196kPa，试样在剪切过程中保持排水。各向同性参数与 8.2 节中的参数确定方法相同，各向异性参数参照各向异性强度准则的参数确定方法，该砂土的模型参数见表 8.2。

文献[198]中分别选取了π平面内三个区域不同中主应力比 b 下的真三轴试验，本章提出的以各向异性统一强度准则[199]为屈服准则的三维本构模型的预测曲线和文献试验数据如图 8.5 所示。本章模型基本可以预测其应力-应变趋势，如图 8.5(a)所示，当 b=0 时，在 I 区域内(θ=0°)，模型低估了其应力比-应变曲线，在第 II 区域内(θ=120°)，模型高估了其应力比-应变曲线，最大误差 14.42%；体积应变变化趋势预测在第 I 区域内(θ=0°)与试验数据吻合较好，在第 II 区域内(θ=120°)稍有误差，这与试验中的操作误差、试样本身的均匀程度以及试验仪器等带来的偶然误差有关。在第 II 区域(b=0.5，θ=90°)和第 III 区域内的应力比-应变曲线及试验数据的变化趋势如图 8.5(c)、(d)所示，相比而言，模型能够较好地预测其发展趋势，验证了该模型的有效性。

表 8.2　砂土的模型参数

类别	M_F	e_0	ν	λ	c_h	M_p	G_0/kPa	d_1	η_1	η_2	κ
Miura 等[197]	1.55	0.9	0.2	0.4	0.37	1.0	135	0.8	−0.16	−0.42	0.25
Nakai 等[195]	1.39	0.0112	0.3	−0.2	0.32	1.39	123	1	0	—	0.21

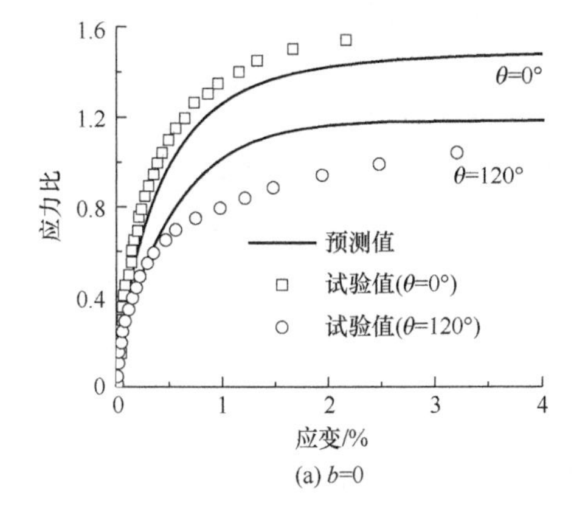

(a) b=0

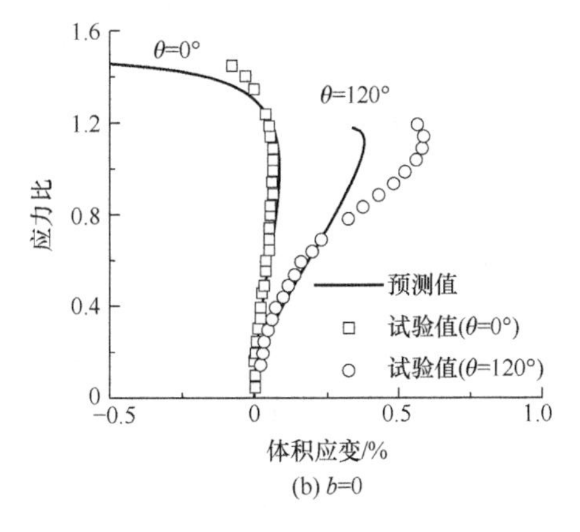

(b) b=0

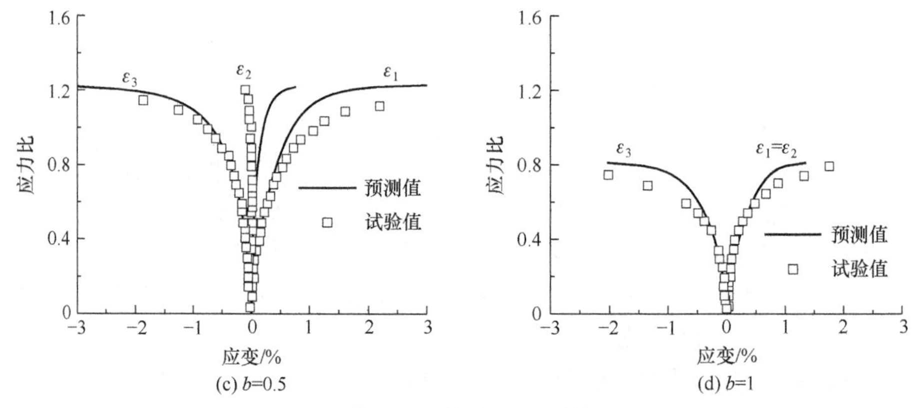

(c) b=0.5　　(d) b=1

图 8.5　模型预测结果和试验数据对比

图 8.6 预测了在上述模型参数下，第 I 区域内不同中主应力比(b=0、0.5)和不同沉积面角度(ξ=0°、45°、60°、90°)下的应力比-应变曲线和体积应变曲线。由图可知，在相同中主应力比下，不同沉积面角度的应力比-应变曲线表现出一定的差异性，体现了该砂土的沉积各向异性。相比应力比-应变曲线，其体积应变的变化

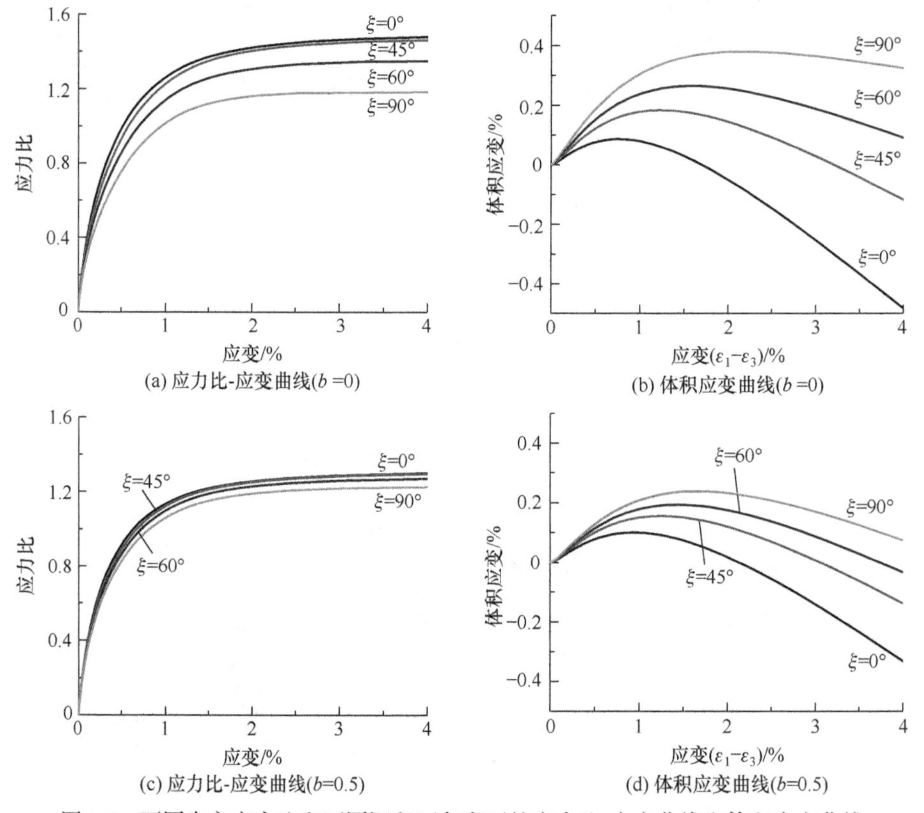

(a) 应力比-应变曲线(b =0)　　(b) 体积应变曲线(b =0)

(c) 应力比-应变曲线(b=0.5)　　(d) 体积应变曲线(b=0.5)

图 8.6　不同中主应力比和不同沉积面角度下的应力比-应变曲线和体积应变曲线

更为明显。说明对于各向异性砂土，其强度变化与试验中处于π平面内的区域、中主应力比 b、沉积面角度ξ等因素有较大关系。本章提出的三维各向异性本构模型能体现上述不同因素，并能对强度和应力-应变趋势进行合理预测。

8.4　饱和黄土剪切试验验证

第 2 章的定向剪切试验表明，饱和重塑黄土在固定角度条件下的剪切试验具有明显的各向异性，同时表现出明显的剪胀特性，因此，本章提出的三维各向异性本构模型可以运用到饱和重塑黄土中。本节以 b 分别为 0、0.5 为例，验证饱和重塑黄土的应力比-应变曲线，模型参数用 8.3 节的方法确定，结果见表 8.3。

表 8.3　重塑黄土的模型参数

类别	M_F	e_0	ν	λ	c_h	M_p	G_0/kPa	d_1	η_1	η_2	κ
重塑黄土	1.72	0.544	0.25	0.5	0.42	1.45	135	0.086	−0.31	−0.25	0.65

图 8.7 为重塑黄土应力比-应变模型预测曲线和试验曲线的对比，模型得到的应力比-应变曲线峰值强度比与第 7 章的强度预测值保持一致。本章给出了当 b 分别为 0、0.5 时的不同主应力偏转角下理论预测结果和试验结果的应力-应变曲线。由图可知，本章提出的本构模型可以体现不同主应力偏转角下该重塑黄土所表现出的强度各向异性，能够较好地预测其应力-应变变化趋势。

图 8.8 为当 b 为 0、0.5 时重塑黄土模型预测数据和试验数据的应力路径曲线对比。由图可知，当中主应力比相同时，该重塑黄土在不同主应力偏转角下表现出不同的应力路径，主要体现为孔压和强度的变化不同，从而表现为有效应力路径不同，模型可以体现该重塑黄土的各向异性和剪胀特性。

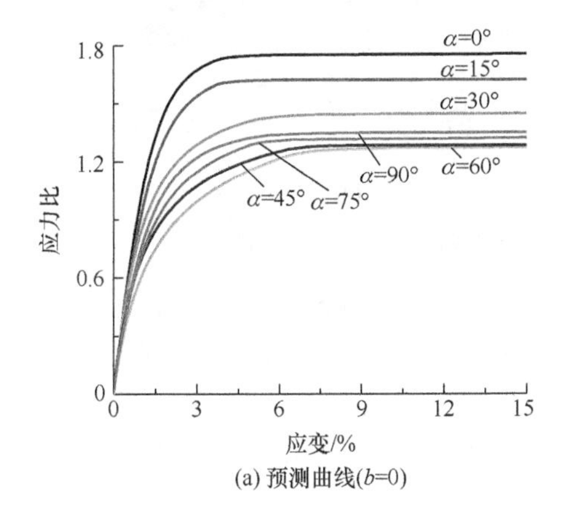

(a) 预测曲线(b=0)

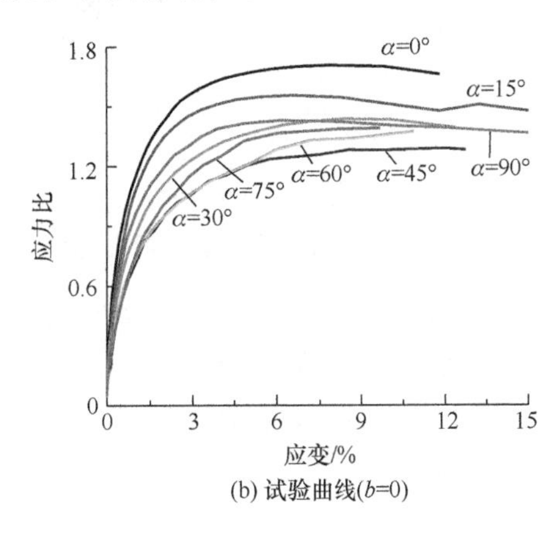

(b) 试验曲线(b=0)

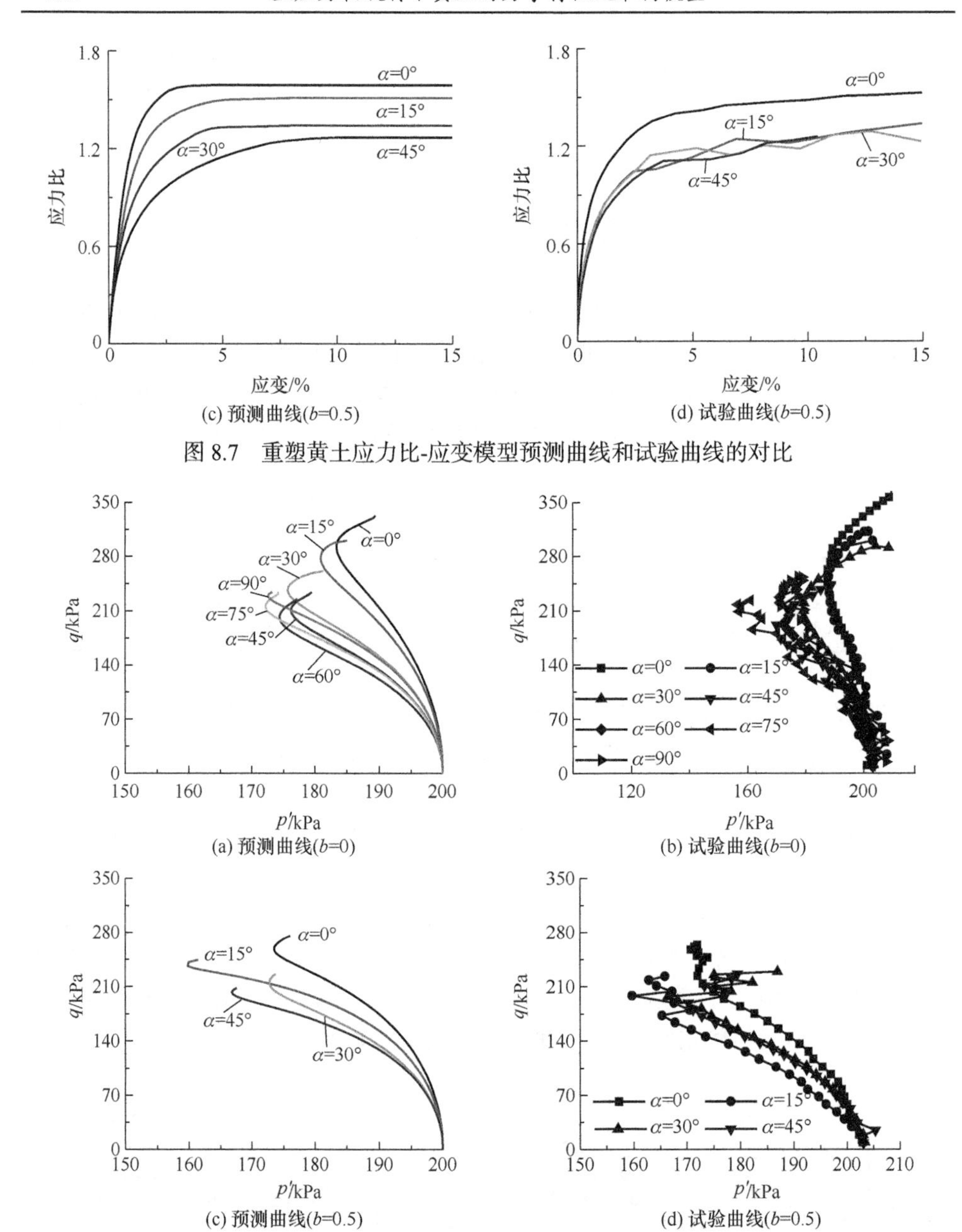

图 8.7 重塑黄土应力比-应变模型预测曲线和试验曲线的对比

图 8.8 重塑黄土模型预测数据和试验数据的应力路径曲线对比

图 8.9 为当 b=0 时不同主应力偏转角下重塑黄土预测和试验应力分量-应变曲线。由图可知，整体上模型能够较好地预测其应力分量-应变曲线的发展趋势，但是由于试验条件、试样制备、试验仪器等的差异性，部分预测曲线和试验数据有偏差。理论上，试样剪切时保持平均主应力 p 为定值，当α=0°时，σ_z逐渐增大，

$\sigma_r=\sigma_\theta$ 且逐渐减小；当 $\alpha=45°$ 时，σ_θ 逐渐增大，$\sigma_z=\sigma_r$ 且逐渐减小；当 $\alpha=90°$ 时，σ_θ 逐渐增大，$\sigma_z=\sigma_r$ 且逐渐减小。

图 8.10 为当 $b=0.5$ 时不同主应力偏转角下重塑黄土预测和试验应力分量-应变曲线。由图可知，整体上模型能够较好地预测其应力分量-应变曲线的发展趋势，但是由于试验条件、试样制备、试验仪器等的差异性，部分预测曲线和试验数据有

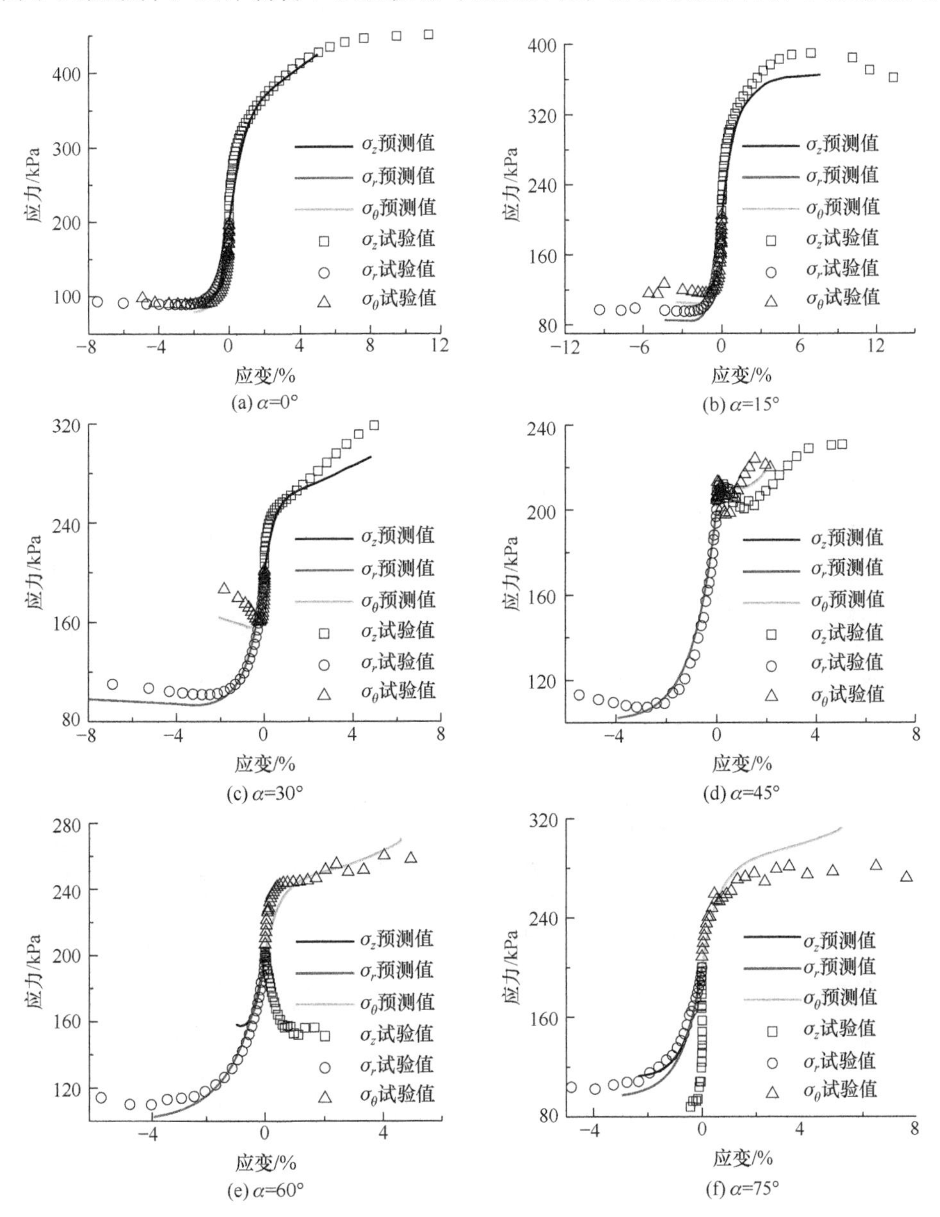

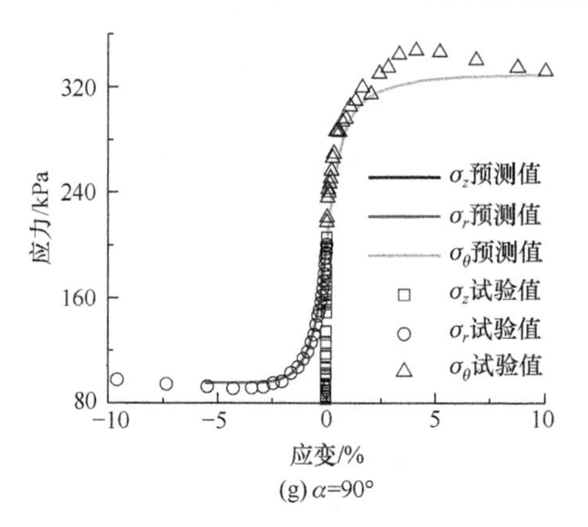

(g) α=90°

图 8.9 重塑黄土模型预测应力分量-应变曲线和试验值对比(b=0)

偏差。理论上，试样剪切时保持平均主应力 p 为定值，当α=45°时，σ_θ逐渐减小，σ_z=σ_r且逐渐减小。

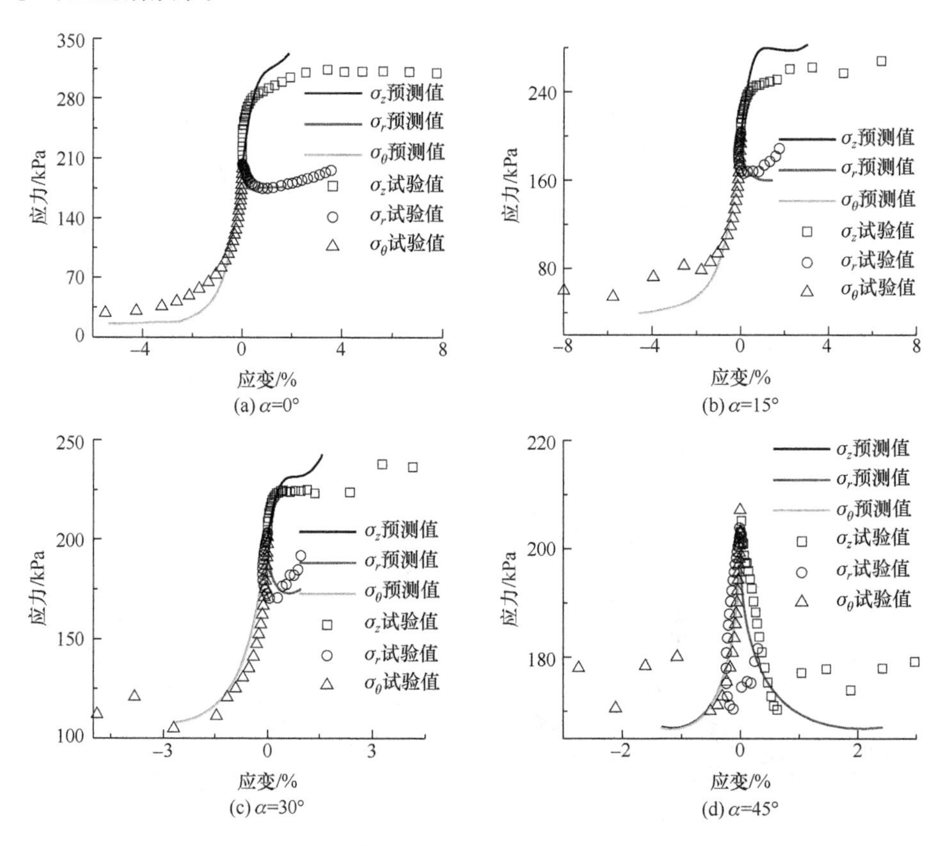

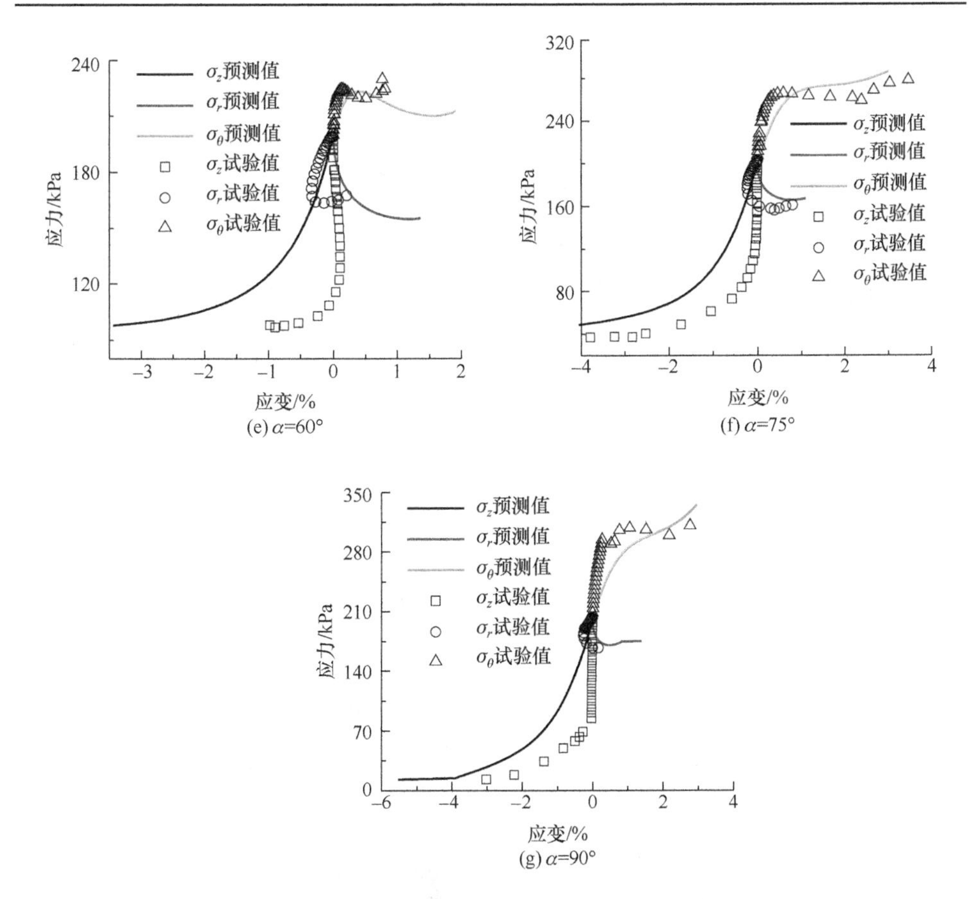

(e) α=60°　(f) α=75°　(g) α=90°

图 8.10　重塑黄土模型预测应力分量-应变曲线和试验值对比(b=0.5)

图 8.11 为当 b=1 时不同主应力偏转角下重塑黄土预测和试验应力分量-应变曲线。由图可知，整体上模型能够较好地预测其应力分量-应变曲线的发展趋势，但是由于试验条件、试样制备、试验仪器等的差异性，部分预测曲线和试验数据

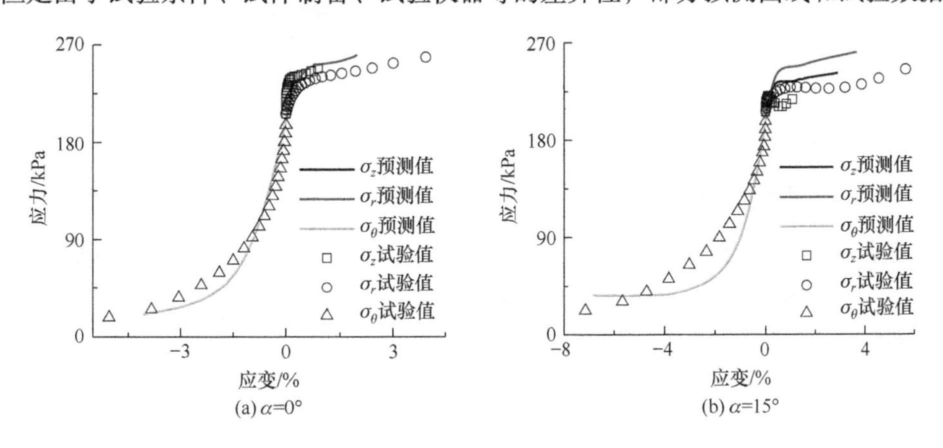

(a) α=0°　(b) α=15°

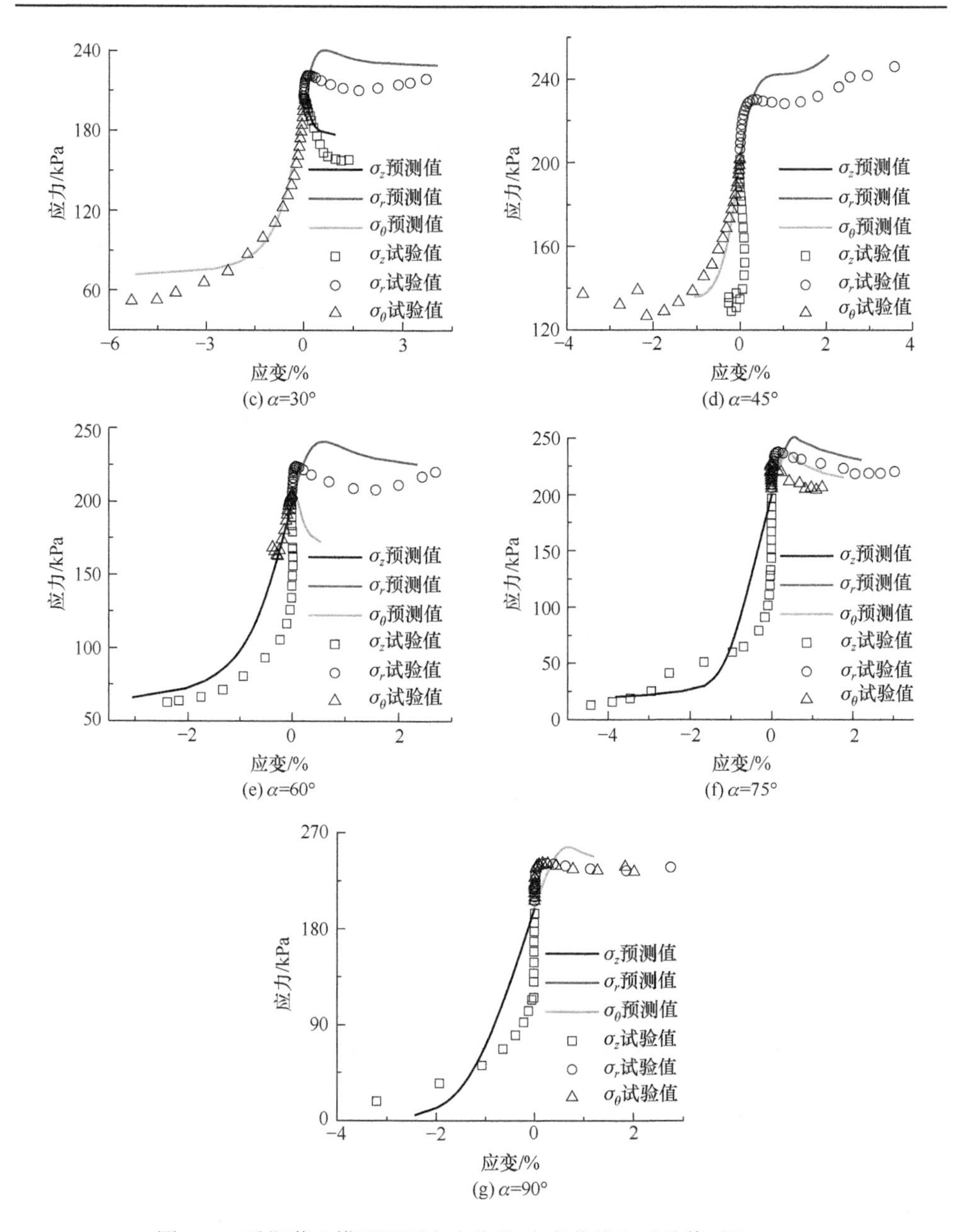

图 8.11　重塑黄土模型预测应力分量-应变曲线和试验值对比(b=1)

有偏差。理论上，试样剪切时保持平均主应力 p 为定值，当α=0°时，σ_θ逐渐减小，σ_z=σ_r且逐渐增大；当α=45°时，σ_θ逐渐减小，σ_z=σ_r且逐渐增大；当α=90°时，σ_z逐渐减小，σ_r=σ_θ且逐渐增大。

8.5　本 章 小 结

(1) 基于各向同性非线性统一三维强度准则，推导了各向同性三维本构模型，分别用文献中的砂土和黏土验证了模型的正确性。该模型可以预测真三轴试验不同中主应力比下的土体应力-应变曲线，可以反映材料的非线性等性质。

(2) 基于各向异性非线性统一三维强度准则，推导了各向异性三维本构模型，分别用文献中的砂土和黏土验证了该模型的正确性。

(3) 根据重塑黄土的定向剪切试验数据，用该各向异性本构模型预测了重塑黄土的应力-应变曲线，得到了良好的预测结果，该模型可以反映该材料的各向异性。

参 考 文 献

[1] 唐文国, 吴明涛. 包兰铁路黄土路基病害原因分析[J]. 甘肃科技, 2014, 30(5): 92-94.

[2] 柴金飞, 马伟斌, 马超锋, 等. 瓦日铁路湿陷性黄土路基隐伏病害检测及整治技术[J]. 铁道建筑, 2018, 58(1): 55-58.

[3] 张少康, 王其玉, 李科. 湿陷性黄土路基病害的判定与处置研究[J]. 市政技术, 2013, 31(3): 23-25.

[4] 郭林. 复杂应力路径下饱和软黏土静动力特性试验研究[D]. 杭州: 浙江大学, 2013.

[5] Guo L, Wang J, Cai Y, et al. Undrained deformation behavior of saturated soft clay under long-term cyclic loading[J]. Soil Dynamics and Earthquake Engineering, 2013, 50: 28-37.

[6] Xiao J, Juang C H, Wei K, et al. Effects of principal stress rotation on the cumulative deformation of normally consolidated soft clay under subway traffic loading[J]. Journal of Geotechnical and Geoenvironmental Engineering, 2014, 140(4): 1-9.

[7] Ishihara K, Towhata I. Sand response to cyclic rotation of principal stress directions as induced by wave loads[J]. Soils and Foundations, 1983, 23(4): 11-26.

[8] Hight D W, Symes M J, Gens A. The development of a new hollow cylinder apparatus for investigating the effects of principal stress rotation in soils[J]. Geotechnique, 1983, 33(4): 355-383.

[9] Vaid Y P, Sayao A S F, Hou E, et al. Generalized stress path dependent soil behaviour with a new hollow cylinder torsional apparatus[J]. Canadian Geotechnical Journal, 1990, 27(5): 601-616.

[10] 沈瑞福, 王洪瑾, 周景星. 动主应力轴连续旋转下砂土的动强度[J]. 水利学报, 1996, 11(1): 27-33.

[11] 姚仰平, 谢定义. 振动拉压扭剪三轴仪及其试验研究[J]. 西安建筑科技大学学报, 1996, 28(2): 129-133.

[12] 刘汉龙, 周云东, 高玉峰, 等. 多功能静动三轴仪研制及在液化后大变形中的应用[J]. 大坝观测与土工测试, 2001, 25(5): 48-51.

[13] 栾茂田, 郭莹, 李木国, 等. 土工静力-动力液压三轴-扭转多功能剪切仪研发及应用[J]. 大连理工大学学报, 2003, 43(5): 670-675.

[14] Cai Y Y. An experimental study of non-coaxial soil behaviour using hollow cylinder testing [D]. Nottingham: The University of Nottingham, 2010.

[15] 沈扬, 周建, 龚晓南. 空心圆柱仪模拟恒定围压下主应力轴循环旋转应力路径能力分析[J]. 岩土工程学报, 2006, 28(3): 281-287.

[16] 董彤, 郑颖人, 孔亮, 等. 空心圆柱扭剪试验中广义应力路径的控制与实现[J]. 岩土工程学报, 2017, 39(S1): 106-110.

[17] Lade P V, Kirkgard M M. Effects of stress rotation and changes of *b*-values on cross-anisotropic behavior of natural, K_0-consolidated soft clay[J]. Soils and Foundations, 2000, 40(6): 93-105.

[18] Yoshimine M, Ishihara K, Vargas W. Effects of principal stress direction and intermediate principal stress on undrained shear behaviour of sand[J]. Soils and Foundations, 1998, 38(3): 179-188.

[19] Uthayakumar M, Vaid Y P. Static liquefaction of sands under multiaxial loading[J]. Canadian Geotechnical Journal, 1998, 35(2): 273-283.

[20] Symes M J, Gens A, Hight D W. Undrained anisotropy and principal stress rotation in saturated sand[J]. Geotechnique, 1984, 34(1): 11-27.

[21] Ishihara K, Towhata I. Sand response to cyclic rotation of principal stress directions as induced by wave loads[J]. Soils and Foundations, 1983, 23(4): 11-26.

[22] Wong R K S, Arthur J R F. Sand sheared by stresses with cyclic variation in direction[J]. Geotechnique, 1986, 36(2): 215-226.

[23] 熊焕, 郭林, 蔡袁强. 主应力轴变化下非共轴对砂土剪胀特性影响[J]. 岩土力学, 2017, 38(1): 133-140.

[24] Yang Z X, Li X S, Yang J. Undrained anisotropy and rotational shear in granular soil[J]. Geotechnique, 2007, 57(4): 378-384.

[25] Tong Z X, Zhang J M, Yu Y L, et al. Drained deformation behavior of anisotropic sands during cyclic rotation of principal stress axes[J]. Journal of Geotechnical and Geoenvironmental Engineering, 2010, 31(6): 1509-1518.

[26] 蔡燕燕, 俞缙, 余海岁, 等. 加载路径对粗粒土非共轴性影响的试验研究[J]. 岩土工程学报, 2012, 34(6): 1117-1122.

[27] 沈扬, 周建, 张金良, 等. 主应力轴循环旋转下原状软黏土临界性状研究[J]. 浙江大学学报(工学版), 2008, 42(1): 77-82.

[28] 邓鹏, 郭林, 蔡袁强, 等. 循环荷载下考虑主应力旋转的软土力学响应研究[J]. 岩土力学, 2015, 36(增 2): 148-156.

[29] 姚兆明, 黄茂松. 考虑主应力轴偏转角影响的饱和软黏土不排水循环累积变形[J]. 岩石力学与工程学报, 2011, 30(2): 391-399.

[30] 钱建固, 杜子博. 纯主应力轴旋转下饱和软黏土的循环弱化及非共轴性[J]. 岩土工程学报, 2016, 38(8): 1381-1390.

[31] 杨彦豪, 周建, 周红星. 主应力轴旋转条件下软黏土的非共轴研究[J]. 岩石力学与工程学报, 2015, 34(6): 1259-1266.

[32] 柳艳华, 谢永利. 主应力轴旋转下中主应力系数对软黏土性状的影响[J]. 交通运输工程学报, 2015, 15(3): 27-33, 61.

[33] 严佳佳, 周建, 龚晓南, 等. 主应力轴纯旋转条件下原状黏土变形特性研究[J]. 岩土工程学报, 2014, 36(3): 474-481.

[34] Brown S F. Soil mechanics in pavement engineering[J]. Geotechnique, 1996, 46(3): 383-426.

[35] Cai Y Q, Guo L, Jardine R J, et al. Stress-strain response of soft clay to traffic loading[J]. Geotechnique, 2017, 67(5):446-451.

[36] 沈扬, 周建, 龚晓南. 主应力轴旋转对土体性状影响的试验进展研究[J]. 岩石力学与工程学报, 2006, 25(7):1408-1416.

[37] Chazallon C, Hornych P, Mouhoubi S. Elastoplastic model for the long-term behavior modeling of unbound granular materials in flexible pavements[J]. International Journal of Geomechanics, 2006, 6(4): 279-289.

[38] Grabe P J, Clayton C R I. Effects of principal stress rotation on permanent deformation in rail

track foundations[J]. Journal of Geotechnical and Geoenvironmental Engineering, 2009, 140(2): 23-42.

[39] Guo L, Chen J, Wang J, et al. Influences of stress magnitude and loading frequency on cyclic behavior of K_0-consolidated marine clay involving principal stress rotation[J]. Soil Dynamics and Earthquake Engineering, 2016, 84(1): 94-107.

[40] Ishikawa T, Sekine E, Miura S. Cyclic deformation of granular material subjected to moving wheel loads[J]. Canadian Geotechnical Journal, 2011, 48(5): 691-703.

[41] Kumruzzaman M, Yin J H. Influences of principal stress direction and intermediate principal stress on the stress-strain-strength behaviour of completely decomposed granite[J]. Canadian Geotechnical Journal, 2010, 47(47): 164-179.

[42] Miura K, Miura S, Toki S. Deformation behavior of anisotropic dense sand under principal stress axes rotation[J]. Soils and Foundations, 1986, 26(1): 36-52.

[43] Qian J G , Wang Y G , Yin Z Y, et al. Experimental identification of plastic shakedown behavior of saturated clay subjected to traffic loading with principal stress rotation[J]. Engineering Geology, 2016, 214(1): 29-42.

[44] Yang S, Xin W, Han L L, et al. Influence of principal stress rotation of unequal tensile and compressive stress amplitudes on characteristics of soft clay[J]. Journal of Mountain Science, 2017, 14(2): 369-381.

[45] Wang Y K, Guo L, Gao Y F, et al. Anisotropic drained deformation behavior and shear strength of natural soft marine clay[J]. Marine Georesources & Geotechnology, 2016, 34(5): 493-502.

[46] 伍婷玉, 郭林, 蔡袁强, 等. 交通荷载应力路径下 K=0 固结软黏土变形特性试验研究[J]. 岩土工程学报, 2017, 39(5): 859-867.

[47] 周正龙, 陈国兴, 吴琪. 四向振动空心圆柱扭剪仪模拟主应力轴旋转应力路径能力分析[J]. 岩土力学, 2016, 37(增 1): 127-132.

[48] 肖军华, 洪英维, 吴楠. 交通荷载引起主应力轴旋转下软黏土特性试验[J]. 地下空间与工程学报, 2015, 11(6): 1522-1527.

[49] Zhou J, Yan J J, Liu Z Y, et al. Undrained anisotropy and non-coaxial behavior of clayey soil under principal stress rotation[J]. Journal of Zhejiang University, 2014, 15(4): 241-254.

[50] 严佳佳, 周建, 龚晓南, 等. 主应力轴纯旋转条件下原状黏土变形特性研究[J]. 岩土工程学报, 2014, 36(3): 474-481.

[51] 聂影, 栾茂田, 王猛, 等. 主应力轴旋转下饱和黏土动力特性的试验研究[J]. 辽宁工程技术大学学报(自然科学版), 2009, 28(4): 562-565.

[52] Grabe P J. Effects of principal stress rotation on permanent deformation in rail track foundations[J]. Journal of Geotechnical and Geoenvironmental Engineering, 2009, 135(4): 555-565.

[53] Ishikawa T, Sekine E, Miura S. Cyclic deformation of granular material subjected to moving-wheel loads[J]. Canadian Geotechnical Journal, 2011, 48(5): 691-703.

[54] Cai Y, Sun Q, Guo L, et al. Permanent deformation characteristics of saturated sand under cyclic loading[J]. Canadian Geotechnical Journal, 2015, 52(6): 1-13.

[55] 王鑫, 沈扬, 王保光, 等. 列车荷载下考虑频率影响的软黏土破坏标准研究[J]. 岩土工程学报, 2017, 39(增 1): 32-37.

[56] 熊焕, 郭林, 蔡袁强. 交通荷载应力路径下砂土地基变形特性研究[J]. 岩土工程学报, 2016, 38(4): 662-669.

[57] 王强, 邵生俊, 邵帅, 等. 黄土的动力损伤耗能机制和变形特性的研究[J]. 地震工程与工程振动, 2015, 35(6): 160-169.

[58] Yu M H. Advances in strength theories for materials under complex stress state in the 20th century[J]. Applied Mechanics Reviews, American Society of Mechanical Engineers, 2002, 55(3): 169-218.

[59] 沈珠江. 关于破坏准则和屈服函数的总结[J]. 岩土工程学报, 1995, 17(1): 1-8.

[60] Matsuoka H. On the significance of the spatial mobilized plane[J]. Soils and Foundations, 1976, 16(1): 91-100.

[61] Matsuoka H, Nakai T. Stress deformation and strength characteristics of soil under three different principal stresses[J]. Proceedings of the Japan Society of Civil Engineers, 1974, 232 (1): 59-70.

[62] Matsuoka H. On the significance of the spatial mobilized plane[J]. Soils and Foundations, 1976, 16(1): 91-100.

[63] Lade P V, Duncan J M. Elastoplastic stress-strain theory for cohesionless soil[J]. Geotechnical Engineering Division, 1975, 13(1): 1037-1053.

[64] Lade P V. Elasto-plastic stress-strain theory for cohesionless soil with curved yield surfaces[J]. International Journal of Solids and Structures, 1977, 13(11): 1019-1035.

[65] Hoek E, Brown E T. Empirical strength criterion for rock masses[J]. Journal of the Geotechnical Engineering Division, 1980, 18(2): 1013-1035.

[66] Liu M D, Carter J P. General strength criterion for geomaterials[J]. International Journal of Geomechanics, 2003, 3(2): 253-259.

[67] Lade P V. Modeling the strengths of engineering materials in three dimensions[J]. Mechanics of Cohesive-Frictional Materials, 1997, 2(4): 339-356.

[68] Xiao Y, Liu H L, Liang R Y. Modified Cam-Clay model incorporating unified nonlinear strength criterion[J]. Science China, 2011, 54(4): 805-810.

[69] Yao Y, Lu D, Zhou A, et al. Generalized non-linear strength theory and transformed stress space[J]. Science in China Series E: Technological Sciences, 2004, 47(6): 691-709.

[70] Bai Y L, Wierzbicki T. A new model of metal plasticity and fracture with pressure and Lode dependence[J]. International Journal of Plasticity, 2007, 24(6): 1071-1096.

[71] Liu M D, Indraratna B N. General strength criterion for geomaterials including anisotropic effect[J]. International Journal of Geomechanics, 2011, 11(3): 251-262.

[72] Yu M H, He L N, Song L Y. Twin shear stress theory and its generalization[J]. Scientia Sinica (Series A), 1985, 11(1): 1174-1183.

[73] Yu M H, Zan Y W, Zhao J, et al. A unified strength criterion for rock material[J]. International Journal of Rock Mechanics and Mining Sciences, 2002, 39(8): 975-989.

[74] Aubertin M, Li L. A porosity-dependent inelastic criterion for engineering materials[J]. International Journal of Plasticity, 2004, 20(12): 2179-2208.

[75] Li L, Aubertin M, Simon R, et al. Formulation and application of a general inelastic locus for geomaterials with variable porosity[J]. Canadian Geotechnical Journal, 2005, 42(2): 601-623.

[76] Mortara G. A new yield and failure criterion for geomaterials[J]. Geotechnique, 2008, 58(2): 125-132.

[77] Mortara G. A hierarchical single yield surface for frictional materials[J]. Computers and Geotechnics, 2009, 36(6): 960-967.

[78] Su D, Wang Z L, Xing F. A two-parameter expression for failure surfaces[J]. Computers and Geotechnics, 2009, 36(3): 517-524.

[79] Liu M, Gao Y, Liu H. A nonlinear Drucker-Prager and Matsuoka-Nakai unified failure criterion for geomaterials with separated stress invariants[J]. International Journal of Rock Mechanics and Mining Sciences, 2012, 50(1): 1-10.

[80] Oda M, Koishikawa I, Higuchi T. Experimental study of anisotropic shear strengthen of sand by plane strain test[J]. Journal of the Japanese Society of Soil Mechanics and Foundation Engineering, 2008, 18(1): 25-38.

[81] Ochiai H, Lade P V. Three-dimensional behavior of sand with anisotropic fabric[J]. Journal of Geotechnical Engineering, 1983, 109(10): 1313-1328.

[82] Kirkgard M M, Lade P V. Anisotropic three-dimensional behavior of a normally consolidated clay[J]. Canadian Geotechnical Journal, 1993, 30(4): 848-858.

[83] Abelev A V, Lade P V. Effects of cross anisotropy on three-dimensional behavior of sand. I: Stress-strain behavior and shear banding[J]. Journal of Engineering Mechanics, 2003, 129(2): 160-166.

[84] Wang J, Feng D, Guo L, et al. Anisotropic and noncoaxial behavior of K_0-consolidated soft clays under stress paths with principal stress rotation[J]. Journal of Geotechnical and Geoenvironmental Engineering, 2019, 145(9): 1-12.

[85] Lade P V. Failure criterion for cross-anisotropic soils[J]. Journal of Geotechnical and Geoenvironmental Engineering, 2008, 134(1): 117-124.

[86] Oda M, Nakayama H. Yield function for soil with anisotropic fabric[J]. Journal of Engineering Mechanics, 1989, 115(1): 89-104.

[87] Lade P V, Abelev A. Characterization of cross-anisotropic soil deposits from isotropic compression tests[J]. Soils and Foundations, 2005, 45 (5): 89-102.

[88] Pietruszczak S, Mroz Z. Formulation of anisotropic failure criteria incorporating a microstructure tensor[J]. Computers and Geotechnics, 2000, 26(2): 105-112.

[89] Pietruszczak S, Mroz Z. On failure criteria for anisotropic cohesive - frictional materials[J]. International Journal for Numerical and Analytical Methods in Geomechanics, 2001, 25(5): 509-524.

[90] Lade P V. Modeling failure in cross-anisotropic frictional materials[J]. International Journal of Solids and Structures, 2007, 44(16): 5146-5162.

[91] Kong Y, Zhao J, Yao Y. A failure criterion for cross-anisotropic soils considering microstructure[J]. Acta Geotechnica, 2013, 8(6): 665-673.

[92] Gao Z, Zhao J, Yao Y. A generalized anisotropic failure criterion for geomaterials[J]. International Journal of Solids & Structures, 2010, 47(22-23): 3166-3185.

[93] Gao Z W, Zhao J D. Efficient approach to characterize strength anisotropy in soils[J]. Journal of

Engineering Mechanics, 2012, 138(1): 1447-1456.
[94] Dafalias Y F, Papadimitriou A G, Li X S. Sand plasticity model accounting for inherent fabric anisotropy[J]. Journal of Engineering Mechanics, 2004, 130(11): 1319-1333.
[95] Duncan J M, Chang C Y. Nonlinear analysis of stress and strain in soils[J]. Journal of the Soil Mechanics and Foundations Division, 1970, 96(5): 1629-1653.
[96] Roscoe K H, Schofield A N, Thurairajah A. Yielding of clay in states wetter than critical[J]. Geotechnique, 1963, 13(3): 211-240.
[97] Roscoe K H, Burland J B. On the generalised stress-strain behaviour of an ideal wet clay[C]// Heyman J, Leckie F A. Engineering Plasticity. Cambridge: Cambridge University Press, 1968: 535-609.
[98] Wood D M. Soil Behaviour and Critical State Soil Mechanics[M]. Cambridge: Cambridge University Press, 1990.
[99] Nakai T, Mihara Y. A new mechanical quantity for soils and its application to elastoplastic constitutive models[J]. Soils and Foundations, 1984, 24(2): 82-94.
[100] Nakai T, Hinokio M. A simple elastoplastic model for normally and over consolidated soils with unified material parameters[J]. Journal of the Japanese Geotechnical Society, 2004, 44(2): 53-70.
[101] Nakai T. An isotropic hardening elastoplastic model for sand considering the stress path dependency in three-dimensional stresses[J]. Soils and Foundations, 1989, 29(1): 119-137.
[102] Fong J T, Heckert N A, Filliben J J, et al. Uncertainty in multi-scale fatigue life modeling and a new approach to estimating frequency of in-service inspection of aging components[J]. Strength Fracture and Complexity, 2018, 11(2-3): 195-217.
[103] Nakai T, Hinokio M. A simple elastoplastic model for normally and over consolidated soils with unified material parameters[J]. Soils and Foundations, 2004, 44(2): 53-70.
[104] Matsuoka H, Yao Y P, Sun D A. The Cam-Clay models revised by the SMP criterion[J]. Soils and Foundations, 1999, 39(1): 81-95.
[105] Yao Y P, Sun D A. Application of Lade's criterion to Cam-Clay model[J]. Journal of Engineering Mechanics, American Society of Civil Engineers, 2000, 126(1): 112-119.
[106] 姚仰平, 路德春, 周安楠. 岩土材料的变换应力空间及其应用[J]. 岩土工程学报, 2005, 27(1): 24-29.
[107] Ma C, Lu D C, Du X L, et al. Developing a 3D elastoplastic constitutive model for soils: A new approach based on characteristic stress[J]. Computers and Geosciences, 2017, 86(1): 129-140.
[108] Lade P V, Duncan J M. Elasto-plastic stress-strain theory for cohesionless soils with curved yield surface[J]. International Journal of Solids and Structures, 1977, 13(1): 1019-1035.
[109] Kim M K, Lade P V. Single hardening constitutive model for frictional materials: I. Plastic potential function[J]. Computers and Geotechnics, 1988, 5(1): 307-324.
[110] Lade P V, Kim M K. Single hardening constitutive model for frictional materials: II. Yield criterion and plastic work contours[J]. Computers and Geotechnics, 1988, 6(1): 13-30.
[111] Lade P V, Kim M K. Single hardening constitutive model for frictional materials: III. Comparisons with experimental data[J]. Computers and Geotechnics, 1988, 6(6): 31-48.

[112] 殷宗泽. 一个土体的双屈服面应力-应变模型[J]. 岩土工程学报, 1988, 6(4): 24-40.
[113] 沈珠江. 土弹塑性应力应变关系的合理形式[J]. 岩土工程学报, 1980, 2(2): 11-19.
[114] 李广信. 土的三维本构关系的探讨与模型验证[D]. 北京: 清华大学, 1985.
[115] 李广信. 土的清华弹塑性模型及其发展[J]. 岩土工程学报, 2006, 28(1): 1-10.
[116] Yamada Y, Uchida T. Characteristics of hydrothermal alteration and secondary porosities in volcanic rock reservoirs, the Katakai gas field[J]. Journal of the Japanese Association for Petroleum Technology, 1997, 62(4): 311-320.
[117] Lam W K, Tatsuoka F. Effects of initial anisotropic fabric and σ_2 on strength and deformation characteristics of sand[J]. Soils and Foundations, 1988, 28(1): 89-106.
[118] Abelev A, Lade P V. Characterization of failure in cross-anisotropic soils[J]. Journal of Engineering Mechanics, 2004, 130(5): 599-606.
[119] Gholami R, Moradzadeha A, Rasouli V, et al. Practical application of failure criteria in determining safe mud weight windows in drilling operations[J]. Journal of Rock Mechanics and Geotechnical Engineering, 2014,6(1):13-25.
[120] Namikawa T, Mihira S. Elasto-plastic model for cement-treated sand[J]. International Journal for Numerical & Analytical Methods in Geomechanics, 2010, 31(1): 71-107.
[121] Uthayakumar M, Vaid Y P. Static liquefaction of sands under multiaxial loading[J]. Canadian Geotechnical Journal, 1998, 35(2): 273-283.
[122] Guo P J. Modified direct shear test for anisotropic strength of sand[J]. Journal of Geotechnical and Geoenvironmental Engineering, 2008, 134(9): 1311-1318.
[123] Sekiguchi H, Ohta K. Induced anisotropy and time dependency in clays[C]//Proceedings of 9th Intemational Conference on Soil Mechanics and Foundation Engineering, Special Session 9, Tokyo, 1977: 229-238.
[124] Anandarajah A, Dafalias Y F. Bounding surface plasticity. III: Application to anisotropic cohesive soils[J]. Journal of Engineering Mechanics, 1986, 112(12): 1292-1318.
[125] Pestana J M, Whittle A J. Formulation of a unified constitutive model for clays and sands[J]. International Journal for Numerical & Analytical Methods in Geomechanics, 2015, 23(12): 1215-1243.
[126] Kaliakin V N. An assessment of the macroscopic quantification of anisotropy in cohesive soils[C]//Proceedings of the 1st Japan-US Workshop on Testing, Modeling, and Simulation, Boston, 2003: 370-393.
[127] Oda M, Nakayama H. Yield function for soil with anisotropic fabric[J]. Journal of Engineering Mechanics, 1989, 115(1): 89-104.
[128] Tobita Y, Yanagisawa E. Modified stress tensor for anisotropic behavior of granular materials[J]. Soils and Foundations, 1992, 32(1): 85-99.
[129] Pietruszczak S, Pande G N. Multi-laminate framework of soil models-plasticity formulation[J]. International Journal for Numerical & Analytical Methods in Geomechanics, 2010, 11(6): 651-658.
[130] Azami A, Pietruszczak S, Guo P. Bearing capacity of shallow foundations in transversely isotropic granular media[J]. International Journal for Numerical and Analytical Methods in

Geomechanics, 2010, 34(8): 771-793.
[131] Li X S, Dafalias Y F. Constitutive modeling of inherently anisotropic sand behavior[J]. Journal of Geotechnical and Geoenvironmental Engineering, 2002, 128(10): 868-880.
[132] Tian Y, Yao Y P. Constitutive modeling of principal stress rotation by considering inherent and induced anisotropy of soils[J]. Acta Geotechnical, 2018, 13(6): 1306-1310.
[133] Li X S, Asce F, Dafalias Y F, et al. Anisotropic critical state theory: Role of fabric[J]. Journal of Engineering Mechanics, 2012, 138(3): 263-275.
[134] Gao Z, Zhao J, Li X S, et al. A critical state sand plasticity model accounting for fabric evolution[J]. International Journal for Numerical & Analytical Methods in Geomechanics, 2014, 38(4): 370-390.
[135] Gao Z, Zhao J. Strain localization and fabric evolution in sand[J]. International Journal of Solids and Structures, 2013, 50(22): 3634-3648.
[136] Gong J, Nie Z, Zhu Y, et al. Exploring the effects of particle shape and content of fines on the shear behavior of sand-fines mixtures via the DEM[J]. Computers and Geotechnics, 2018, 106(1): 161-176.
[137] Zhao J, Gao Z. Unified anisotropic elastoplastic model for sand[J]. Journal of Engineering Mechanics, 2016, 142(1): 1-12.
[138] Gao Z, Zhao J. A non-coaxial critical-state model for sand accounting for fabric anisotropy and fabric evolution[J]. International Journal of Solids & Structures, 2017, s(106): 200-212.
[139] Yu T, Yao Y P. Modelling the non-coaxiality of soils from the view of cross-anisotropy[J]. Computers and Geotechnics, 2017, 86(1): 219-229.
[140] 董彤，郑颖人，孔亮，等. 考虑主应力方向的土体非线性弹性模型[J]. 岩土力学，2017, 38(5): 1373-1378.
[141] 刘元雪，施建勇，尹光志，等. 基于应力空间变换的原状软土本构模型[J]. 水利学报，2004, 12(6): 14-20.
[142] 刘元雪，施建勇. 应力空间变换——岩土本构描述的一条新途径[J]. 岩石力学与工程学报, 2003, 22(2): 217-222.
[143] 刘元雪，施建勇. 基于应力空间变换的修正剑桥模型改进[J]. 岩土力学, 2003, 24(1): 1-7.
[144] 刘元雪，郑颖人. 含主应力轴旋转的土体平面应变问题弹塑性数值模拟[J]. 计算力学学报, 2001, 18(2): 239-241.
[145] 刘元雪，郑颖人. 含主应力轴旋转的土体本构关系研究进展[J]. 力学进展，2000, 30(4): 597-604.
[146] 刘元雪，郑颖人. 含主应力轴旋转的广义塑性位势理论[J]. 力学季刊，2000, 21(1): 129-133.
[147] 刘元雪，郑颖人，陈正汉. 含主应力轴旋转的土体一般应力应变关系[J]. 应用数学和力学, 1998, 19(5): 38-44.
[148] 刘元雪，郑颖人. 考虑主应力轴旋转对土体应力应变关系影响的一种新方法[J]. 岩土工程学报, 1998, 20(2): 45-47.
[149] 童朝霞. 应力主轴循环旋转条件下砂土的变形规律与本构模型研究[D]. 北京：清华大学，2008.

[150] Yang Y M, Yu H S. A soil model considering principal stress rotation[J]. Chinese Journal of Geotechnical Engineering, 2013, 35(2): 479-486.
[151] 扈萍, 黄茂松, 钱建固, 等. 砂土非共轴特性的本构模拟[J]. 岩土工程学报, 2009, 31(5): 793-798.
[152] 熊保林, 邵龙潭. 考虑主应力轴旋转 Gudehus-Bauer 亚塑性模型的改进[J]. 工程力学, 2008, 25(1): 127-132.
[153] 温勇, 杨光华, 钟志辉, 等. 基于广义位势理论的土的非共轴特性研究[J]. 岩土力学, 2014, 35(增 1): 8-14.
[154] 李学丰, 黄茂松, 钱建固. 基于非共轴理论的各向异性砂土应变局部化分析[J]. 工程力学, 2014, 31(3): 205-211.
[155] 黄文熙. 土的工程性质[M]. 北京: 水利电力出版社, 1983.
[156] 李作勤. 扭转三轴试验综述[J]. 岩土力学, 1994, 15(1): 80-93.
[157] 郭莹, 栾茂田, 许成顺, 等. 主应力方向变化对松砂不排水动强度特性的影响[J]. 岩土工程学报, 2003, 25(6): 666-670.
[158] 郭莹, 栾茂田, 何杨, 等. 主应力方向循环变化对饱和松砂不排水动力特性的影响[J]. 岩土工程学报, 2005, 27(4): 403-409.
[159] 汪闻韶. 土体液化与极限平衡和破坏的区别和关系[J]. 岩土工程学报, 2005, 27(1): 1-10.
[160] 王洪瑾, 马奇国, 周景星, 等. 土在复杂应力状态下的动力特性研究[J]. 水利学报, 1996, (4): 57-64, 72.
[161] 郑鸿镔. 主应力轴旋转下重塑黏土与原状黏土特性试验研究[D]. 杭州: 浙江大学, 2011.
[162] Gutierrez M, Ishihara K. Non-coaxiality and energy dissipation in granular materials[J]. Soils and Foundations, 2000, 40(2): 49-59.
[163] Gutierrez M, Ishihara K, Towhata I. Flow theory for sand during rotation of principal stress direction[J]. Soils and Foundations, 1991, 31(4): 121-132.
[164] Gajo A. Hyperelastic modelling of small-strain stiffness anisotropy of cyclically loaded sand[J]. International Journal for Numerical and Analytical Methods in Geomechanics, 2010, 34(2): 111-134.
[165] Rudnicki J W, Rice J R. Conditions for the localization of deformation in pressure-sensitive dilatant materials[J]. Journal of Mechanics Physics of Solids, 1975, 23(6): 371-394.
[166] Desrues J, Chambon R. Shear band analysis and shear moduli calibration[J]. International Journal of Solids & Structures, 2002, 39(13): 3757-3776.
[167] 王常晶, 陈云敏. 移动荷载引起的地基应力状态变化及主应力轴旋转[J]. 岩石力学与工程学报, 2007, 26(8): 1698-1704.
[168] 魏星, 王刚. 多轮组车辆荷载下公路地基的附加动应力[J]. 岩土工程学报, 2015, 37(10): 1924-1930.
[169] Sun L, Gu C, Wang P. Effects of cyclic confining pressure on the deformation characteristics of natural soft clay[J]. Soil Dynamics and Earthquake Engineering, 2015, 78(9): 99-109.
[170] Wang S, Zhong Z, Liu X, et al. Influences of principal stress rotation on the deformation of saturated loess under traffic loading[J]. KSCE Journal of Civil Engineering, 2019, 23(5): 2036-2048.

[171] Wang S, Zhong Z, Liu X. Development of an anisotropic nonlinear strength criterion for geomaterials based on SMP criterion[J]. International Journal of Geomechanics, 2020, 20(3): 1-12.

[172] Vasistha Y, Gupta A K, Kanwar V. Medium triaxial testing of some rockfill materials[J]. Electronic Journal of Geotechnical Engineering, 2013, 18(1): 923-964.

[173] Gupta A K. Effect of particle size and confining pressure on breakage and strength parameters of rockfill materials[J]. Electronic Journal of Geotechnical Engineering, 2009, 14(1): 1-12.

[174] 刘萌成, 高玉峰, 黄晓明. 考虑强度非线性的堆石料弹塑性本构模型研究[J]. 岩土工程学报, 2005, 27(3): 294-298.

[175] 尹振宇, 许强, 胡伟. 考虑颗粒破碎效应的粒状材料本构研究: 进展及发展[J]. 岩土工程学报, 2012, 34(12): 2170-2180.

[176] Marsal R J. Large scale testing of rockfill materials[J]. Journal of the Soil Mechanics & Foundations, 1967, 93(2): 27-43.

[177] Indraratna B, Ionescu D, Christie H D. Shear behavior of railway ballast based on large-scale triaxial tests[J]. Journal of Geotechnical and Geoenvironmental Engineering, 1998, 124(5): 439-449.

[178] Varadarajan A, Sharma K G, Venkatachalam K, et al. Testing and modeling two rockfill materials[J]. Journal of Geotechnical and Geoenvironmental Engineering, 2003, 129(3): 206-206.

[179] Varadarajan A, Sharma K G, Abbas S M, et al. Constitutive model for rockfill materials and determination[J]. International Journal of Geomechanics, 2006, 6(4): 226-237.

[180] Gupta A K. Constitutive modeling of rockfill materials[D]. Delhi: Indian Institute of Technology, 2000.

[181] 米占宽, 李国英, 陈铁林. 考虑颗粒破碎的堆石体本构模型[J]. 岩土工程学报, 2007, 29(12): 1865-1869.

[182] 刘新荣, 涂义亮, 王鹏, 等. 基于大型直剪试验的土石混合体颗粒破碎特征研究[J]. 岩土工程学报, 2017, 39(8): 1425-1434.

[183] Brewer R. Fabric and mineral analysis of soils[J]. Soil Science, 1965, 100(1): 73.

[184] Pietruszczak S, Lydzba D, Shao J F. Modelling of inherent anisotropy in sedimentary rocks[J]. International Journal of Solids & Structures, 2002, 39(3): 637-648.

[185] Wang C C. A new representation theorem for isotropic functions: An answer to professor G F Smith's criticism of my papers on representations for isotropic functions[J]. Archive for Rational Mechanics and Analysis, 1970, 36(3): 166-197.

[186] Kumruzzaman M D. Experimental study on the stress-strain-strength behavior of a completely decomposed granite soil and a geofoam[D]. Hong Kong: The Hong Kong Polytechnic University, 2008.

[187] Callisto L, Rampello S. Shear strength and small-strain stiffness of a natural clay under general stress conditions[J]. Geotechnique, 2002, 52(8): 547-560.

[188] Haruyama M. Anisotropic deformation-strength properties of an assembly of spherical particles under three dimensional stresses[J]. Soils and Foundations, 1981, 21(4): 41-55.

[189] Niandou H, Shao J F, Henry J P, et al. Laboratory investigation of the behaviour of Tournemire shale[J]. International Journal of Rock Mechanics and Mining Sciences, 1997, 34(1): 3-16.
[190] Su X S, Nguyen E, Haghighat S, et al. Characterizing the mechanical behaviour of the Tournemire argillite[J]. The Geological Society of London, 2017, 443(2): 97-113.
[191] Cui K F E, Zhou G G D, Jing L, et al. Generalized friction and dilatancy laws for immersed granular flows consisting of large and small particles[J]. Physics of Fluids, 2020, 32(11): 1-22.
[192] Pietruszczak S. On inelastic behaviour of anisotropic frictional materials[J]. Mechanics of Cohesive-Frictional Materials, 1999, 4(3): 281-293.
[193] Li X S, Dafalias Y F. A constitutive framework for anisotropic sand including non-proportional loading[J]. Geotechnique, 2004, 54(1): 41-55.
[194] Chowdhury E Q, Nakai T. Consequences of the t_{ij}-concept and a new modeling approach[J]. Computers and Geotechnics, 1998, 23(1): 131-164.
[195] Nakai T, Matsuoka H. A generalized elastoplastic constitutive model for clay in three-dimensional stresses[J]. Soils and Foundations, 1986, 26(3): 81-98.
[196] Yamada Y, Ishihara K. Anisotropic deformation characteristics of sand under three-dimensional stress conditions[J]. Soils and Foundations, 1979, 19(2): 79-94.
[197] Miura S, Toki S. Elastoplastic stress-strain relationship for loose sands with anisotropic fabric under three-dimensional stress conditions[J]. Soils and Foundations, 1984, 24(2): 43-57.
[198] Miura S, Toki S. Anisotropy in mechanical properties and its simulation of sands sampled from natural deposits[J]. Soils and Foundations, 1984, 24(3): 69-84.
[199] Wang S, Zhong Z L, Liu X R, et al. An anisotropic unified nonlinear strength criterion (AUNS) for geomaterials[J]. European Journal of Environmental and Civil Engineering, 2020, 24(14): 2512-2533.